教育部产学合作协同育人项目成果

U0621767

信息科学基础

第2版

○ 主　编　卜春芬　李　媛　朱　军
○ 副主编　周　曦　石　栋　岳　强
○ 主　审　申时凯

中国教育出版传媒集团

高等教育出版社·北京

内容提要

本书以教育部高等学校大学计算机课程教学指导委员会编制的《新时代大学计算机基础课程教学基本要求》为指导，是教育部产学合作协同育人项目成果。

本书以培养应用型人才为目标，突出"计算思维"能力和信息素养的训练。本书以计算机基础知识和操作系统应用为基础，强化 WPS 办公软件、网络技术、多媒体技术、网页设计、数据库技术和程序设计的应用能力。

本书配有《信息科学基础实验指导》（第 2 版），便于教师教学和学生自学。

本书既可作为高等学校"大学计算机"课程的教学用书，也可作为全国计算机等级考试的参考书。

图书在版编目（C I P）数据

信息科学基础 / 卜春芬，李媛，朱军主编；周曦，石栋，岳强副主编 . --2 版 . -- 北京：高等教育出版社，2024.8（2025.7重印）. --ISBN 978-7-04-062469-4

Ⅰ.TP3

中国国家版本馆 CIP 数据核字第 2024Y17Y18 号

Xinxi Kexue Jichu

策划编辑	耿 芳	责任编辑	耿 芳	封面设计 张申申 张 志	版式设计 童 丹
责任绘图	尹文军	责任校对	刘丽娴	责任印制 高 峰	

出版发行	高等教育出版社	网　址	http://www.hep.edu.cn
社　址	北京市西城区德外大街 4 号		http://www.hep.com.cn
邮政编码	100120	网上订购	http://www.hepmall.com.cn
印　刷	固安县铭成印刷有限公司		http://www.hepmall.com
开　本	787mm×1092mm　1/16		http://www.hepmall.cn
印　张	20.5	版　次	2022 年 3 月第 1 版
字　数	500 千字		2024 年 8 月第 2 版
购书热线	010-58581118	印　次	2025 年 7 月第 2 次印刷
咨询电话	400-810-0598	定　价	49.60 元

信息科学基础
第2版

主　编　卜春芬　李　媛
　　　　朱　军
副主编　周　曦　石　栋
　　　　岳　强
主　审　申时凯

1　计算机访问 https://abooks.hep.com.cn/18610302 或手机微信扫描下方二维码进入新形态教材网。

2　注册并登录后，计算机端进入"个人中心"，点击"绑定防伪码"，输入图书封底防伪码（20位密码，刮开涂层可见），完成课程绑定；或手机端点击"扫码"按钮，使用"扫码绑图书"功能，完成课程绑定。

3　在"个人中心"→"我的学习"或"我的图书"中选择本书，开始学习。

信息科学基础 第2版
主　编　卜春芬　李　媛　朱军
[开始学习]　[收藏]

　　绑定成功后，课程使用有效期为一年。受硬件限制，部分内容可能无法在手机端显示，请按照提示通过计算机访问学习。

　　如有使用问题，请直接在页面点击答疑图标进行咨询。

前　言

"信息科学基础"课程旨在培养学生使用计算机科学知识和技术分析,以及解决实际问题的能力,提升学生创新意识,培养学生的信息素养,为学生学习后续课程奠定坚实的信息技术基础。

本书在第1版的基础上进行了改版。为了适应国家发展战略,构建良好的信息技术产业生态,维护国家信息安全,迫切需要培养学习者熟练掌握国产软件,顺应软件自主可控国产替代的必然趋势,本书做了一些新的尝试与创新:首先是采用典型案例引导学生学习理论知识,其次是从结构上完善知识模块并更新案例,再次是开发与完善新形态立体化教材的数字教学资源。

本书编写按照"基础优先,实用为主"的原则,以知识讲解、案例支撑、课后扩展练习为主线,串联教学内容,体现"教学做一体化"。理论方面做到深入浅出,讲解细致,加强整个理论体系的系统性;实践方面采取"课程 + 证书"的方案,学习完成后学习者可以参加各模块的全国计算机等级考试或金山办公的 KOS 各类型认证。

本书针对应用型本科院校人才培养的定位,实施"分类别 1+1"的模块化教学,即"必修基础模块 + 选修特色模块",其中必修基础模块是所有专业必须掌握的信息技术基础,选修特色模块根据学生所读专业进行选择,体现不同专业既有统一性,又有选择上的灵活性和差异性。选修特色模块分为 4 类:高级办公自动化模块、多媒体基础模块、数据库基础模块和程序设计基础模块。模块的选择与选学内容说明如下。

表　"分类别 1+1"的模块化教学

必修基础模块	对应章节	选修特色模块	对应章节	建议选修大类
章节	第1章信息技术概述 第2章操作系统 第3章办公软件应用中的基础内容 第4章计算机网络与Internet 应用	高级办公自动化模块	第3章办公软件应用中的高级内容	文科类专业
		多媒体基础模块	第5章多媒体素材处理技术 第6章网页设计基础	师范类专业
		数据库基础模块	第7章数据库基础	理科类专业
		程序设计基础模块	第8章程序设计基础	工科类专业

备注:建议选修大类中少部分专业有特殊要求的,最终可以人才培养方案需求为准。

本书由昆明学院多年从事"信息科学基础"课程教学改革研究的教师编写,全书由申时凯主审,卜春芬负责章节安排及统稿。其中第1章、第2章由石栋执笔;第3章3.1节、第8章由周曦执笔;第3章3.2节,第5章5.1节、5.3节、5.4节、5.5节由卜春芬执笔;第3章3.3节由李媛执笔;第4章、第7章由岳强执笔;第5章5.2节、第6章由朱军执笔。卜春芬、李媛、朱军担任主编,周曦、石栋、岳强担任副主编。本书在编写过程中得到昆明学院谢永刚、华瑞、任欣、黄吉花、邹疆、李玲、吴莉莉、张虹、何红玲、文瑾、张志红、赵卿、李涛、方刚、蔡云等多位老师的指导(排名不分先后），在此表示诚挚的谢意。本书每章操作性较强的知识点录制了微视频，读者可以扫描二维码观看。编者邮箱 49248139@qq.com。

　　本书在编写过程中参考了很多专家同仁的文献和资料，在此表示衷心的感谢。限于作者水平，书中难免存在错误和不妥之处，诚请各位读者批评指正！

编　者

2024 年 3 月

目　录

第1章 信息技术概述

学习目标:
1. 了解信息与信息技术的概念。
2. 了解计算机的发展、特点、分类与发展趋势。
3. 掌握数据之间的转换方法及计算机中信息的表示方法。
4. 掌握计算机的基本工作原理。
5. 了解计算机硬件系统和软件系统。

课堂思政:
1. 在信息技术发展历程中,介绍我国信息技术的研究成果,如超级计算机、5G 技术、人工智能等,激发学生的民族自豪感和爱国情怀。
2. 在讲解如数据安全、隐私保护等信息技术问题时,培养学生的道德意识和社会责任感。
3. 讲解信息技术的基本概念、发展历程和应用领域时,融入信息技术对社会发展的推动作用,如促进经济增长、改善人民生活、推动社会进步等。
4. 组织课堂讨论,增加师生互动环节,鼓励学生就信息技术应用中的社会问题发表看法,培养学生的批判性思维和表达能力。

1.1 信息基础

信息技术(Information Technology,IT)又称信息和通信技术,是管理和处理信息的综合技术,主要涵盖计算机科学和通信技术,用于设计、开发、安装和部署信息系统及应用软件。美国信息技术协会(Information Technology Association of America,ITAA)定义信息技术为基于计算机的信息系统的研究、设计、开发、应用、实现、维护,包括网络管理、软件开发、组织信息技术生命周期的计划和管理,以及软硬件的维护、升级和更新。信息技术广泛应用于计算机硬件与软件、网络与通信技术、应用软件开发工具等领域。自计算机和互联网普及以来,人们广泛使用计算机进行生产、处理、交换和传播各种形式的信息,如书籍、商业文件、报刊、唱片、电影、电视节目、语音、图形和影像。综上所述,信息技术在现代社会中扮演着关键角色,推动着科技发展和信息传递。

1.1.1 信息的含义与特点

信息是有意义的数据,对事物、现象或概念进行描述和表示。通过传递和处理,信息产生有用的知识,涵盖事实、观点、概念、经验等,并具有传达、交流和理解功能。信息可通过语言、文字、图像、声音等媒介传递。

信息在社会中承载着知识的传递功能,是交流的基础。它用于描述和表示客观存在的事物或思想状态,对决策和行动具有指导作用。信息的理解依赖于个体的背景和认知能力,通过与先前知识和经验的结合构建出更为复杂和深刻的意义。

信息具有传递性、目的性、不确定性、复杂性、时效性、交互性、可存储性和多样性等特点。传递过程是交互的,包括发送者和接收者之间的相互作用,反馈是信息传递中的重要环节。信息可被记录和存储,信息的形式和类型多种多样,包括文本、图像、声音、视频等。

总体而言,信息作为有意义的数据,是社会交流、学习和决策的基础,信息的不断传递和交流推动了社会和科技的发展。

1.1.2　信息技术

信息技术涉及存储、传递、处理和应用等环节。它涵盖了广泛的技术和应用,旨在有效地管理和利用。信息技术在现代社会中扮演着至关重要的角色,影响着个人、组织、政府等各种群体。

信息技术包括硬件、软件、网络、数据库和云计算等组成部分。其中,计算机科学、网络通信、数据库管理、信息安全、人工智能、大数据和物联网等都扮演关键角色。信息技术的作用和影响体现在提高效率、创新发展、便利、决策支持以及社交互动等方面。未来的发展和技术创新包括人工智能和机器学习、边缘计算、区块链技术、5G 技术和量子计算等。

信息技术管理涉及 IT 战略规划、项目管理、风险管理和合规性,以及制定和执行 IT 战略以支持业务目标、管理和协调 IT 项目、识别和管理技术方面的风险、遵循法规和标准以确保信息的合法性和隐私。信息技术的快速发展深刻影响着各行各业,从提高生产效率到推动科学研究和医疗保健,再到改变人们的生活方式。因此,它成为现代社会不可或缺的技术。

1.1.3　信息化与信息社会

信息化的关键特征包括全面渗透、提高效率、创新发展、智能化等。信息化建立在先进的信息技术基础之上,广泛渗透于各行业和社会层面,通过自动化和数字化提高效率。信息化鼓励创新,推动科技和文化的发展,全球化趋势加强了国际合作,社会结构和人际关系发生变革。

信息社会是以电子信息技术为基础,以信息资源为发展资源,以信息服务性产业为基础产业,以数字化和网络化为社会交往方式的新型社会。信息化与信息社会相互关联、相互促进,前者推动了后者的形成和发展,后者为前者提供了需求和动力。信息化改变了社会生产方式,促进了新的产业形态和商业模式的出现。同时,信息化也促进了社会生活方式的变化,使人们的生活更加便捷、舒适和丰富,社会交往方式发生改变,交流和沟通变得更加快捷、方便和多样。信息社会的发展带来了开放和创新,但也带来了新的社会问题和挑战,有效的信息管理、信息技术伦理和全球合作变得尤为重要。

1.2　计算机基础

1.2.1　计算与计算思维

计算是指按照一定规则和步骤进行的数学或逻辑操作,以解决问题、产生结果或执行特定任务的过程。计算可以涉及数字、符号、数据等元素,是数学和计算机科学的基本概念。计算的方式可以是手工的,也可以是由计算机或其他自动化设备执行的。计算是信息处理的核心,涉及输入、处理和输出 3 个基本步骤。

计算可以分为两大主要类型：手工计算和自动计算。手工计算是通过人工进行的，涉及对数字、符号或数据的逻辑和算术操作。这种计算方式依赖人的思维和手工操作，是在计算机普及之前广泛使用的方式。相较于手工计算，自动计算则是通过计算机或其他自动化设备进行的计算。计算机以二进制形式执行操作，通过执行程序实现各种计算任务。自动计算具有高速、精确和可编程性等特点，在现代信息社会中得到广泛应用。这两种计算方式反映了计算技术的演进，从过去依赖人工到现代高度自动化，为处理复杂任务提供了更有效的手段。

2006 年，周以真教授首次系统性地定义了计算思维。她在 *Communications of the ACM* 上发表了 Computational Thinking，首次提出了"计算思维"的概念。她认为计算思维是一种普遍适用的认知和技能，涉及运用计算机科学的基础概念去求解问题、设计系统和理解人类的行为，由此开启了计算思维大众化的全新历程。

周以真教授认为计算思维有如下特征：

- 计算思维是概念化的抽象思维而非计算机编程；
- 计算思维是基本的而非死记硬背的技能；
- 计算思维是人类思考的方式，而非计算机的方式；
- 计算思维是数学和工程思维的补充和结合；
- 计算思维是思想而非人造工艺品；
- 计算思维面向全人类，无处不在。

为了更易于理解，周以真教授又将它更进一步定义为：计算思维是通过约简、嵌入、转化和仿真等方法，把一个看来困难的问题重新阐释成一个我们知道问题怎样解决的方法；是一种递归思维和并行处理，是把代码译成数据又能把数据译成代码的多维分析推广的类型检查方法；是一种采用抽象和分解来控制庞杂的任务或进行巨大复杂系统设计的方法；是基于关注分离的方法；是一种选择合适的方式去陈述一个问题，或对一个问题的相关方面建模使其易于处理的思维方法；是一种按照预防、保护及通过冗余、容错、纠错的方式，并从最坏情况进行系统恢复的思维方法；是利用启发式推理寻求解答，也即在不确定情况下的规划、学习和调度的思维方法；是利用海量数据来加快计算，在时间和空间之间、在处理能力和存储容量之间进行折中的思维方法。

计算思维是一种以问题解决为导向的思考过程，涉及分析问题、设计算法、编写代码和进行抽象等能力。计算思维强调通过将问题转化为计算机可处理的形式，利用计算机科学的方法和技术来解决问题。它并非仅限于专业程序员或计算机科学家，而是一种广泛适用于不同领域的思维方式。

周以真还提出了计算思维的 5 个基本要素：算法（algorithm）、分解（decomposition）、抽象（abstraction）、概括（generalization）和调试（debugging）。算法是指用一系列有序的步骤来解决问题的方法。算法是计算思维的核心，也是编程的基础。分解是指将复杂的问题分解为更简单的子问题，从而降低问题的难度。分解是计算思维的技巧，也是软件工程的原则。抽象是指将问题的关键特征提取出来，忽略不相关的细节，从而简化问题的表示。抽象是计算思维的基础，也是数学建模的过程。概括是指将针对特定问题的解决方案推广到更一般的情况，从而提高解决方案的通用性。概括是计算思维的目标，也是科学发现的方法。调试是指检查和修改解决方案中的错误，从而提高解决方案的正确性。调试是计算思维的技巧，也是软件测试的过程。

综上所述，计算思维是一种素养，有助于解决问题、理解复杂情境并设计创新性解决方案。

下面给出培养计算思维能力的一些建议。

（1）分解（decomposition）：将复杂问题分解为更小、更易管理的部分的过程。可以通过以下方式培养分解能力。

① 日常任务分解：将日常任务（如做饭、洗衣、写作业）分解为几个步骤。例如，做饭的步骤可以包括购买食材、准备食材、烹饪、上桌等。

② 项目管理：积极参与各种项目，并学会将项目分解为子任务，以便更好地管理和跟踪进度。

（2）抽象（abstraction）：将问题简化为关键概念和模式，同时忽略不必要的细节。这有助于更好地处理问题和设计解决方案。

① 关键概念提取：从复杂问题中提取出最重要的概念。例如，在学习历史时，我们可以关注关键事件和人物，而忽略其他次要细节。

② 问题建模：将现实世界的问题抽象成计算机科学中的模型。例如，将交通流量问题抽象为图论中的网络流问题。

③ 数据抽象：将数据表示为更高级别的结构，以便更好地处理和管理。例如，将学生信息抽象为对象，具有属性（姓名、年龄、成绩）和方法（计算平均分）。

（3）模式识别（pattern recognition）：寻找问题中的相似性和模式的能力。

① 数学游戏：使用数学谜题和逻辑游戏识别数学模式。

② 图形和图表：分析图表、图形和数据，以识别趋势和模式。

（4）算法设计（algorithm design）：这是创建解决问题步骤的能力。

① 编程挑战：编写简单的程序，例如计算斐波那契数列或排序算法。

② 流程图：绘制解决问题的流程图，是可视化的算法。

总之，计算思维是一种能力，可以通过实际问题、跨学科项目和创造性活动来培养。鼓励学生在日常生活中应用以上建议，提高他们的计算思维能力。

1.2.2　计算工具发展史

计算工具的发展历史可以追溯到古代的算盘和其他简单的计算工具，经过二三十个世纪的演变和创新，逐渐发展成为今天的计算机。

算盘是最早的计算工具之一，由算珠和木质框架组成，用于进行基本的算术运算。算盘作为一种工具，在我国有着悠久的历史。算盘的使用推动了数学的发展，为商业和科学计算提供了有效的工具。

除算盘外，计算尺也是古代使用非常广泛的计算工具。在我国，计算尺是一种被称为"算尺"或"尺木"的工具。这种工具在汉代就已经存在，最著名的是刘徽的《九章算术》中提到的"尺算"。在欧洲，一种叫作"slide rule"（滑尺）的计算尺在17世纪后期至20世纪初期非常流行。滑尺的结构更为复杂，可以进行更精确的计算，广泛用于科学和工程领域。

17—19世纪，机械计算器在欧洲兴起。这一时期，人们对于解决复杂计算的需求日益增加，机械计算器的发明填补了手工计算的局限，为科学、商业和工程领域提供了更高效的计算工具。帕斯卡计算器和莱布尼茨计算器是机械计算器的代表。帕斯卡计算器是1642年由布莱兹·帕斯卡（Blaise Pascal）发明的一种机械计算器。莱布尼茨计算器是德国数学家哥特弗里德·威廉·莱布尼茨（Gottfried Wilhelm Leibniz）于 1671 年设计的一种机械计算器。这台计算器被认为是早期机械计算器的里程碑，它具有可以进行四则运算的功能，并首次引入了乘法和除法的机械计算方法。同时，莱布尼茨在他的设计中提出了二进制的思想。虽然他的计算器并非二进制运算的设备，但他的二进制思想为后来计算机科学的发展奠定了基础。

19 世纪，进入差分机与分析机时代。差分机（1822 年）是英国科学家查尔斯·巴贝奇研发的自动化数学机器，用于计算数学表格的差分。巴贝奇最初设计差分机的目的是自动执行复杂的数学计算，尤其是用于编制和印刷数学和科学表格的计算。他希望通过机械手段减少人工计算错误和提高计算的准确性。差分机的设计基于差法，通过逐次计算一个函数的差值来近似计算该函数的值。

在差分机的设计过程中，巴贝奇逐渐提出了更为复杂的计算设备——分析机。分析机是一种通用的机械计算设备，具备存储器、控制流和可编程功能。尽管分析机未能在巴贝奇的生前得以完成制造，但它被认为是计算机的先驱。

1.2.3　计算机的产生与发展

20 世纪初，电子管计算机时代来临。1946 年 2 月 14 日，世界上第一台通用电子数字积分计算机（ENIAC）在美国宾夕法尼亚大学问世。它是为了满足美国陆军的弹道计算需求而设计和建造的。ENIAC 的成功运行标志着电子计算机时代的开始，在计算机发展历史上具有里程碑意义，为后来的计算机技术奠定了基础。ENIAC 的成功更推动了计算机科学的迅速发展，并启发了后来计算机的设计和建造。在 ENIAC 的建造期间，参与设计的冯·诺依曼提出了现代计算机的体系结构，即存储程序思想。

集成电路（integrated circuit, IC）的发展成为计算机和电子技术领域的一项重要发明。集成电路将多个电子元器件集成到单个芯片上，使得电路的规模和复杂性大幅提高。20 世纪 50 年代初，在单一晶体片上集成多个电子元器件的概念被提出。1958 年，德州仪器的杰克·基尔比（Jack Kilby）首次展示了一个完全功能的集成电路。他在单一芯片上集成了所有必要的电子元器件，包括电阻、电容和晶体管。1965 年，Intel 公司创始人戈登·摩尔（Gordon Moore）提出了著名的“摩尔定律”，预测集成电路上可容纳的晶体管数量每隔 18~24 个月翻倍。这一定律成为集成电路技术发展速度的重要参考。

时至今日，集成电路经历了 SSI（小规模集成电路）时代、MSI（中规模集成电路）时代、LSI（大规模集成电路）时代、VLSI（超大规模集成电路）时代、ULSI（特大规模集成电路）时代、GSI（巨大规模集成电路）时代，每一时代都对计算机的发展产生了深远的影响。

1971 年，Intel 公司推出了第一款商用微处理器 Intel 4004，标志着微型计算机时代的开始。微处理器的诞生使得计算能力集成到一个芯片上，为小型计算设备的发展提供了可能性。20 世纪 70 年代末至 80 年代初，出现了一系列个人计算机，如 Altair 8800、Apple Ⅱ 和 IBM PC。这些计算机采用了微处理器技术，价格相对较低，逐渐使计算机变得更加普及。个人计算机的普及促进了操作系统和软件的飞速发展。1981 年，Microsoft 推出了 MS DOS，成为早期个人计算机的主要操作系统，并为后来的 Windows 操作系统奠定了基础。1985 年，Microsoft 推出了第一代 Windows 1.0 操作系统，它是一个图形用户界面的操作系统，为用户提供了可视化的桌面环境和基本的图形化应用程序。Windows 1.0 为个人计算机用户提供了更直观、易用的界面。随着后续版本的不断推出，Windows 逐渐成为全球最广泛使用的操作系统之一。20 世纪 80 年代中期至 90 年代，个人计算机性能的提高和图形界面的改进，促使桌面出版和办公自动化软件的崛起，如 Adobe PageMaker、Microsoft Office 等。20 世纪 90 年代末，互联网的普及进一步推动了个人计算机的发展。Web 浏览器的出现使人们能够轻松访问互联网的信息和服务。进入 21 世纪，随着便携式计算设备（如笔记本计算机、平板计算机和智能手机）的兴起，个人计算机进入了移动计算时代，进一步推动了个人计算机的普及和多样化。

目前，移动计算和云计算开始蓬勃发展。移动计算和云计算是现代信息技术领域中两个重要且相互关联的概念，它们共同推动着数字化时代的发展。

综上，可以将计算机的发展划分为多个阶段，每一阶段都标志着技术和体系结构的显著变革。需要注意的是，计算机的发展是一个复杂和多层次的过程，各个阶段的确切时间界定可能存在一些争议，因为不同的计算机系统和技术在不同时间点得到了不同程度的发展。下面描述涵盖了计算机发展的主要趋势和代表性特征。

第一代（1940s–1950s）：这一时期的计算机主要使用电子管作为电子元器件，代表性的机器包括 ENIAC 和 EDVAC。这些计算机体积庞大、耗能高，主要用于科学和军事应用。

第二代（1950s–1960s）：第二代计算机采用晶体管替代电子管，减小了体积，降低了能耗，并提高了稳定性。代表性的机器有 IBM 700/7000 系列。这一时期还出现了汇编语言和操作系统的概念。

第三代（1960s–1970s）：第三代计算机使用集成电路技术，将多个晶体管集成到一个芯片上，大幅提高了计算机的性能和可靠性，降低了成本。代表性的机器有 IBM System/360 系列。

第四代（1970s–1980s）：第四代计算机引入了微处理器技术，使中央处理器（central processing unit，CPU）集成在一个芯片上。这一时期个人计算机开始兴起，代表性的计算机有 IBM PC。操作系统方面，Microsoft 推出了 MS DOS。

第五代（1980s 至今）：第五代计算机以超大规模集成电路（very large scale integrated circuit，VLSI）为元器件，进一步提高了计算机的性能。个人计算机变得更加普及，图形用户界面得到改进，网络技术的发展促成了互联网的崛起。Microsoft 推出了 Windows 操作系统，而苹果公司推出了 Macintosh 计算机。此外，服务器和工作站等高性能计算机也得到了发展。

1.2.4　计算机的特点

计算机作为一种先进的信息处理工具，具有许多独特的特点，这些特点使得计算机成为现代社会中不可或缺的工具。

（1）高速度：计算机能够在极短的时间内完成大量计算和处理任务，远远超过人类的计算速度。这使得计算机在处理大规模数据和复杂任务时具有明显的优势。

（2）精确性：计算机在执行任务时具有高度的精确性。它们不受时间、情感或其他人类因素的影响，可以执行复杂的数学运算，确保结果的准确性。与人工计算相比，计算机的结果更为可靠和准确。

（3）多功能性：计算机可以执行各种各样的任务，包括数学运算、文字处理、图形设计、娱乐等。它们可以通过安装不同的软件来实现不同的功能，具有极大的灵活性。

（4）存储能力强：计算机能够存储大量的数据，包括程序和用户数据。这种存储能力使得计算机能够处理和管理大规模的信息,支持复杂的应用程序和任务。

（5）自动化和程序控制:计算机能够自动执行指定的任务,无须人为干预。这种自动化能力使得计算机在重复性工作和大规模数据处理方面非常高效。

（6）可编程性:计算机的功能可以通过编程进行定制和修改。程序员可以编写软件,改变计算机的行为,使其适应不同的需求和任务。

（7）网络连接:计算机可以通过网络与其他计算机和设备进行连接,实现信息共享、远程访问和协同工作。这种互联性使得计算机在全球范围内实现了信息的快速传递。

（8）电子化:计算机操作是基于电子信号和电路的,使得其具有轻巧、便携和高效的特性。

（9）人机交互:计算机通过各种输入和输出设备与用户进行交互,例如键盘、鼠标、触摸屏等。这种交互性使得用户能够直观地操作计算机。

以上这些特点使得计算机成为现代社会中信息处理和解决各种问题的强大工具,广泛应用于科学、工程、商业、娱乐等多个领域,推动着科技、经济、文化等方面的发展。

1.2.5　计算机的分类

计算机可以根据其用途、工作原理、数据处理方式等方面进行分类。

（1）按用途,计算机可以分为个人计算机、工作站、服务器、超级计算机等

① 个人计算机:个人计算机（personal computer, PC）是一种用于个人使用的计算机系统,由计算机主机、显示器、键盘、鼠标等设备组成。该概念起源于 IBM 在 1981 年推出的第一台 IBM PC,标志着个人计算机时代的开始。

② 工作站:工作站是专为满足科学、工程、设计和创意等专业领域高性能计算需求而设计的计算机。与 PC 相比,工作站拥有更强大的硬件配置和计算能力,能够满足专业应用程序对性能和稳定性的高要求。

工作站的主要特点如下:
- 具有快速多核处理器、大容量内存、专业图形卡等高性能硬件。
- 支持高分辨率、色彩精度和多显示器。
- 大容量存储空间。
- 可扩展性强。
- 稳定可靠。

工作站广泛应用于科学研究、工程设计、创意等领域。在医学影像处理、金融建模、软件开发中,工作站的高性能和多任务处理能力也发挥着重要作用。

③ 服务器:服务器是专门为网络服务、数据存储、请求处理和设备支持而设计的高性能计算机。它们拥有强大的硬件配置,包括多核处理器、大容量内存和大规模存储设备,并运行专业的操作系统如 Windows Server、Linux 或 UNIX,以确保稳定性和可靠性。服务器可以提供各种网络服务,如 Web、数据库、文件、应用和游戏等,并支持云计算、企业级应用和多玩家游戏等。在现代信息技术基础设施中,服务器扮演着关键角色,为用户和设备提供重要的计算和存储服务,是构建和运行复杂计算任务的核心组件。

④ 超级计算机:超级计算机是具备极高计算性能和处理能力的专用计算机,主要用于解决科学、工程、医学和金融等领域中极为复杂和计算密集的问题。其特征包括极高的计算能力、并

行处理机制、大规模存储系统、高速互联网络以及采用专用硬件架构。超级计算机通过大规模并行处理来执行复杂计算任务,支持科学研究、工程模拟、医学研究、核能研究和金融建模等应用场景。在科学技术领域中,超级计算机在模拟天气、工程设计、生物医学数据分析等方面发挥着关键作用,推动着相关领域的不断创新和进步。超级计算机通常由政府、科研机构或大型企业投资和维护,是推动科学研究和技术创新不可或缺的工具。

（2）按照工作原理,计算机可以分为传统计算机、量子计算机和生物计算机等

传统计算机采用冯·诺依曼结构,通过存储程序的方式运行,典型代表包括个人计算机和服务器。量子计算机利用量子比特的量子叠加和纠缠特性,具备同时处理多种状态的能力,为解决复杂问题提供了更有效的途径,目前仍处于研究和实验阶段。此外,生物计算机借鉴生物体的特性,例如基于脱氧核糖核酸（DNA）的计算机,被设计用于处理特定类型的计算问题,通过模仿生物系统的结构和功能,提供了一种不同于传统计算机的思维方式。这些不同类型的计算机在工作原理和应用领域上存在显著差异,为满足不同需求和解决不同类型问题提供了多样化的选择。

（3）按数据处理方式,计算机可以分为数字计算机、模拟计算机、混合计算机等

数字计算机以数字形式表示和处理数据,广泛应用于各个领域。模拟计算机专用于模拟和分析连续系统,如飞行模拟器和天气预测系统,通过模拟连续变量的变化来模拟真实环境。而混合计算机则具有数字计算和模拟计算的能力,广泛应用于特定的科学和工程领域,能够同时处理离散和连续数据。这些不同类型的计算机在数据处理方式上有各自的特点,为满足不同领域的需求提供了多样和灵活的选择。

上面的这些分类方式并不是相互独立的,同一台计算机可能会涉及多种分类。

1.2.6　计算机的应用领域

计算机广泛应用于各个领域,推动着社会、科技、商业和文化的发展。

在科学研究领域中,计算机被用于数值计算和建模,帮助科学家理解和预测自然现象,同时在生物信息学中进行大规模的生物数据分析,为基因组学、蛋白质结构分析等提供强大支持。

在医疗保健领域中,利用计算机可进行医学图像处理和医疗信息管理,提高了诊断和治疗的效率,同时在医学研究中发挥着重要作用。

在金融领域中,计算机执行交易和投资分析,同时支持企业资源规划（enterprise resource planning, ERP）,提高了内部管理的效率,为商业决策提供有力支持。

在教育领域中,计算机支持在线学习平台和教育管理系统,为学生提供更灵活的学习方式,促进了教育的数字化转型。

在交通和物流领域中,计算机用于交通管理系统和供应链管理,提高城市交通和商品物流的效率,为现代城市的商业运作提供了智能化的解决方案。

在社会服务领域中,政府信息管理和社会保障福利管理等方面都依赖计算机技术,提高了公共服务的效率。

通信和社交媒体方面,计算机是互联网的基础,推动了各种在线服务和社交网络的发展,改变了信息传播和社交互动的方式。

娱乐和文化方面,计算机游戏产业巨大,数字媒体制作也得益于计算机的创作和编辑工具,为文化创意提供了全新的表达方式。

工程与设计方面,计算机应用广泛,包括计算机辅助设计(computer aided design, CAD)和计算机辅助制造(computer aided manufacturing, CAM),以及仿真和虚拟现实技术用于产品设计和工程项目预先模拟,提高了工程和制造的效率。

军事应用方面,计算机用于军事模拟和训练,同时在军事情报和网络安全中发挥着关键作用,提升国防和安全领域的技术水平。

以上这些应用领域彰显了计算机在提高效率、精确性,以及推动社会不断进步方面的关键作用。

1.2.7　计算机的发展趋势

计算机的发展具有以下特点。

(1)巨型化:计算机具有极高的运算速度、大容量的存储空间,可以处理更加复杂的任务和数据。

(2)微型化:随着集成电路技术的发展,计算机硬件不断微型化,从大型机到小型机、工作站、个人计算机、笔记本计算机、平板计算机等,计算机的体积不断减小,性能不断提高。

(3)网络化:计算机技术和通信技术的紧密结合,使得计算机可以通过网络进行信息交流和资源共享。

(4)智能化:人工智能技术的发展,让计算机能够模拟人类的智力活动,具备自主学习、自主推理、自主决策等能力,带来更多的便利和创新。

随着科技的不断进步,计算机的发展还在不断变化,主要体现在以下几个方面。

(1)量子计算:量子计算是一种基于量子力学原理发展的概念和技术体系,专注信息的本质与处理。它利用量子叠加、量子纠缠等特性进行信息编码和处理,已被证明在若干问题上相对于经典计算具有极大的优势,一旦实用化,将对信息及相关技术带来深远影响。

(2)人工智能和机器学习:人工智能和机器学习是当前科技领域的热门话题,涵盖了模拟人类智能的技术和模仿人类学习方式。人工智能包括语音识别、自然语言处理、计算机视觉等多个方面。

目前,人工智能和机器学习的研究主要聚焦在硬件、软件和应用3个方面。硬件方面,各大厂商正在研发更加高效的芯片,以满足人工智能和机器学习的需求;软件方面,机器学习算法、深度学习框架、自然语言处理工具等也在不断完善;应用方面,人工智能和机器学习在医疗、金融、物流、安防等领域中都展现了广泛的应用前景。

人工智能和机器学习的发展前景广阔,但也面临一系列挑战,如数据隐私、算法公正性、人工智能伦理等问题,需要进一步解决。

(3)边缘计算:边缘计算是一种新兴的计算模式,其核心理念是将计算和数据处理推至网络边缘,即离数据源或用户更近的地方。相较于传统的云计算模式,边缘计算通过在接近数据源、用户的设备或边缘节点上执行部分计算任务,实现了低延迟、带宽节省、隐私保护和适用于物联网等诸多优势。边缘计算在智慧城市、物联网、工业自动化、智能交通、医疗健康等领域得到广泛应用,为各行业带来更高效、更实时的计算解决方案,支持实时决策和大规模设备连接。

(4)量子通信:量子通信是一种基于量子力学原理的通信方式,旨在通过利用量子态的特性实现更为安全和高效的通信。其主要特点包括利用量子纠缠实现更安全的信息传输,应用量子密钥分发实现安全的密钥传输,以及利用量子通信生成真正的随机数,对密码学和安全通信等领域具有重要意义。通过量子通信实现量子电报,传输信息速度可远超现有通信方式。该领域的长期目标是建立全球量子网络,其中包括量子中继站的建设。尽管在实际应用中仍然面临技术挑战,但由于量子通信具有潜在的影响力,其研究和发展仍在持续推进。

这些发展趋势表明未来计算机技术将在多个方向上取得突破,影响着人们的生活和工作。

1.3   信息表示

信息表示是指将信息以某种方式表示出来。信息可以是任何形式的数据,例如文本、图像、声音等。在计算机科学中,信息表示是指将数据转换为计算机可以理解的格式,通常以二进制形式存在,即由 0 和 1 组成的序列。

计算机中通用的信息存储度量单位如下:

(1)位(bit):也称为比特,是计算机存储的最小单位,它可以表示二进制的 0 或 1。位是二进制数字系统中的最小单元,通常用小写字母 b 表示。

(2)字节(Byte):计算机信息存储和处理的基本单位。一个字节由 8 位组成,通常用大写英文字母 B 表示。

(3)字长:在计算机中,字长是指 CPU 在同一时间内能处理的二进制数的位数。字长通常有 8 位、16 位、32 位或 64 位。字长越长,计算机一次处理的信息位就越多,精度就越高。字长是计算机性能的一个重要指标。例如,一台 8 位机,它的 1 个字就等于 1 字节,字长为 8 位。如果一台 16 位机,它的 1 个字就由两字节构成,字长为 16 位。

(4)其他度量单位:实际应用中,还有千字节(KB)、兆字节(MB)、吉字节(GB)、太字节(TB)、拍字节(PB)等单位。在信息传输中,常常还有千位(Kb)、兆位(Mb)、吉位(Gb)、太位(Tb)等单位。各单位换算关系如表 1-1 所示。

表 1-1   各单位换算关系

1 KB=1 024 B=2^{10} B	1 Kb=1 024 b=2^{10} b
1 MB=1 024 KB=2^{20} B	1 Mb=1 024 Kb=2^{20} b
1 GB=1 024 MB=2^{30} B	1 Gb=1 024 Mb=2^{30} b
1 TB=1 024 GB=2^{40} B	1 Tb=1 024 Gb=2^{40} b
1 PB=1 024 TB=2^{50} B	1 Pb=1 024 Tb=2^{50} b
…	…

1.3.1   数据与信息

数据与信息是两个相关但不同的概念。数据是对事物或现象的描述、记录或测量结果,通常是原始的、未经处理的,缺乏明确的含义或上下文。例如,数字 0 和 1、学生考试分数、每小时气温测量值等都是数据。

信息则是对数据进行解释、分析和组织后,被人们使用的有用的、有意义的知识。在计算机中,所有数据都用二进制表示,而其具体表示的信息是由计算机对其解释决定的。

1. 数值信息

数值信息是一种表示数值的数据形式。数值信息可以包括整数、小数(浮点数)、百分比等形式。计算机处理和存储这些数值信息的方式取决于数据类型和精度。

(1)整数(integer):用于表示不带小数点的整数值,可以是正数、负数或0。在计算机中,整数的范围和表示方式取决于数据类型的位数,如8位、16位、32位或64位整数。

(2)浮点数(floating-point number):用于表示带有小数点的数值,包括正数、负数和0。浮点数在计算机中以科学记数法的形式表示,包括一个尾数和一个指数。

(3)双精度浮点数(double precision floating-point number):是一种浮点数表示形式,通常使用64位来存储,提供更高的精度和范围。

2. 文字信息

文字信息可以是任何形式的数据,例如文本、代码、标记语言等,文字信息需要进行编码。文字信息的编码方式有很多种,例如ASCII码、汉字编码、Unicode等。

(1)ASCII码。ASCII(American Standard Code for Information Interchange,美国信息交换标准代码)是由美国国家标准学会(American National Standard Institute,ANSI)制定的,使用标准的单字节字符编码方案,用于基于文本的数据。此方案起始于20世纪50年代后期,于1967年定案。它最初是美国的标准,是指不同计算机在相互通信时共同遵守的西文字符编码标准。现已被国际标准化组织(International Organization for Standardization,ISO)定为国际标准(ISO/IEC 646),适用于所有拉丁字母。ASCII码表中的每个字符都有唯一的数字表示。例如,大写字母A的ASCII码值是65,小写字母a的ASCII码值是97。ASCII码表如表1-2所示。

表1-2　ASCII码表

类别	字符范围	十进制值	十六进制值	二进制值
控制字符	NUL,SOH,STX,ETX…	0~31, 127	0x00~0x1F, 0x7F	00000000~00011111, 01111111
数字	0~9	48~57	0x30~0x39	00110000~00111001
大写字母	A~Z	65~90	0x41~0x5A	01000001~01011010
小写字母	a~z	97~122	0x61~0x7A	01100001~01111010
特殊字符	␣,!,",#,$,%,&,',( ),*,+,逗号( ),-,.,/	32~47,58~64,91~96,123~126	0x20~0x2F,0x3A~0x40,0x5B~0x60,0x7B~0x7E	00100000~00101111,00111010~00100000,01011011~01100000,01111011~01111110

(2)汉字编码。汉字国标编码是指将汉字编码为计算机可以理解的格式。我国的汉字编码标准是GB2312-1980。GB2312-1980是中国国家标准总局于1980年发布的一套国家标准,全称《信息交换用汉字编码字符集　基本集》。该编码用于汉字处理、汉字通信等系统之间的信息交换。GB2312-1980包括基本集和扩展集两部分内容。基本集收录汉字6 763个和非汉字图形字符682个,扩展集包括拉丁字母、希腊字母、日文假名等。

（3）Unicode。Unicode 又称万国码、国际码，是计算机科学领域的标准，整理和收集了世界上大部分文字系统。Unicode 字符集编码范围为 0x0000~0x10FFFF，可容纳一百多万字符，每个字符有独一无二的编码（码点），如汉字"中"的码点为 0x4E2D，大写字母 A 的码点为 0x412。

1.3.2　计算机中数据的表示

在计算机中，所有的信息都是以二进制的形式表示和存储的，二进制数据是用 0 和 1 两个数码来表示的，它的基数为 2，进位规则是"逢二进一"。

1. 进位计数制

进位计数制是目前普遍采用的一种计数方式，它按进位的方式计数，简称为进位制。常用的有十进制、二进制和十六进制等。在进位计数制中，不同进制使用的数码个数称为基数，例如十进制的基数为 10，二进制的基数为 2，十六进制的基数为 16 等。一个数所表示的大小不仅与其值有关，而且与所在的位置有关。例如，珠穆朗玛峰最新高度为 8 848.86 m，其中有 4 个 8。4 个 8 从右向左依次表示 0.8 m、8 m、800 m 和 8 000 m。这就是说，各个数字在不同位置表示数的大小受权值控制，权也称权重，如个、十、百、千、万、十分位、百分位等。珠穆朗玛峰的高度按十进制的权展开式表示为

$$8\ 848.86 = 8 \times 10^3 + 8 \times 10^2 + 4 \times 10^2 + 8 \times 10^1 + 8 \times 10^{-1} + 6 \times 10^{-2}$$

用这种方式表示的数称为"加权数"或"权码"。基数不同时，各位的"权"也就不同。若用 R 表示基数，则对应的进制就是 R 进制，各位的权依次为

$$\cdots, R^4, R^3, R^2, R^1, R^0, R^{-1}, R^{-2}, R^{-3}, R^{-4}, \cdots$$

对于任意 R 进制 $\cdots x_2 x_1 x_0. x_{-1} x_{-2} \cdots$，都可以表示为

$$\cdots x_2 x_1 x_0. x_{-1} x_{-2} \cdots = \cdots + x_2 \times R^2 + x_1 \times R^1 + x_0 \times R^0 + x_{-1} \times R^{-1} + x_{-2} \times R^{-2} + \cdots$$

在计算机中，常用进位制与权如表 1–3 所示。

表 1–3　进位制与权

进位制	权
二进制	$\cdots, 2^3, 2^2, 2^1, 2^0, 2^{-1}, 2^{-2}, 2^{-3}, \cdots$
十进制	$\cdots, 10^3, 10^2, 10^1, 10^0, 10^{-1}, 10^{-2}, 10^{-3}, \cdots$
十六进制	$\cdots, 16^3, 16^2, 16^1, 16^0, 16^{-1}, 16^{-2}, 16^{-3}, \cdots$

（1）二进制数。二进制的基数 R 是 2，其数符只有 0 和 1。例如，101.011B 是一个整数部分 3 位，小数部分 3 位的二进制数，字母 B 为二进制说明符，按权展开式为

$$101.011B = 1 \times 2^2 + 0 \times 2^1 + 1 \times 2^0 + 0 \times 2^{-1} + 1 \times 2^{-2} + 1 \times 2^{-3}$$

（2）十进制数。十进制数是人们常用的一种进位计数制。十进制的基数 R 为 10，数符有 0，1，$\cdots$，9。例如，213.055D 是一个整数部分 3 位，小数部分 3 位的十进制数，字母 D 为十进制说明符，按权展开式为

$$213.055D = 2 \times 10^2 + 1 \times 10^1 + 3 \times 10^0 + 0 \times 10^{-1} + 5 \times 10^{-2} + 5 \times 10^{-3}$$

在实际应用时，后缀 D 可以省略。

（3）十六进制数。由于二进制数一般很长，书写不方便，因此常写成十六进制数。十六进制的基数 R 为 16，数符有 0，1，…，9，A，B，C，D，E，F。例如，AC7.DF9H 是一个整数部分 3 位，小数部分 3 位的十六进制数，字母 H 为十六进制说明符，按权展开式为

$$AC7.DF9H = 10 \times 16^2 + 12 \times 16^1 + 7 \times 16^0 + 13 \times 16^{-1} + 15 \times 16^{-2} + 9 \times 16^{-3}$$

2. 不同进位计数制之间的转换

由于在计算机中使用的是二进制计数制，而人们常用的是十进制计数制，这就需要转换。转换的方法有多种，下面介绍十进制数和二进制数之间的转换。

① 十进制整数转换成二进制数。

十进制整数转换成二进制数的最简便方法是"除 2 取余"法（也称为基数除法）。它是用待转换的十进制整数除以 2，取其余数作为相应二进制数的最低位；然后再用商除以 2，其余数作为相应二进制数的次低位……一直除下去，直到商为 0。

例 1–1　将十进制整数 20 转换成二进制数。采用"除 2 取余"法，过程如图 1–1 所示。

即 20D=10100B。

② 十进制小数转换成二进制数。

十进制小数转换成二进制数的常用方法是"乘 2 取整"法（也称为基数乘法）。这种方法是用待转换的十进制小数乘以 2，取其整数作为相应二进制小数的最高位；然后再用乘积的小数部分继续乘以 2，其整数作为相应二进制小数的次高位……一直乘下去，直到乘积的小数部分为 0 或者达到转换精度时为止。

例 1–2　将十进制小数 0.625 转换成二进制数。采用"乘 2 取整"法，过程如图 1–2 所示。

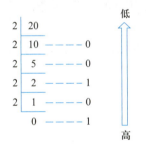

图 1–1　20 转换为二进制数

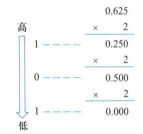

图 1–2　0.625 转换为二进制数

即 0.625D=0.101B。

③ 二进制数转换为十进制数。

对于二进制数转换成十进制数，只要把二进制数中所有位是 1 的权加起来，不考虑所有位是 0 的权。

例 1–3　把二进制数 1101101.1011 转换为十进制数。

确定每位是 1 的权，然后把这些权加起来得到十进制数，如表 1–4 所示。

表 1–4　二进制数各位的权

二进制数	1	1	0	1	1	0	1	.	1	0	1	1
权	2^6	2^5	2^4	2^3	2^2	2^1	2^0		2^{-1}	2^{-2}	2^{-3}	2^{-4}

$1101101.1011B=2^6+2^5+2^3+2^2+2^0+2^{-1}+2^{-3}+2^{-4}=64+32+8+4+1+0.5+0.125+0.062\ 5=109.687\ 5D$

思考:二进制数与十六进制数之间的转换应该怎样进行?

1.4   计算机系统的组成

计算机系统由硬件系统和软件系统组成。理解计算机不能仅限于硬件,需将其视为包含软件系统与硬件系统的完整系统。硬件是计算机的实体部分,包括各种电子元器件和设备,如主机、外部设备等。软件是由人编制的程序或文档组成的,通常存放在计算机的主存或辅存内。软件不仅能充分发挥硬件功能,提高效率,还能模拟人类思维活动。计算机性能取决于软硬件功能的总和,两者相互支撑。

1.4.1   计算机基本工作原理

1945 年,冯·诺依曼在研究 EDVAC 时提出了"存储程序"的概念。以此概念为基础的各类计算机统称为冯·诺依曼机。存储程序的特点可归纳如下:

(1)计算机由运算器、存储器、控制器、输入设备和输出设备五大部件组成。

(2)指令和数据以同等地位存放于存储器内,并可按地址寻访。

(3)指令和数据均用二进制表示。

(4)指令由操作码和地址码组成,操作码用来表示操作的性质,地址码用来表示操作数在存储器中的位置。

(5)指令在存储器内按顺序存放。通常,指令是顺序执行的,在特定条件下,可根据运算结果或设定的条件改变执行顺序。

(6)机器以运算器为中心,输入输出设备与存储器间的数据传送通过运算器完成。

计算机的工作原理如图 1-3 所示。

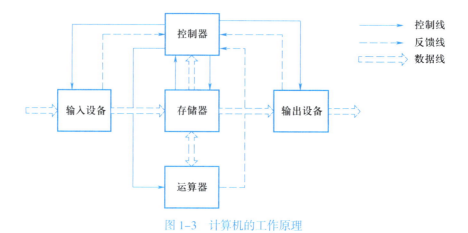

图 1-3   计算机的工作原理

1.4.2   计算机的硬件系统

按照冯·诺依曼的设计思想,计算机的硬件系统包含存储器、运算器、控制器、输入设备和输出设备。运算器与控制器又合称为中央处理器(CPU)。CPU 和存储器通常称为主机(host)。输入设备和输出设备统称为输入输出设备,因为它们位于主机的外部,所以也称为外部设备。

1. 存储器

存储器的主要功能是存放程序和数据。程序控制计算机的操作,数据是计算机操作的对象。不论是程序还是数据,在存储器中都是用二进制形式表示的。为实现自动计算,程序和数据必须预先放在主存储器中才能被 CPU 读取。

2. 运算器

运算器是一种用于信息加工处理的部件,它对数据进行算术运算和逻辑运算。算术运算是按照算术规则进行的加、减、乘、除等运算。逻辑运算一般泛指非算术运算,如比较、移位、逻辑或、逻辑与、逻辑取反及异或等。

3. 控制器

控制器是计算机的指挥中心,它可使计算机各部件协调工作。控制器工作的实质就是解释程序,它每次从存储器读取一条指令,经过分析译码产生一串操作命令,再发给各功能部件控制各部件动作,使计算机连续地、有条不紊地运行,以实现控制的功能。

计算机中有两股信息在流动:一股是控制流信息,即操作命令,它分散流向各个功能部件;另一股是数据流信息,它受控制流信息的控制,从一个部件流向另一个部件,在流动的过程中被相应的部件加工处理。

4. 输入设备

输入设备就是将信息输入计算机的外部设备,它将人们熟悉的信息形式转换成计算机能接收并识别的形式。输入的信息有数字、字母、符号、文字、图形、图像、声音等多种形式,送入计算机的只有一种形式,即二进制数据。一般输入设备用于原始数据和程序的输入。

常用的输入设备有键盘、鼠标、扫描仪及模/数(A/D)转换器等。A/D 转换器能将模拟量转换成数字量。模拟量是指用连续物理量表示的数据,如电流、电阻、压力、速度及角度等。

5. 输出设备

输出设备就是将计算机的运算结果转换成人们和其他设备能接收和识别的信息形式的设备,如字符、文字、图形、图像、声音等。输出设备与输入设备一样,需要通过接口与主机连接。常用的输出设备有打印机、显示器、数/模(D/A)转换器等。

外存储器也是计算机中重要的外部设备,它既可以作为输入设备,也可以作为输出设备。此外,它还有存储信息的功能,所以常作为辅助存储器(简称辅存)使用。计算机的存储管理软件将它与主存一起管理,作为主存的补充。常见的外存储器有光盘、U 盘等,它们与输入输出设备一样,也要通过接口与主机相连。

6. 系统互连

计算机硬件系统各功能部件需要有组织地以某种方式连接起来,从而实现数据流信息和控制流信息在不同部件之间的流动及数据信息的加工处理。在现代计算机中使用较多的是总线互连方案,这种方式实现简单,扩展容易。

总线(bus)是连接两个或多个设备(部件)的公共信息通路,主要由数据线、地址线和控制线组成。CPU 中连接计算机各主要部件的总线称为系统总线。

总之,计算机硬件系统是运行程序的基本组成部分,人们通过输入设备将程序与数据存入存储器,计算机运行时,控制器从存储器中逐条取出指令,将它们解释成控制命令去控制各部件的动作。数据在运算器中被加工处理,处理后的结果通过输出设备输出。

1.4.3   计算机的软件系统

计算机软件描述解决问题的思想、方法和过程,核心组成部分是程序,程序存储在介质中,是无形的。计算机的全部程序集合称为软件系统,分为应用软件和系统软件。应用软件是为解决特定问题而编制的程序,如科学计算、自动控制、数据处理等。随着计算机的广泛应用,应用软件种类不断增多。系统软件管理、调度、监控计算机系统,提高工作效率、扩充系统功能。系统软件通常分为以下几类。

1. 操作系统

操作系统是管理计算机中各种资源、自动调度用户作业、处理各种中断的软件。操作系统管理的资源通常有硬件、软件和数据信息。常见操作系统包括 UNIX、Windows、Linux、Android、iOS、HarmonyOS 等。

2. 程序设计语言及语言处理程序

程序设计语言是程序员与计算机交流的媒介,常见的包括 C、Java、Python、JavaScript、C++和 C# 等,它们具有不同的特点和适用领域。与之配套的是语言处理程序,如编译器和解释器,用于将高级语言转换为计算机可执行的形式。编译器一次性将整个源代码转换为机器代码,而解释器则逐行解释执行。

3. 数据库管理系统

数据库管理系统(database management system, DBMS)是数据库管理软件,为满足数据处理和信息管理需求而发展起来,在文件系统基础上起关键支撑作用。常见的 DBMS 包括 Oracle、SQL Server、DB2、PostgreSQL、MySQL 等,以及国产的达梦数据库、金仓数据库、GBase 和 openGauss 等。

此外,各种服务性程序,如诊断程序、排错程序、练习程序等,也属于系统软件。

应用程序是用户利用计算机解决某些问题而编制的程序,如工程设计程序、数据处理程序、自动控制程序、企业管理程序、情报检索程序、科学计算程序等。随着计算机的广泛应用,这类程序的种类越来越多。

习   题

1. 什么是信息?它有哪些特点?
2. 信息技术是什么?它包括哪些方面?
3. 计算机是如何产生的?它的发展历程如何?
4. 计算机有哪些分类?
5. 计算机在哪些领域得到广泛应用?
6. 计算机系统由哪几部分组成?

第2章 操作系统

学习目标：

1. 掌握操作系统的定义、功能及分类。
2. 了解 Windows 10 的特点和配置要求。
3. 掌握 Windows 10 的基本操作。
4. 掌握 Windows 10 的文件管理方法。
5. 了解 Windows 10 的应用程序管理。
6. 掌握画图和记事本程序，以及计算器的使用方法。

课堂思政：

1. 介绍操作系统的发展及现状时，引入国产操作系统（如鸿蒙、麒麟等）进行对比教学，让学生了解国产操作系统的特点，激发学生的创新精神和爱国情怀，认识到国产软件发展的重要性。

2. 在讲解操作系统的功能和应用时，强调其在社会生活中的重要作用，如对信息和数据如何保护等，培养学生的社会责任感和职业道德。

3. 鼓励学生探索 Windows 10 的新功能，培养学生的创新思维和解决问题的能力。

4. 在讲解系统安全和隐私保护时，强调个人信息安全的重要性，引导学生树立正确的网络安全观和隐私保护意识。

5. 鼓励学生进行实践操作，如安装 Windows 10 系统、配置系统环境、解决系统故障等，培养他们的动手能力和实践创新能力。

2.1 操作系统概述

操作系统（operating system，OS）是一种系统软件，是计算机系统中最基本、最核心的软件之一。它负责管理和协调计算机硬件和应用软件，为用户提供一种方便、有效、统一的工作环境。它使计算机变得更容易使用、更高效，并提供了对硬件资源的有效管理。

2.1.1 操作系统的定义

操作系统位于计算机硬件和应用软件之间，负责管理和协调计算机系统的各种资源，以提供对计算机硬件有效和统一的控制。它为应用程序提供了一个运行环境，使得用户和应用程序可以方便地与计算机系统交互，同时有效地利用硬件资源。操作系统是一个非常复杂的系统，很难给予它一个普遍认同的简单定义。一种容易理解的定义是：操作系统是计算机硬件和用户（程序和人）之间的接口，它使得其他程序更加方便有效地运行，并能方便地对计算机硬件和软件资源进行访问。

2.1.2 操作系统的功能

操作系统具有多项重要功能,这些功能保证了计算机系统的正常运行,提供了用户和应用程序与硬件之间的接口。主要功能包括资源管理、进程管理、内存管理、文件系统管理、设备驱动程序管理、用户接口、错误检测和处理、系统调用。资源管理涵盖硬件资源如 CPU、内存、存储和输入输出(I/O)设备的分配和释放。进程管理包括进程的创建、调度、暂停、恢复和终止,确保多程序共享资源。内存管理负责分配和释放内存,以及虚拟内存管理。文件系统管理是组织和操作文件和目录,提供对文件的访问控制。设备驱动程序管理通过与硬件通信,转换抽象的操作系统请求为硬件指令,实现硬件与计算机的协同工作。用户接口分为命令行和图形用户界面,使用户能够与系统交互。错误检测和处理是维护系统的稳定性。系统调用提供应用程序访问操作系统功能的接口,如文件操作和进程创建。操作系统在不考虑底层硬件细节的情况下,提供一个抽象层,使应用程序能高效运行。不同类型的操作系统适用于各种计算机体系结构和应用场景,包括个人计算机、服务器和嵌入式系统。这些功能共同确保计算机系统高效运行,提供友好、安全、稳定的工作环境。根据不同用途和需求,操作系统的设计和功能会有所差异,例如服务器操作系统、桌面操作系统和嵌入式操作系统。

2.1.3 操作系统的分类

操作系统可以根据用途、特性、用户数量、处理器体系结构进行多种分类。

1. 基于用途的分类

(1)服务器操作系统:针对服务器环境设计,优化了多用户、多任务和网络性能。例如,Windows Server、Linux 的服务器发行版、UNIX 等。

(2)桌面操作系统:面向个人计算机用户,提供图形用户界面和通用应用程序支持。例如,Windows、macOS、Linux 桌面发行版等。

(3)嵌入式操作系统:针对嵌入式系统(如智能家居设备、嵌入式控制系统)设计,具有小巧、高效和实时性的特点。例如,实时操作系统(real-time operating system,RTOS)和嵌入式Linux。

2. 基于特性的分类

(1)实时操作系统(RTOS):针对需要满足严格时间限制的实时应用程序,如航空航天、工业控制等。例如,VxWorks、FreeRTOS、QNX 等。

(2)分布式操作系统:用于多台计算机协同工作,共同完成一个任务。例如,Google 的Android 系统、华为的 HarmonyOS 系统。

(3)网络操作系统:主要用于网络设备,如路由器、交换机以及一些网络服务器。例如,Cisco IOS 和 OpenWrt 等。

3. 基于用户数量的分类

(1)单用户操作系统:只能支持一个用户使用。例如,MS DOS。

(2)多用户操作系统:能够支持多个用户同时使用。例如,UNIX、Linux、Windows Server 等。

(3)单任务操作系统:一次只能执行一个任务的操作系统。例如,最早期的批处理系统。

(4)多任务操作系统:能够同时执行多个任务的操作系统。例如,Windows、Linux 等。

4. 基于处理器体系结构的分类

（1）支持多处理器的操作系统：能够有效地利用多个处理器提高系统性能，例如，Linux、Windows Server 等。

（2）单处理器的操作系统：针对只有一个处理器的系统设计。例如，桌面操作系统 Windows、macOS。

2.1.4　常用的操作系统

常用的操作系统涵盖了多个领域，包括个人计算机、服务器、移动设备、嵌入式系统等。

1. 个人计算机操作系统

（1）Windows 系列：Windows 是最常见的个人计算机操作系统之一。最新版本包括 Windows 10、Windows 11 等。

（2）macOS：苹果公司开发的操作系统，专为 Macintosh 计算机设计。最新版本如 macOS Sonoma 14.0。

（3）Linux 桌面发行版：提供了多个桌面环境，适用于各种用途。例如，Ubuntu、Debian、Fedora、CentOS、openSUSE、Linux Mint 等。

2. 服务器操作系统

服务器操作系统是一种安装在大型计算机上的操作系统，包括 Web 服务器、应用服务器和数据库服务器等，是企业信息系统的基础架构平台。常见的服务器操作系统有 UNIX、Linux、Windows Server 和 NetWare 等。

3. 移动设备操作系统

（1）Android：Android 是一种基于 Linux 的开源操作系统，由 Google 公司开发。Android 操作系统主要应用于移动设备，如智能手机、平板计算机等。

（2）iOS：iOS 是由苹果公司开发的一种基于 UNIX 的移动操作系统，主要应用于 iPhone、iPad 和 iPod Touch 等移动设备。

（3）HarmonyOS：HarmonyOS 是由华为公司自主研发的一款面向全场景的分布式操作系统，支持手机、平板计算机、智能穿戴、智慧屏等多种终端设备。2012 年，华为公司开始规划自研操作系统，这是 HarmonyOS 操作系统的起点。2019 年 8 月，华为正式发布 HarmonyOS 1.0，首次应用于华为公司智慧屏产品。2020 年，华为发布 HarmonyOS 2.0，除了智慧屏之外，在华为公司的手表、手环、车机中也得到了应用。2021 年 6 月，华为公司开始陆续向自家的手机、平板等智能终端设备推送升级的 HarmonyOS 2.0。2022 年 7 月 27 日，华为公司 HarmonyOS 3 正式发布。2023 年 8 月 4 日，华为公司 HarmonyOS 4 正式发布。同时华为公司还公开了 HarmonyOS NEXT 的开发者预览版。HarmonyOS NEXT 是华为公司推出的一款面向全场景的分布式操作系统，它是"纯血鸿蒙"操作系统，不再支持 Android 应用，只支持鸿蒙内核和鸿蒙系统的应用。

4. 嵌入式操作系统

（1）Linux 嵌入式操作系统：Linux 嵌入式操作系统是一种基于 Linux 内核的操作系统，主要应用于嵌入式设备，如智能家居、智能穿戴、智能家电、智能车载系统等领域。常见的 Linux 嵌入式操作系统有 OpenWrt、Buildroot、Yocto Project 等。

（2）实时操作系统：又称即时操作系统，是一种将系统资源按照排序运行和管理的操作系统,它要求任务的即时执行。实时操作系统与一般的操作系统相比,最大的特色就是"实时性",如果有一个任务需要执行,实时操作系统会马上(在较短时间内)执行该任务,不会有较长的延时。这种特性保证了各个任务的即时执行。实时操作系统广泛应用于工业自动化、机器人、航空航天、军工等领域。常见的实时操作系统有 VxWorks、RT-Thread、UCOS、QNX 等。

这些操作系统在各自的领域中发挥着重要作用,满足了不同设备和应用的需求。选择不同的操作系统通常取决于硬件平台、应用程序兼容性、用户体验和性能等因素。

2.2　Windows 10 操作系统

Windows 10 是 Microsoft 公司 2015 年 7 月推出的操作系统,最新版本是 22H2(10.0.19045.3996)。Windows 10 在用户界面方面进行了全新设计,采用了更加现代化和简洁的风格。用户可以根据自己的喜好进行个性化设置,选择不同的主题、壁纸和桌面布局,使得操作界面更加美观和舒适。

2.2.1　Windows 10 的主要特点

Windows 10 旨在提供更广泛、更灵活的用户体验,并支持各种设备和应用,主要特点如下:

(1)开始菜单回归,将传统和动态磁贴结合,提供直观导航和快速访问应用程序的方式。

(2)多任务虚拟桌面,引入任务视图,允许用户创建和切换多个虚拟桌面,更好地组织任务和工作区。

(3)Cortana 语音助手,回答问题、执行任务,并提供个性化服务。

(4)Microsoft Edge 浏览器,性能更快、安全性更好和更多扩展支持。

(5)Universal Windows Platform(UWP),开发者可使用一套代码创建跨设备运行的应用程序。

(6)Windows Hello 和生物识别,提供面部识别、指纹识别和虹膜扫描,增强登录安全性。

(7)DirectX 12 图形支持,提供更高的图形性能和更好的游戏体验。

(8)更新策略采用"服务即软件"模型,定期提供功能、性能和安全更新。

(9)兼容性和互通性,支持运行以前版本 Windows 应用程序,实现跨设备同步设置、文件和应用程序。

(10)加强安全和防护,引入 Windows Defender 防病毒软件等功能。

(11)Linux 子系统,支持在 Windows 上运行 Linux 应用程序,提供强大的开发环境。

这些特点使得 Windows 10 成为一款功能强大而灵活的操作系统,广泛应用于各种设备和场景,从个人计算机到企业服务器,以及物联网设备。

2.2.2　Windows 10 的配置要求

Windows 10 的配置要求取决于具体的使用场景和功能需求,不同的任务和应用程序可能需要不同的硬件配置。下面是 Windows 10 的最低配置。

● 处理器:1 GHz 或更快的处理器或片上系统(SoC)。

● 内存:1 GB(32 位)或 2 GB(64 位)。

● 硬盘空间:16 GB(32 位操作系统)或 20 GB(64 位操作系统)。

● 显卡:DirectX 9 或更高版本,WDDM 1.0 驱动程序。

● 显示器：分辨率最低为 800 像素 ×600 像素。

2.2.3　Windows 10 的安装

安装 Windows 10 通常可以通过以下步骤完成。注意：这里提供的是一般的安装指南，具体步骤可能会因安装媒体和计算机制造商的不同而有所变化。在安装开始之前，备份用户的重要数据，以防意外。

方法一：通过 Windows 10 安装媒体安装。

步骤 1：获取安装媒体制作工具。

从 Microsoft 官方网站下载 Windows 10 的 MediaCreationTool22H2.exe，如图 2-1 所示。

图 2-1　下载网站

步骤 2：创建安装媒体。

使用 MediaCreationTool22H2.exe 下载安装文件并写入闪存驱动器。

步骤 3：启动计算机。

将制作好的安装媒体插入计算机，重启计算机。

步骤 4：选择启动设备。

在计算机启动时按下相应键（通常是 F2、F12、Esc 等），选择从 USB 设备或光盘启动。

步骤 5：开始安装。

在安装界面中选择语言、时间和货币格式等选项，单击"下一步"按钮。

步骤 6：安装类型。

选择"自定义：仅安装 Windows（高级）"以进行自定义安装。

步骤 7：选择磁盘分区。

选择安装 Windows 的磁盘分区，单击"下一步"按钮开始安装。

步骤 8：安装过程。

等待安装过程完成,计算机将在安装完成后自动重新启动。

步骤 9:设置 Windows。

在重新启动后,按照提示设置 Windows 10,包括创建用户账户和选择一些基本设置。

步骤 10:完成安装。

完成安装后,用户将看到 Windows 10 的桌面,安装过程就此完成。

方法二:通过 Windows 10 升级助手进行在线升级。

通过从 Microsoft 官网下载 Windows 10 升级助手并运行该工具。执行升级助手,它会检查系统是否满足升级要求。如果系统满足要求,升级助手将引导用户完成在线升级过程。在升级过程中,用户可能需要选择保留文件和应用程序,或者执行新安装,取决于用户的计算机性能和网络速度,升级过程需要一定时间。在进行任何操作系统的安装或升级之前,用户需提前备份重要数据。

2.3   Windows 10 的基本操作

Windows 10 的桌面主要由以下几个元素组成,如图 2-2 所示。

(1)桌面背景:可以是个人的图片、Windows 提供的图片、纯色或带有颜色框架的图片,也可以显示幻灯片图片。Windows 10 操作系统自带了很多漂亮的背景图片,用户可以从中选择自己喜欢的图片作为桌面背景。

(2)桌面图标:桌面图标是指快捷方式、文件夹、文件等在桌面上的图标。用户可以根据自己的需要添加、删除、移动和更改桌面图标。

(3)任务栏:任务栏是位于桌面底部的一个条形区域,它包含了"开始"按钮、任务视图、打开的应用程序、通知区域、系统图标等。用户可以通过任务栏来快速启动应用程序、查看通知、调整系统设置等。

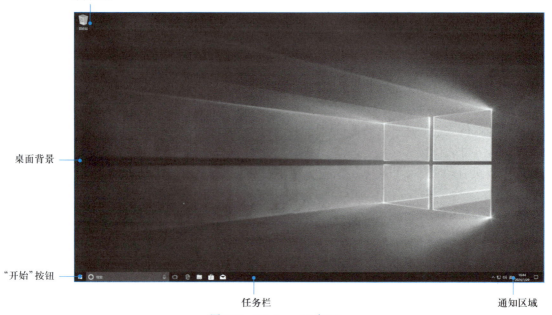

图 2-2   Windows 10 桌面

（4）"开始"按钮："开始"按钮是 Windows 10 中的一个重要功能,它包含了应用程序、设置、文件、电源等选项。用户可以单击"开始"按钮打开"开始"菜单来快速启动应用程序、查找文件、调整系统设置等。

（5）通知区域:位于任务栏的右端,它包含了一些常用的图标和通知,例如电池、网络、音量、时钟和日历等。用户可以自定义在通知区域中看到哪些图标和通知,也可以隐藏一些不需要的图标和通知。

2.3.1　桌面背景

桌面背景又称为桌面壁纸。设置桌面背景是常用的操作,用户可以使用系统自带的图片作为桌面背景,也可以将自己喜欢的图片设置为桌面背景。

设置静态桌面背景是指只设置一张图片作为桌面背景,其具体操作如下。

第 1 步:打开个性化窗口。

打开个性化窗口的方法通常有两种:

（1）在桌面空白处单击鼠标右键(简称右击),在弹出的快捷菜单中选择"个性化"命令,可打开个性化窗口。

（2）单击"开始"按钮,选择"设置",在打开的 Windows 设置窗口(如图 2-3 所示)中单击"个性化"按钮。

图 2-3　Windows 设置

第 2 步:选择系统自带的背景图片,如图 2-4 所示。

打开背景窗口后,在右侧的"选择图片"栏中选择需要的图片,单击即可更改桌面背景。

第 3 步:若要设置其他图片作为桌面背景,可在"选择图片"栏中单击"浏览"按钮。打开"打开"对话框,在其中选择喜欢的图片,单击"选择图片"按钮,如图 2-5 所示。

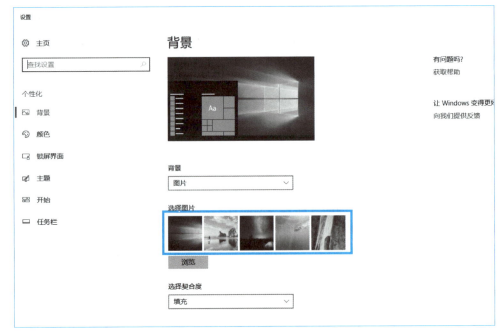

图2-4   背景窗口

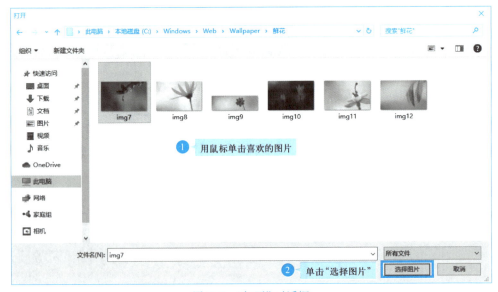

图2-5   "打开"对话框

提示:"C:\Windows\Web\Wallpaper"文件夹中保存着许多图片。

第4步:查看效果。关闭窗口后即可看到更改桌面背景后的效果。

对于自定义的图片背景,还有一种更加直接的设置方式:在喜欢的图片文件上右击,在弹出的快捷菜单上选择"设置为桌面背景"命令,就可以看到效果了。

2.3.2   桌面图标和桌面快捷方式

在Windows 10的桌面上,通常会有一些小方块,上面显示着图标和文字,称为桌面图标或桌面快捷方式。桌面图标是系统默认提供的,用于快速访问特定资源的视觉指示器。例如,"此电脑""回收站"和"网络"等图标都是桌面图标。桌面图标通常指向系统文件夹或文件。桌面快捷方式是用户自行创建的,用于快速启动程序或打开文件的链接。桌面快捷方式可以指向任何类型的文件或文件夹,甚至可以指向网络上的资源。这些图标带有一个小箭头标志,表示它们只是指向其他文件或应用程序的链接。它们不是实际的文件,只是一个方便的方式来访问其他位置的资源。

1. 显示桌面图标

默认状态下,Windows 10 的桌面图标可能隐藏。若要显示它们,可右击桌面空白处,在快捷菜单中选择"查看"→"显示桌面图标"命令,如图 2-6 所示。

若要将桌面图标(例如"此电脑""回收站"等)添加到桌面,执行以下操作。

(1)单击"开始"按钮,然后选择"设置"→"个性化"→"主题",如图 2-7 所示。

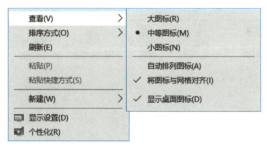

图 2-6　显示桌面图标

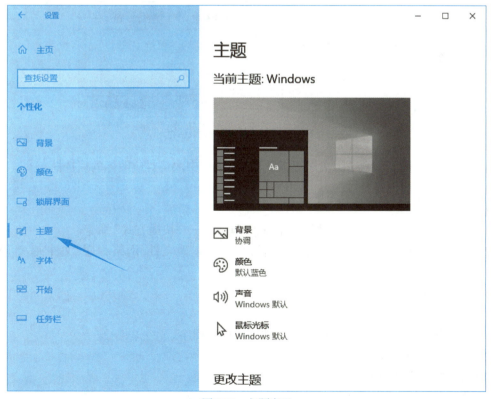

图 2-7　主题窗口

（2）在"主题"栏向下滚动鼠标找到"相关的设置"，单击"桌面图标设置"选项。

（3）打开"桌面图标设置"对话框，如图 2-8 所示。选择希望显示在桌面上的图标，然后单击"确定"按钮。返回桌面就可以看到希望添加的图标。

图 2-8　"桌面图标设置"对话框

若要隐藏桌面图标，只需在"桌面图标设置"对话框中取消对应图标的复选框。

2. 创建桌面快捷方式

方式一：

（1）在桌面空白处右击，在快捷菜单中选择"新建"→"快捷方式"命令。

（2）输入想要创建快捷方式的文件路径，可以是本地文件、网络程序、文件夹、计算机或网址。

（3）为新建的快捷方式命名并单击"完成"按钮。

方式二：

（1）找到想要创建快捷方式的文件、文件夹或应用程序。

（2）在目标文件或应用程序上右击。

（3）在快捷菜单中选择"发送到"。

（4）在"发送到"子菜单中选择"桌面快捷方式"命令。

方式三：

（1）打开文件资源管理器。

（2）找到要创建快捷方式的应用程序、文件或文件夹。

（3）按住键盘上的 Alt 键。

（4）将应用程序、文件或文件夹拖动到桌面后松开鼠标按钮。

3. 移动桌面图标和桌面快捷方式

单击并拖曳图标或快捷方式到新的位置。

4. 复制桌面图标和桌面快捷方式

除有限的几个系统桌面图标外,其余的桌面图标和桌面快捷方式都可以复制。

方式一：

（1）按住 Ctrl 键,然后单击图标或快捷方式。

（2）按住 Ctrl 键并拖曳图标或快捷方式到新的位置。

方式二：

（1）右击图标或快捷方式,然后选择快捷菜单中的"复制"命令。

（2）右击桌面上的空白区域,然后选择快捷菜单中的"粘贴"命令。

5. 删除桌面图标和桌面快捷方式

方式一：单击图标或快捷方式,然后按 Delete 键。

方式二：右击图标或快捷方式,然后选择快捷菜单中的"删除"命令。

6. 重命名桌面图标和桌面快捷方式

方式一：

（1）单击图标或快捷方式。

（2）按 F2 键。

（3）输入新的名称,然后按 Enter 键。

方式二：

（1）右击图标或快捷方式,然后选择快捷菜单中的"重命名"命令。

（2）输入新的名称,然后按 Enter 键。

2.3.3　任务栏

任务栏的作用不仅是查看应用程序和检查时间,还可以通过多种方式进行个性化设置,如更改颜色和大小,将喜爱的应用程序固定在其中,将其移动到屏幕上的其他位置,重新排列或调整任务栏按钮的大小;瞬时最小化所有打开的程序,锁定任务栏以保留用户的选项,自定义搜索突出显示、新闻和兴趣等。如果是笔记本计算机,还可以查看电池状态。

1. 将应用程序固定到任务栏

将应用程序直接固定到任务栏,以便在桌面上快速访问。用户可以从"开始"菜单或"应用列表"执行此操作,"跳转列表"是最近打开的文件、文件夹和网站的快捷方式列表。

（1）固定或取消固定"开始"菜单中的应用程序。

在任务栏的搜索框中,输入要固定到任务栏的应用程序的名称。右击该应用程序,然后选择快捷菜单中的"固定到任务栏"命令。

要取消固定应用程序,按照相同的步骤,再选择"从任务栏取消固定"命令。

(2)从"应用列表"固定应用。

如果应用程序已经打开,右击任务栏上的应用程序图标,然后选择快捷菜单中的"固定到任务栏"命令。如果要取消固定该应用程序,则选择"从任务栏取消固定"命令。

2. 更改任务栏设置

任务栏的个性化设置可右击任务栏上的任意空白处,然后选择快捷菜单中的"任务栏设置",打开"任务栏"窗口,如图 2-9 所示。

图 2-9　"任务栏"窗口

在任务栏设置中,滚动查看有关个性化、调整大小、选择图标、电池信息(笔记本计算机)等的选项。

3. 锁定和解锁任务栏

锁定任务栏便于确保其保持为设置的样式。当以后想要更改任务栏或改变其在桌面上的位置时,需要解锁任务栏。右击任务栏上的任何空白区域,选择快捷菜单的"任务栏设置"命令,在打开的窗口中将"锁定任务栏"设置为"开"。

2.3.4　"开始"菜单

"开始"菜单是一个非常重要的功能,它可以帮助用户快速访问应用程序。Windows 10 的"开始"菜单分为左侧面板、应用列表和动态磁贴区,如图 2-10 所示。

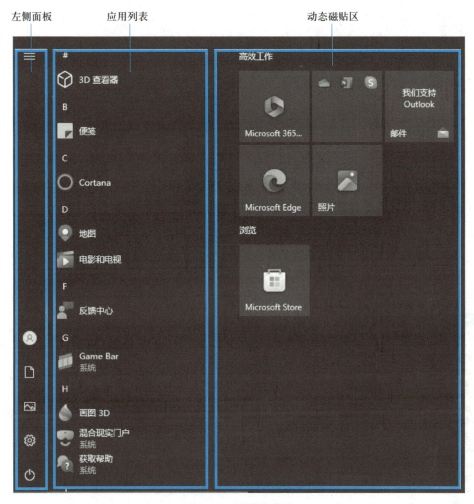

图 2-10　"开始"菜单

1. 打开"开始"菜单

（1）单击"开始"按钮。

（2）按键盘上的 Windows 徽标键。

2. 自定义"开始"菜单

（1）可以将应用固定到"开始"菜单，方法是右击应用列表中的项目，然后选择快捷菜单中的"固定到'开始'屏幕"。

（2）可以调整动态磁贴的大小，方法是右击动态磁贴，然后选择快捷菜单中的"调整大小"。

（3）如果不喜欢磁贴中显示的内容，可以选择关闭动态磁贴，方法是右击动态磁贴，然后选择快捷菜单中的"关闭动态磁贴"。

（4）在"开始"菜单的左下角可以显示更多文件夹，包括下载、音乐、图片等，这些文件夹在 Windows 7 "开始"菜单中是默认显示的。

2.3.5 窗口

Windows 10 的窗口是用户与计算机交互的主要界面之一。它们允许用户在屏幕上同时打开多个应用程序或文件,并在需要时切换。Windows 10 的窗口由多个元素组成,如图 2-11 所示。以下是一些常见的窗口元素。

（1）标题栏：显示窗口的名称和控制按钮,如最小化、最大化和关闭按钮。

（2）菜单栏：包含应用程序的菜单和选项。

（3）工具栏：包含常用的工具和快捷方式。

（4）工作区：显示应用程序的内容,如文本、图像或视频。

（5）状态栏：显示有关应用程序状态的信息,如字数、文件大小或缩放比例。

（6）滚动条：允许用户在工作区中滚动内容。

（7）窗口边框：定义窗口的大小和形状。

（8）窗口角：允许用户调整窗口的大小。

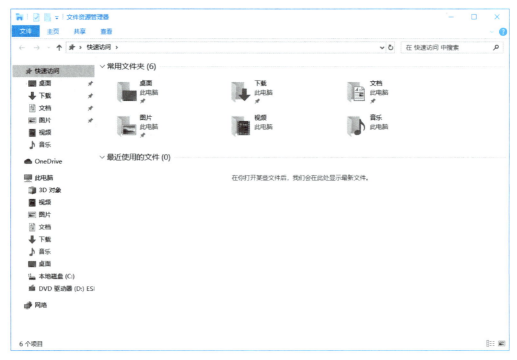

图 2-11   Windows 10 的窗口

用户可以通过拖动窗口的边缘或角来调整窗口的大小,还可以将窗口拖动到屏幕上的任何位置。如果用户希望窗口占据整个屏幕,单击窗口的标题栏并将其拖动到屏幕的顶部。

（1）最大化和最小化窗口：用户可以单击窗口的标题栏上的"最大化"按钮将窗口最大化,这将使窗口占据整个屏幕。要将窗口还原到其以前的大小,单击标题栏上的"还原"按钮。用户还可以单击窗口的标题栏上的"最小化"按钮将窗口最小化,这将使窗口消失并出现在任务栏中。

（2）分屏：Windows 10 允许用户将屏幕分成两个或四个部分，以便同时查看多个应用程序或文件。要使用此功能，将应用程序或文件拖动到屏幕的左侧或右侧，直到鼠标指针形状变为箭头，然后释放鼠标按钮即可将其固定在该位置。用户还可以使用 Win 键 + 左箭头或右箭头将应用程序或文件固定在屏幕的左侧或右侧。

（3）任务视图：任务视图是 Windows 10 中的一个新功能，它允许用户查看所有打开的窗口并轻松切换到它们。要打开任务视图，单击任务栏上的"任务视图"按钮（通常是任务栏上的最后一个按钮）。用户还可以使用 Win 键 +Tab 键打开任务视图。

2.4　Windows 10 的系统设置

在 Windows 10 中，有两个不同的系统配置工具："控制面板"和"设置"。控制面板提供系统和网络配置选项，适用于需要更精细控制的用户，包含高级选项。而设置是一个功能性工具，主要用于基本的系统设置，如个性化、更新、安全、应用等，界面简洁直观，适合一般用户使用。总体而言，控制面板适用于深入设置的用户，而设置适合一般用户进行基本的系统调整。本书仅对"Windows 设置"系统配置工具进行描述。

2.4.1　Windows 设置

"Windows 设置"是 Windows 10 中的集成配置工具，用于管理系统设置、个性化选项和应用程序设置。

1. 启动方式

（1）使用"开始"菜单：单击"开始"菜单，然后选择"设置"选项。

（2）使用快捷键：使用快捷键 Win+I 可以直接打开"Windows 设置"窗口。

（3）使用搜索：在任务栏的搜索框中输入"设置"或相关关键词，然后选择"设置"应用。

2. Windows 设置主要功能区域

（1）"系统"的功能

① 屏幕：管理显示设置，包括分辨率、多显示器配置等。

② 通知和操作中心：管理通知、快速操作以及系统通知的设置。

③ 电源和睡眠：管理电源和睡眠设置。

④ 存储：查看磁盘空间使用情况，执行存储设置和清理。

（2）"设备"的功能

① 蓝牙和其他设备：管理蓝牙、键盘、鼠标、音频等外设的连接和设置。

② 打印机和扫描仪：添加、管理和设置打印机、扫描仪等设备。

③ 输入：管理键盘、手写板等输入设备的功能。

（3）"网络和 Internet"的功能

① 状态：查看网络状态和数据使用情况。

② WLAN：连接、配置和管理无线网络。

③ 以太网：管理有线网络连接。

④ VPN：配置虚拟私人网络连接。

（4）"个性化"的功能

① 背景：更改桌面背景。

② 颜色：配置窗口颜色和整体主题。

③ 锁定屏幕：配置锁定屏幕的外观和信息。

④ 开始：自定义"开始"菜单的布局和外观。

（5）"账户"的功能

① 账户信息：管理 Microsoft 账户和同步设置。

② 登录选项：配置登录方式，如密码、PIN 码或 Windows Hello。

③ 家庭和其他用户：管理设备上的用户账户。

（6）"时间和语言"的功能

① 日期和时间：配置日期和时间设置。

② 区域和语言：管理系统语言、区域和键盘布局。

（7）"更新和安全"的功能

① Windows 更新：管理系统更新，包括安全更新和功能更新。

② Windows 安全中心：查看和管理设备的安全状态。

③ 恢复：配置系统还原和高级启动选项。

（8）"应用"的功能

① 默认应用：设置默认的应用程序。

② 应用和功能：管理安装的应用程序和功能。

（9）其他设置

① 搜索：用于配置 Windows 搜索设置。

② 隐私：管理应用和系统对个人信息的访问。

③ 更新和恢复：用于管理系统备份、恢复和重置选项。

总体而言，"Windows 设置"为用户提供了一个集中管理 Windows 10 系统各方面设置的便捷工具。用户可以轻松地自定义系统外观、调整硬件设置以及管理与网络、安全等相关的配置。

2.4.2　Windows 任务管理器

Windows 10 的任务管理器是一个系统工具，可用于查看和管理正在运行的应用程序和进程。它可以帮助用户诊断和解决性能问题，并结束无响应的应用程序。

1. 打开任务管理器

（1）快捷键打开：可以通过同时按下 Ctrl+Shift+Esc 或 Ctrl+Alt+Delete 快捷键来打开任务管理器。

（2）用搜索方式打开：单击搜索图标，然后在搜索栏中输入"任务管理器"，任务管理器将作为一个搜索结果弹出，然后再打开它。

（3）使用任务栏打开：也可以从任务栏打开任务管理器。右击任务栏上的空白处，然后选择快捷菜单中的"任务管理器"。

（4）使用运行命令打开：按键盘上的 Win+R 快捷键，打开运行对话框，输入"taskmgr"，然后单击 Enter 按钮,打开任务管理器。

2. 使用任务管理器

（1）"进程"选项卡：切换到进程界面,可以查看本机所有用户进程（程序）,可以通过选择指定的进程,然后单击"结束任务"关闭一些程序。

（2）"性能"选项卡：显示有关系统性能的信息,包括 CPU 使用率、内存使用率、磁盘使用率和网络使用率。

（3）"应用历史记录"选项卡：显示最近使用的应用程序的列表。

（4）"启动"选项卡：显示在 Windows 10 启动时自动启动的应用程序的列表。可根据需要禁用不需要自动启动的应用程序。

（5）"服务"选项卡：切换到服务界面,可以查看所有本机中的服务。如果想要修改某个服务的状态,可以单击下方的"打开服务"按钮。

2.4.3 Windows 防火墙

Windows 防火墙是 Windows 操作系统中的一个重要安全功能,它可以保护计算机免受未经授权的访问。以下是一些基本的使用方法。

1. 打开或关闭 Windows 防火墙

（1）单击"开始"→"设置",打开"Windows 设置"窗口。

（2）在"更新和安全"窗口中选择"Windows 安全中心"→"防火墙和网络保护"。

（3）选择网络配置文件：域网络、专用网络或公用网络。

在专用网络"Microsoft Defender 防火墙"下,将设置切换到"开"或"关"。

关闭 Microsoft Defender 防火墙可能会使设备更容易受到未经授权的访问。如果有某个需要使用的应用被阻止,则可允许它通过防火墙,而不要关闭防火墙。

2. Windows 防火墙的功能

（1）筛选网络流量：Windows 防火墙通过筛选进入和退出设备的网络流量来保护设备。可以根据多个条件筛选此流量,包括源和目标 IP 地址、IP 协议或源和目标端口号。

（2）阻止或允许网络流量：Windows 防火墙可以为基于设备上安装的服务和应用程序配置阻止或允许网络流量。

（3）保护敏感数据和知识产权：Windows 防火墙与 IPSec 集成,提供一种简单的方法来强制实施经过身份验证的端到端网络通信。允许对受信任的网络资源进行可缩放的分层访问,帮助强制实施数据完整性,并在必要时保护数据机密性。

（4）降低网络安全威胁的风险：减少设备的攻击,Windows 防火墙为深层防御模型提供了额外的防御层,并可以提高可管理性、减少成功攻击的可能性。

2.4.4 系统重置

在 Windows 操作系统中,系统重置是一种恢复选项,可以帮助用户解决计算机问题或者清理系统。以下是系统重置的步骤。

（1）打开设置：单击"开始"菜单,然后选择"设置",打开"Windows 设置"窗口。

（2）选择恢复选项：选择"更新和安全",然后在左侧菜单中选择"恢复"。

（3）开始重置：在右侧"重置此电脑"区域中单击"开始"按钮。

（4）选择重置类型：可以选择"保留我的文件"（只删除应用和设置）或者"删除所有内容"（删除所有文件、应用和设置）。然后，单击"下一步"按钮。

（5）确认并开始重置：确认选择，然后单击"重置"按钮开始重置过程。

注意：系统重置可能会删除数据和设置，因此在开始之前，最好先备份数据。

2.5   Windows 10 的文件管理系统

Windows 文件管理系统是 Windows 操作系统中用于管理文件和文件夹的工具。它允许用户创建、删除、复制、移动、重命名和查看文件和文件夹。

2.5.1   概述

Windows 文件管理系统的主要功能涵盖文件和文件夹的各种操作，如搜索、组织、安全设置以及共享。Windows 文件管理系统主要由文件资源管理器、命令行、Windows API 几个部分组成。文件资源管理器是 Windows 操作系统中用于管理文件和文件夹的图形用户界面。命令行则使用命令行工具来管理文件和文件夹。应用程序开发人员可以使用 Windows API 来管理文件和文件夹。通过这些组成部分，Windows 文件管理系统有效地满足了用户对于文件管理的各种需求。限于篇幅限制，本书仅对"文件资源管理器"进行描述。

2.5.2   文件资源管理器

可以通过以下几种方法打开文件资源管理器。

（1）在 Windows 10 桌面，依次单击"开始"→"Windows 系统"→"文件资源管理器"选项。

（2）直接按下 Win+E 快捷键来打开。

（3）在 Windows 10 桌面左下角的搜索框中输入"资源管理器"，然后单击搜索结果中的"文件资源管理器"。

（4）右击桌面左下角的"开始"按钮，在弹出的快捷菜单中选择"文件资源管理器"命令。

2.5.3   文件和文件夹的基本操作

1. 文件和文件夹

文件是计算机系统中用于存储数据的基本单位。它可以包含各种信息，如文本、图像、音频、视频等。每个文件都有唯一的文件名，通过文件名在文件系统中进行标识。文件通常与特定的应用程序关联，这意味着不同类型的文件需要不同的程序来打开、编辑或执行。

在 Windows 10 中，文件名需符合一系列规定。文件名的最大长度为 255 个字符，对于中文文件名最多可达 127 个汉字。特殊字符如反斜杠（\）、正斜杠（/）、冒号（：）、星号（*）、问号（？）、双引号（"）、小于号（<）、大于号（>）、竖线（|）等在文件名中会被视为非法字符。尽管 Windows 系统文件名不区分大小写，但显示时会保留大小写格式。空格在文件名的任何位置都是允许的，文件名的标准格式如下：

主名 . 扩展名

其中,主名表示文件内容,而扩展名则指明文件类型,中间用 "." 分隔。扩展名是用来标志文件类型的一种机制。例如,在 "文件扩展名 .txt" 中,"文件扩展名" 是主文件名,"txt" 为扩展名,表示这个文件被认为是一个纯文本文件。常见的文件扩展名和类型如表 2–1 所示。

表 2–1 文件类型与文件扩展名的关系

文档	Microsoft Word 文档(.docx),Adobe PDF 文件(.pdf)
表格	Microsoft Excel 工作簿文件(.xlsx)
图片	JPEG 图像文件(.jpg),位图文件(.bmp),可移植网络图形文件(.png)
音频	MP3 音频文件(.mp3),Wave 音频文件(.wav)
视频	MP4 视频文件(.mp4),音频视频交错电影或声音文件(.avi)
压缩文件	WinRAR 压缩文件(.rar),Windows Cabinet 文件(.cab)
程序	可执行程序文件(.exe),Java 体系结构文件(.jar)

文件夹(或目录)是用于组织和存储文件的容器,是一种层次结构,允许用户将文件按照特定的逻辑或主题进行组织。文件夹可以包含文件和其他文件夹,形成一个层次的结构。文件夹的层次结构是指文件系统中文件夹之间的有序组织关系。该结构以根目录为最顶层,根目录下可以包含子目录,而每个子目录又可以包含更多的子目录,形成了一种层级体系,通常称之为目录树或文件系统树。每个文件都有一个唯一的路径,表示从根目录到该文件的层次结构。用户可以通过导航文件夹层次结构来访问不同的文件和子目录。文件夹的层次结构使得用户能够有序地组织和分类文件。这种有序的层次结构为用户提供了直观而灵活的文件管理方式,如图 2–12 所示。

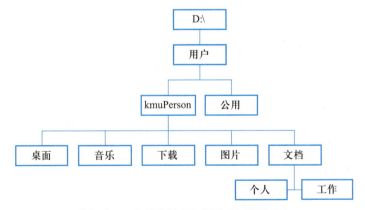

图 2–12 文件夹的组织结构(树形结构)

2. 基本操作

通常使用文件资源管理器对文件和文件夹进行基本操作。

(1)创建文件夹

可以使用以下几种方法创建文件夹。

① 在桌面或文件资源管理器中创建：找到想要创建新文件夹的位置（例如桌面或某个文件夹），然后在空白处右击，选择快捷菜单中的"新建"→"文件夹"。

② 在文件资源管理器的菜单栏中创建：打开文件资源管理器，找到并打开想要创建新文件夹的位置，然后在上方的菜单栏中单击"主页"选项卡，选择"新建文件夹"。

③ 使用快捷键创建：如果觉得上述方法比较麻烦，也可以使用 Ctrl+Shift+N 快捷键来快速创建新的文件夹。

创建新文件夹后，新文件夹会处于待命名状态，此时可以为文件夹输入一个新的名称，然后按 Enter 键确定。

（2）创建文件

① 在桌面或文件资源管理器中创建：找到想要创建新文件的位置（例如桌面或某个文件夹），然后在空白处右击，选择快捷菜单中的"新建"，然后选择想要创建的文件类型（例如文本文档、Word 文档等）。

② 在文件资源管理器的菜单栏中创建：打开文件资源管理器，找到并打开想要创建新文件的位置，然后在上方的菜单栏中单击"主页"选项卡，选择"新建文件"。

③ 使用快捷键创建：如果觉得上述方法比较麻烦，也可以使用 Ctrl+N 快捷键来快速创建新的文件。

创建新文件后，新文件会处于待命名状态，此时可以为文件输入一个新的名称，然后按 Enter 键确定。

（3）复制文件或文件夹

① 使用鼠标：首先，选中需要复制的文件或文件夹，然后右击，在弹出的快捷菜单中选择"复制"。然后打开想要粘贴文件或文件夹的位置，右击空白处，在弹出的快捷菜单中选择"粘贴"。

② 使用快捷键：选中需要复制的文件或文件夹，然后按 Ctrl+C 快捷键进行复制。接着，打开想要粘贴文件或文件夹的位置，按 Ctrl+V 快捷键进行粘贴。

③ 使用文件资源管理器的菜单栏：在文件资源管理器中，选中需要复制的文件或文件夹，然后在上方的菜单栏中单击"主页"选项卡，选择"复制"按钮。然后打开想要粘贴文件或文件夹的位置，再次单击"主页"选项卡，选择"粘贴"按钮。

（4）移动文件或文件夹

① 使用鼠标：首先，选中需要移动的文件或文件夹，然后右击，在弹出的快捷菜单中选择"剪切"。然后打开想要粘贴文件或文件夹的位置，右击空白处，在弹出的快捷菜单中选择"粘贴"。

② 使用快捷键：首先选中需要移动的文件或文件夹，按 Ctrl+X 快捷键进行剪切。然后，打开想要粘贴文件或文件夹的位置，按 Ctrl+V 快捷键进行粘贴。

③ 使用文件资源管理器的菜单栏：在文件资源管理器中，选中需要移动的文件或文件夹，然后在上方的菜单栏中单击"主页"选项卡，选择"剪切"按钮。然后，打开想要粘贴文件或文件夹的位置，再次单击"主页"选项卡，选择"粘贴"按钮。

④ 使用鼠标拖曳：选中文件后用鼠标拖曳到目标文件夹中，或拖曳到左边文件夹树的某个文件夹中。

注意：同分区的拖曳和跨分区的拖曳效果不一样，一个是移动，一个是复制。

（5）重命名文件或文件夹

① 使用鼠标：首先，找到需要重命名的文件或文件夹，然后右击，在弹出的快捷菜单中选择"重命名"。然后，输入新的名称并按 Enter 键。

② 使用快捷键：选中需要重命名的文件或文件夹，然后按 F2 键。这时，文件或文件夹的名称会变成可编辑状态，此时可以输入新的名称，然后按 Enter 键。

③ 使用文件资源管理器的菜单栏：在文件资源管理器中，选中需要重命名的文件或文件夹，然后在上方的菜单栏中单击"主页"选项卡，选择"重命名"按钮。最后，输入新的名称并按 Enter 键。

④ 使用鼠标单击法：先单击鼠标选中要改名的文件，再重新单击该文件（不是双击），此时就会发现，该文件名会变成可编辑状态，这时就可以进行改名操作了。

（6）删除文件或文件夹

① 使用鼠标：首先，找到需要删除的文件或文件夹，然后右击，在弹出的快捷菜单中选择"删除"。然后，会弹出一个确认删除的对话框，单击"确定"按钮即可。

② 使用快捷键：选中需要删除的文件或文件夹，按 Delete 键，会将文件或文件夹移动到回收站。如果想要永久删除文件或文件夹，可以按 Shift+Delete 快捷键。

③ 使用文件资源管理器的菜单栏：在文件资源管理器中，选中需要删除的文件或文件夹，然后在上方的菜单栏中单击"主页"选项卡，选择"删除"按钮。

④ 使用鼠标拖曳：选中需要删除的文件或文件夹，拖曳到"回收站"上面，然后放开鼠标就可以了。

2.5.4 设置文件和文件夹的属性

文件和文件夹是基本的数据存储和组织单元，具有一系列属性描述它们的特征和行为。这些属性对于文件系统管理至关重要，文件属性提供基本信息，而文件夹属性提供目录结构关键数据。用户和系统管理员可通过这些属性了解和维护文件系统数据，通过调整权限和执行操作，实现对文件和目录的有效管理，如图 2-13 所示。

1. 查看文件或文件夹的属性

在文件资源管理器中，选择要更改属性的文件或文件夹，右击，然后选择快捷菜单中的"属性"。在弹出的对话框中，可以查看文件或文件夹属性。

2. 隐藏文件或文件夹

（1）使用鼠标实现：找到需要隐藏的文件或文件夹，然后右击，在弹出的快捷菜单中选择"属性"。在属性设置对话框中单击勾选"隐藏"选项，最后单击"确定"按钮。

（2）使用文件资源管理器的菜单栏实现：在文件资源管理器中，选中需要隐藏的文件或文件夹，在上方的菜单栏中单击"查看"选项卡，选择"隐藏所选项目"按钮即可。

3. 显示隐藏的文件或文件夹

如果想要查看隐藏的文件或文件夹，可以在"查看"选项卡下找到"隐藏的项目"，如果没有勾选，说明目前隐藏的项目是不显示的。可以勾选"隐藏的项目"，以便查看隐藏的文件夹或文件。

此外，还可以通过下面的方法显示隐藏的文件或文件夹。

(a) 文件夹属性　　　　　　　　　　　　(b) 文件属性

图 2-13　文件夹与文件属性

（1）使用文件资源管理器实现：首先，打开文件资源管理器，然后在上方的菜单栏中单击"查看"选项卡，选择"选项"按钮。在打开的"文件夹选项"对话框中，选择"查看"选项卡，在"高级设置"下选择"显示隐藏的文件、文件夹和驱动器"，最后单击"确定"按钮。

（2）使用控制面板实现：首先，在搜索框中输入"控制面板"并打开。然后，选择"外观和个性化"→"文件资源管理器选项"。在打开的"文件资源管理器选项"对话框中选择"查看"选项卡，在"高级设置"下选择"显示隐藏的文件、文件夹和驱动器"，最后单击"确定"按钮。

4. 只读文件或文件夹

在文件资源管理器中，选择要设置为只读的文件或文件夹，右击，然后选择快捷菜单中的"属性"。在弹出的对话框中选择"常规"选项卡，选中"只读"复选框，最后单击"确定"按钮即可。

2.6　Windows 10 的应用程序管理

Windows 10 内置了一些常见的应用软件。例如，记事本、画图 3D、计算器等。

2.6.1　应用程序的安装

在 Windows 中安装应用软件主要有以下几种方式。

1. 使用安装程序

这是最常见的安装方式。用户首先需要从软件的官方网站或者其他可信赖的平台下载软件的安装程序，然后双击运行，按照安装向导的提示完成安装。

例如，要在计算机中安装 QQ 聊天软件，可按以下步骤执行。

（1）访问 QQ 官方网站。

（2）单击页面中的"下载"按钮，如图 2-14 所示。

图 2-14　QQ 下载页面

（3）下载软件的 Windows 版本。

（4）默认情况下，文件被下载到计算机的"下载"文件夹中。进入下载文件夹，找到下载好的安装程序，双击安装程序进行安装。

2. 使用 Microsoft Store

Windows 10 及以上版本的操作系统内置了 Microsoft Store，用户可以在其中搜索并下载各种应用。下载的应用会自动安装，并且可以通过"开始"菜单直接打开。

同样是安装 QQ 软件，可以按以下步骤完成。

（1）启动"Microsoft Store"：单击"开始"按钮，在"开始"菜单中找到并单击"Microsoft Store"图标。

（2）在"Microsoft Store"的搜索框中输入"QQ"。

（3）在搜索结果中找到"QQ"应用，然后单击。

（4）在应用页面上单击"安装"按钮来下载并安装"QQ"应用。

3. 使用 Portable 版本

一些软件提供了 Portable 版本，这种版本的软件不需要安装，只需要解压到想要的位置，然后直接运行即可。

4. 使用命令行工具

对于一些开发者工具,如 Python、Node.js 等,可以通过命令行工具（如 PowerShell）来安装。具体的命令取决于要安装的软件。

具体的操作步骤可能会因为软件的不同而有所差异,一般来说,可以参考以下步骤。

（1）使用安装程序

① 从官方网站下载安装程序。

② 双击运行安装程序。

③ 按照安装向导的提示操作,如接受许可协议,选择安装位置等。

④ 单击"安装"按钮开始安装。

安装完成后,可以选择立即运行软件,或者从"开始"菜单或桌面快捷方式打开。

（2）使用 Microsoft Store

① 打开 Microsoft Store 应用。

② 在搜索框中输入想要的软件名称,然后按 Enter 键。

③ 在搜索结果中找到想要的软件,单击进入详情页面。

④ 单击"获取"或"购买"按钮开始下载和安装。

（3）使用 Portable 版本

① 从官方网站下载 Portable 版本的压缩包。

② 将压缩包解压到想要的位置。

③ 找到解压后的文件夹,双击运行软件。

（4）使用命令行工具

① 打开命令行工具,如 PowerShell。

② 输入安装命令,然后按 Enter 键。例如,如果想要安装 Python,可以输入 py-m pip install package-name。

③ 等待命令执行完成,软件就安装好了。

为了计算机的安全,建议只从官网或者可信赖的平台下载和安装软件。如果在安装过程中遇到问题,可以查阅软件的帮助文档,或者联系软件的客服。

2.6.2　应用程序的启动和关闭

在 Windows 操作系统中,应用程序的启动和关闭的方法通常如下。

1. 启动应用程序

（1）从"开始"菜单启动:单击桌面左下角的"开始"按钮,然后在菜单中找到想要启动的应用程序,单击即可。

（2）从桌面快捷方式启动:如果桌面上有应用程序的快捷方式,可以直接双击快捷方式来启动应用程序。

（3）从任务栏启动:如果任务栏上有应用程序的图标,可以直接单击图标来启动应用程序。

（4）使用运行命令启动:按 Win+R 快捷键打开运行对话框,然后输入应用程序的名称或者路径,按 Enter 键即可启动。

2. 关闭应用程序

（1）单击"关闭"按钮：在应用程序窗口的右上角，通常会有一个 X 形的"关闭"按钮，单击它即可关闭应用程序。

（2）使用系统菜单关闭：单击应用程序窗口左上角的系统菜单（通常是应用程序的图标），然后在下拉菜单中选择"关闭"。

（3）使用任务管理器关闭：按 Ctrl+Shift+Esc 快捷键打开任务管理器，找到想要关闭的应用程序，右击，然后选择快捷菜单中的"结束任务"。

（4）使用 Alt+F4 快捷键关闭：在应用程序窗口处于活动状态时，按 Alt+F4 快捷键即可关闭应用程序。

注意：强行关闭应用程序可能会导致未保存的数据丢失，因此在关闭应用程序前，最好先完成保存。

2.6.3　卸载应用程序

在 Windows 操作系统中，卸载应用程序通常有以下几种方法。

（1）通过控制面板卸载

① 在"开始"菜单中搜索"控制面板"并打开。

② 在控制面板中选择"卸载程序"，如图 2-15 所示。

图 2-15　控制面板

③ 在列表中找到想要卸载的程序并单击，然后单击"卸载"按钮。

（2）通过"设置"卸载

① 打开"Windows 设置"。单击"开始"菜单中的"设置"并打开，或者使用快捷键 Win+I。

② 在"Windows 设置"窗口中选择"应用"。

③ 在左侧的菜单中选择"应用和功能"。

④ 在右侧列表中找到想要卸载的程序,单击,然后单击"卸载"按钮,如图 2–16 所示。

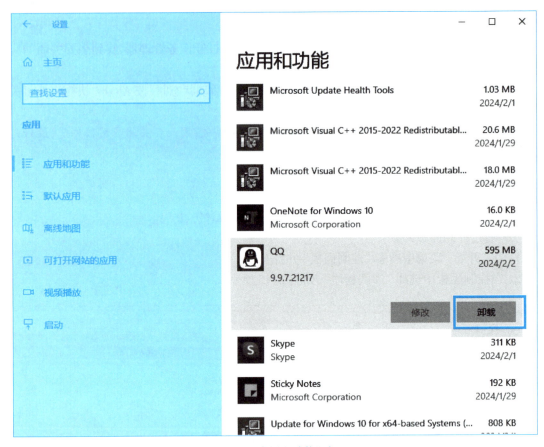

图 2–16　"应用和功能"窗口

（3）通过右键菜单卸载

① 在"开始"菜单找到想要卸载的程序的图标。

② 右击图标,然后在弹出的快捷菜单中选择"卸载"。

卸载应用程序可能会删除该程序的所有数据和设置,因此在卸载前,可能需要备份数据。另外,一些程序可能需要管理员权限才能卸载。

2.7　Windows 10 的常用工具

2.7.1　画图

Windows 10 中的画图工具是一款用于绘制、创建和编辑内容的应用程序。可以使用它来绘制简单的图形、编辑图片或添加注释。

1. 打开画图工具

用户可以通过多种方式打开画图工具,"画图"窗口如图 2-17 所示。

（1）可以在"开始"菜单中搜索"画图"并单击。

（2）按 Win+R 快捷键,输入"mspaint"并按 Enter 键。

（3）在文件资源管理器中右击图片文件,选择快捷菜单中的"打开方式"→"画图"。

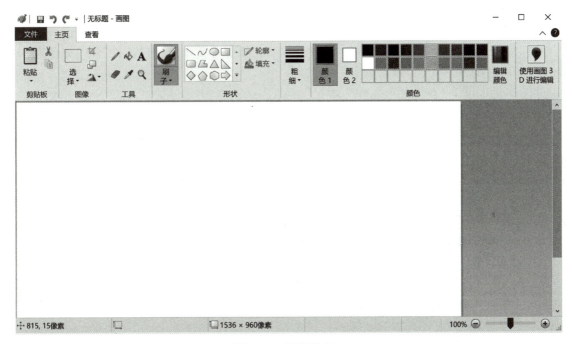

图 2-17 "画图"窗口

2. 绘制图形

使用画图工具中的各种绘图工具（例如铅笔、刷子、橡皮擦等）来创建简单的图形,还可以使用形状工具（例如矩形、椭圆、箭头等）来创建更复杂的图形。

3. 编辑图片

使用画图工具中的各种编辑工具（例如裁剪、旋转、缩放等）来编辑图片,还可以使用文本工具添加注释或标签。

4. 保存图片

可以将图片保存为多种格式,例如 BMP、JPEG、PNG 等。要保存图片,可单击"文件"→"另存为"并选择所需的格式。

2.7.2 记事本

Windows 10 的记事本是一款用于编辑文本文件的应用程序,可以使用它来创建、打开、编辑和保存文本文件。

1. 打开"记事本"程序

可以通过多种方法打开"记事本"程序。

（1）在"开始"菜单中搜索"记事本"并单击。

（2）按 Win+R 快捷键,输入"notepad"并按 Enter 键。

（3）在文件资源管理器中右击文本文件,选择快捷菜单中的"打开方式"→"记事本"。

2. 编辑文本

使用"记事本"程序中的各种编辑工具(如剪切、复制、粘贴等)来编辑文本,还可以使用文本工具添加注释或标签。

3. 保存文本

可以将文本保存为多种格式,例如 TXT、RTF 等。要保存文本,单击"文件"→"另存为"并选择所需的格式。

2.7.3　计算器

Windows 10 中的计算器是一款用于进行基本和高级数学计算的应用程序。用户可以使用它来执行各种计算,例如加法、减法、乘法、除法、平方根、三角函数等。

1. 打开"计算器"程序

用户可以通过多种方法打开"计算器"程序。

（1）在"开始"菜单中搜索"计算器"并单击。

（2）按 Win+R 快捷键,输入"calc"并按 Enter 键。

2. 基本计算

可以使用"计算器"程序中的数字键和运算符键来执行基本计算。例如,要计算 2+3,按"2",然后按"+",然后按"3",最后按"="。

3. 科学计算

可以使用"计算器"程序中的"科学"模式来执行高级计算,如图 2-18 所示。

（1）调整计算模式。在"计算器"程序中单击"导航"按钮,在"导航"菜单中选择"科学"。

（2）进行科学计算。例如,要计算正弦函数,输入角度"30",然后按"sin"。

4. 程序员计算

使用计算器中的"程序员"模式来执行二进制、八进制、十六进制等的计算。例如,要将十进制数转换为二进制数,先选择十进制"DEC",输入数字,然后选择二进制"BIN"即可看到结果,如图 2-19 所示。

5. 日期计算

可以使用计算器中的"日期计算"模式来计算日期之间的差。例如,要计算两个日期之间的天数,输入两个日期,然后选择"天数"选项。

6. 货币转换

可以使用计算器中的"货币"模式将货币从一种货币转换为另一种货币。例如,要将美元转换为欧元,输入金额,然后选择"美元"选项,最后选择"欧元"选项。

注意:计算器的"货币"功能需要查询当前的实时汇率,因此使用此功能时需要联网。

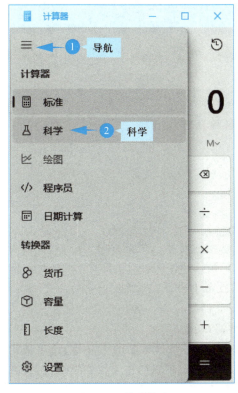

图 2-18　科学模式

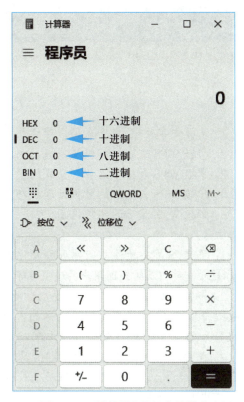

图 2-19　"计算器"的程序员模式

习　　题

1. 操作系统在计算机系统中的作用是什么？

2. 请列举并简要描述操作系统的主要功能。

3. 列举并解释 Windows 10 的主要特点。

4. 如何更改 Windows 10 桌面的背景？

5. Windows 10 中如何隐藏或显示桌面图标？

6. 如何自定义 Windows 10 任务栏的外观和行为？

7. 详细描述 Windows 10 中"Windows 设置"工具的主要功能。

8. 如何使用任务管理器结束进程或监控系统性能？

9. 如何配置 Windows 防火墙以保护计算机安全？

10. 什么情况下建议使用系统重置？

11. 解释 Windows 10 中文件系统的基本概念。

12. 列举 Windows 10 中常用的文件和文件夹操作。

13. 如何查看和修改文件或文件夹的属性？

14. 如何从 Microsoft Store 以外的来源安装应用程序？

15. 有哪些方法可以卸载应用程序？

学习目标：

1. 掌握文字处理、电子表格和演示文稿的基本操作技巧。
2. 掌握 WPS 文字的排版及高级应用。
3. 掌握 WPS 表格中函数和公式的使用方法。
4. 掌握 WPS 表格中的数据处理技巧。
5. 掌握 WPS 演示的高级应用。

课堂思政：

1. 将 WPS 办公软件与微软办公软件进行对比，从功能特性上进行分析，再从软件的安全性、本地化支持以及对我国用户的适应性等角度进行探讨，让学生认识到使用国产软件的优势。

2. 布置作业或课堂练习时，要求学生制作与思政教育相关的文档，如党的历史、社会主义核心价值观、优秀传统文化等主题的宣传材料、演讲稿或报告。这样既能锻炼学生的文字处理能力，又能让他们在创作过程中深入学习和理解思政内容。

3. 在讲解 WPS 办公软件功能时，特别强调信息安全和版权保护的重要性，通过案例分析和讨论等方式，让学生认识到保护个人隐私、尊重他人知识产权的重要性，并学会如何在文档处理中遵守相关法律法规和道德规范。

WPS Office 是金山公司自主研发的一款办公软件。它集编辑与打印为一体，具有丰富的全屏幕编辑功能，以及各种控制输出格式及打印功能，使打印出的文稿既美观又规范，基本上能满足文字工作者的编辑、打印的要求。目前，WPS 最新版为 2022 版个人版、企业版和 2022 校园版、2022 尝鲜版。本节以 WPS365 教育版为蓝本介绍软件的特点及功能。

3.1　WPS 文字

3.1.1　WPS 文档的基本操作

1. 文档的创建

通过"开始"按钮启动 WPS 应用程序，单击"新建"按钮，选择"文字"创建一个空白文档并进入编辑状态，窗口界面如图 3-1 所示。

2. 文档的输入

文档的输入通常通过键盘完成。如果想要知道某个文本在文档中的位置，希望快速定位，可通过"查找"功能进行；当需要批量编辑修改某个文本，可通过"替换"功能进行，达到事半功倍的效果，"查找和替换"对话框如图 3-2 所示。

3. 文档的保存和保护

在文档输入过程中可随时保存文档，默认扩展名为 .wps，也可选择"文件"→"另存为"，选择新的保存路径和保存类型（如 .docx、.pdf、.dotx、.txt 等）。

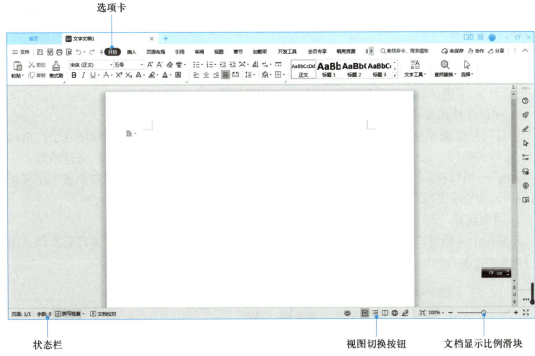

图 3-1　WPS 文字窗口界面

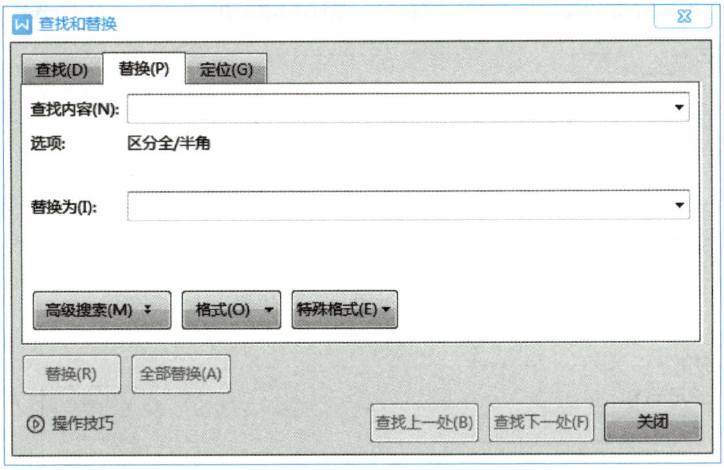

图 3-2　"查找和替换"对话框

　　用户可使用"文件"命令给文档进行加密保护。选择"文件"→"选项"→"安全性"选项，在对话框中分别输入打开文件时的密码和修改文件时的密码，再单击"确定"按钮，再次确认密码，最后单击"保存"按钮。如果需要打开加密的文档，则必须正确输入密码。

3.1.2　文档的格式化和排版

1. 文本格式设置

WPS 文档中的文本默认字体为"宋体（中文正文）"、字号为"五号"、字体颜色为黑色。根据需要,可通过"开始"→"字体"组对文本格式进行修改,包括字体、字号、字体颜色、文字的修饰、字符间距、文本效果等。

2. 段落格式设置

段落后面跟有一个段落标记符,段落的排版可通过"开始"→"段落"组对段落格式进行修改,包括对齐、缩进、间距、边框和底纹、项目符号和编号等。

3. 项目符号和编号设置

项目符号是添加在段落前的符号,用于并列关系的段落;对于具有一定顺序或层次结构的段落,可添加编号。通过项目符号和编号来组织文本内容,可使文档层次分明、条理清晰。可单击"开始"→项目符号按钮、编号按钮或多级列表按钮右侧的下拉按钮→在下拉列表中定义新的项目符号、编号或多级列表。

4. 页面设置

新建一个文档时,WPS 提供了预定义的 Normal 模板,其页面设置适用于大部分文档。用户也可单击"页面布局"→"页面设置"按钮打开对话框进行设置,如图 3-3 所示。

图 3-3 "页面设置"对话框

(1)页边距:页面的正文区域和纸张边缘之间的空白距离。WPS 通常在页边距以内打印正文,一般先设置好页边距再进行文档排版。

(2)纸张:选择打印纸的大小,用户也可以自定义纸张大小。

（3）版式：设置奇偶页、首页的页眉页脚内容的不同；页眉页脚距页边界的距离；还可为每行加行号。

（4）文档网格：设置文字打印的方向；每行、每页打印的字数、行数；行、列网格线是否要打印等。

5. 特殊版式设置

如果需要制作特殊效果的文档，可以应用一些特殊的排版方式。

（1）首字下沉：一种段落修饰，是将段落中的第一个或开头几个字设置为不同的字体字号，此格式在报刊、杂志中比较常见。选中下沉的文字，单击"插入"→"首字下沉"按钮。

（2）竖排文档：文档的排版通常为水平排版，有时为追求效果也需要对文档进行竖排排版。选中竖排文字，单击"页面布局"→"文字方向"按钮→"垂直方向从右往左"或"垂直方向从左往右"选项。

（3）分栏排版：为创建不同风格的文档，提高阅读兴趣，可进行分栏排版。选中分栏的文字，单击"页面布局"→"分栏"按钮→分栏方式，如"两栏"。

6. 文档背景设置

为增加文档的生动感、观赏性和实用性，常需要设置文档背景。

（1）添加字符底纹：选中添加底纹的字符，单击"开始"→"字符底纹"按钮。

（2）添加段落的边框和底纹：选中相应段落，单击"开始"→"边框"按钮右侧的下拉按钮→"边框和底纹"选项→在"边框和底纹"对话框中选择"边框"选项卡或"底纹"选项卡。

（3）添加页面边框：选中相应页面，单击"页面布局"→"页面边框"按钮→在"边框和底纹"对话框中选择"页面边框"选项卡→在"线型"或"艺术型"下拉列表中选择样式。

（4）添加文档水印：水印是将文本或图片以水印的方式作为页面背景。选中相应文档，单击"页面布局"→"水印"按钮，可选择内置样式的水印。

（5）添加页面颜色：选中相应页面，单击"页面布局"→"背景"按钮，可选择纯色背景，也可选择渐变、纹理、图案、图片等进行相应的背景设置。

（6）添加页眉和页脚：页眉和页脚分别位于文档的顶部区域和底部区域。为了使文档便于查看和更加美观，可在页眉和页脚处插入文本或图形，如页码、日期、标题、内容摘要、公司名称、徽标等。单击"插入"→"页眉页脚"按钮，单击占位符可输入页眉内容。完成页眉的编辑后，再单击页脚占位符可输入页脚内容。

（7）添加页码：如果文档有若干页，为了便于阅读和打印，应对文档插入页码。在使用 WPS 提供的页眉和页脚样式中，部分样式提供了添加页码的功能，即插入某些样式的页眉和页脚后，会自动添加页码。若使用的样式没有此功能，就需要手动添加。单击"插入"→"页码"按钮，在下拉列表中选择页码位置，如"页脚中间"。

7. 格式化工具

WPS 提供了 3 种工具来快速实现格式化。

（1）格式刷：可方便地将选定的源文本的格式复制给目标文本，实现文本或段落的快速格式化。要复制格式多次，可选中源文本并双击"格式刷"按钮，复制多次后再单击"格式刷"按钮取消格式复制状态。

（2）样式：样式是某个特定文本（一行文字、一段文字或整篇文档）所有格式的集合。在文档中,如果存在多处文本需要使用相同的格式设置,可以将这些格式定义为一种样式进行应用,来提高文档排版的效率和一致性。除新建样式外,还可修改样式、删除样式。

（3）模板:模板是已经设计好的、扩展名为 .wpt 的文档,可在创建新文档时套用。WPS 提供了各种专业文档模板,用于创建如书法字帖、信封、名片、合同、证书和奖状等各种特定文档。

3.1.3　文档的图文混排

为了让文档内容更加丰富多彩,制作出一篇具有吸引力的精美文档,可在文档中插入图形、图片、艺术字、表格等对象,并进行合理排版,实现图文混排。

1. 编辑图形和艺术字

① 绘制和编辑自选图形:单击"插入"→"形状"按钮,在下拉列表中选择绘图工具,按住鼠标左键拖动进行绘制。选中绘制的自选图形后,功能区中将显示"绘图工具"选项卡,可对自选图形设置形状样式、位置、环绕方式、大小等格式;右击自选图形,在快捷菜单中选择"添加文字",可在自选图形中输入文字。

② 插入和编辑艺术字:单击"插入"→"艺术字"按钮,在下拉列表中选择艺术字样式,在艺术字文本框中直接输入艺术字内容。选中插入的艺术字后,功能区中将显示"绘图工具"选项卡,可通过"形状""编辑形状"设置艺术字的格式;可通过"填充""效果"等设置艺术字的文本填充、文本效果等;可通过"环绕"设置艺术字的环绕方式。

2. 插入和编辑文本框

若要在文档的任意位置插入文本,可使用文本框。文本框可任意移动,能方便地用于在图形、图片上插入注释、说明性文字。单击"插入"→"文本框"按钮,在下拉列表中选择文本框样式。选中插入的文本框后,功能区中将显示"文本工具"选项卡,可对文本框及其文本进行编辑。

3. 组合多个对象

将自选图形、艺术字、文本框等对象的叠放次序设置好后,可将它们组合成一个整体。按住 Ctrl 键不放,依次单击要组合的对象,右击其中任一对象,在快捷菜单中单击"组合"命令;或者选中需要组合的多个对象,单击"绘图工具"→"组合"按钮,选择"组合"命令。组合为一个整体后,若需要取消组合,可对其右击,在快捷菜单中单击"取消组合"命令。

4. 插入和编辑图片

① 插入图片:单击"插入"→"图片"按钮→"本地图片",在打开的"插入图片"对话框中选择要插入的图片,单击"插入"按钮。

② 插入屏幕截图:单击"插入"→"截屏"按钮,如图 3-4 所示,单击某个要插入的窗口图。除了插入窗口截图外,还可插入任意区域的屏幕截图。方法是打开需要截图的窗口或对象,在插入点的文档中单击"插入"→"截屏"→"屏幕截图"按钮,按住鼠标左键不放拖动鼠标选取截取区域,再释放鼠标,WPS 会自动将截取的屏幕图像插入到当前文档中。

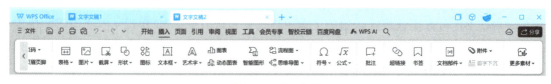

图 3-4　插入截屏

③ 编辑图片：插入图片后，功能区中将显示"图片工具"选项卡，可对图片调整颜色、设置图片样式和环绕方式、裁剪等。如图 3-5 所示，分别显示原始图、删除背景、设置"金属圆角矩形"、裁剪为"五角星"的效果。

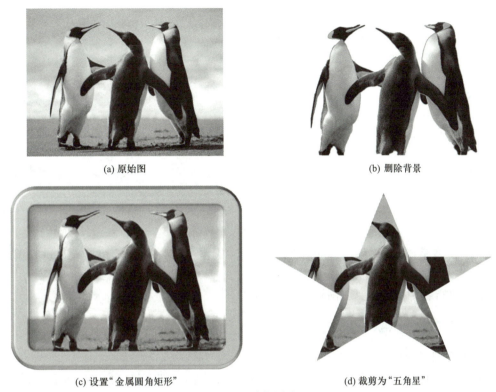

(a) 原始图　　　　　　　　　　　　　　(b) 删除背景

(c) 设置"金属圆角矩形"　　　　　　　　　(d) 裁剪为"五角星"

图 3-5　编辑图片

④ 插入智能图形：智能图形通过图形结构和文字说明有效地表明单位、公司部门之间的关系，常用于各种报告、分析之类的文档。单击"插入"→"智能图形"按钮，在"智能图形"对话框上方选择图形类型，在下方选择具体的图形布局，单击"确定"按钮。

5. 插入数学公式

单击"插入"→"公式"按钮上的下拉按钮→在下拉列表中选择要插入的公式→将选择的公式插入文档中。如果 WPS 内置公式无法满足需要，用户可利用公式编辑器来手动输入公式。单击"插入"→"公式"按钮→"公式编辑器"，文档中将插入对象框，同时在功能区中打开"公式工具"选项卡，如图 3-6 所示。

6. 插入和编辑表格

（1）插入表格：WPS 提供了多种创建表格的方法。单击"插入"→"表格"按钮，在下拉列表中选择相应的选项，即可通过不同的方法在文档中插入表格。

① "插入表格"栏：提供了一个 8 行 24 列的虚拟表格，移动鼠标选中表格的行、列后，单击鼠标左键，即可在文档中插入表格。

② "插入表格"选项：选中该选项，在打开的"插入表格"对话框中设置表格的行数和列数。

③ "绘制表格"选项：选中该选项，鼠标指针形状呈笔状，此时可根据需要画出表格。

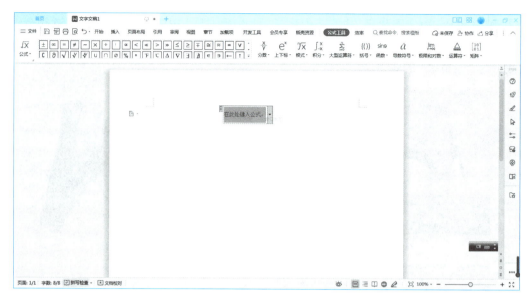

图 3-6　"公式工具"选项卡

（2）编辑表格：插入表格后，功能区中将显示"表格工具"选项卡，可对表格进行编辑和美化操作。

对表格进行各种操作前，要先选中操作对象。

3.1.4　WPS 的其他高级功能

1. 封面和目录设置

（1）插入封面：在编写论文或报告等文档时，为使文档更加完整，可在文档前插入封面。单击"插入"→"封面"按钮，在下拉列表中选择需要的封面样式，所选样式的封面将自动插入文档首页，用户只需在提示输入信息的相应位置输入内容即可。

（2）插入目录：在编写论文或书籍时，一般都应有目录来反映文档的层次结构和内容，以便于阅读。在生成目录时目录页码和正文页码应采用不同的页码形式以便区分。

例 3-1　将正文生成目录，并将目录和正文以两种页码格式排版。

步骤 1：给文档标题设置不同的大纲级别。一般目录分为 3 级，使用相应的"标题 1""标题 2""标题 3"3 级样式来设置。

步骤 2：给文档分节设置不同的页码格式。通常目录页码和正文页码是不同格式的页码。光标定位在正文前，单击"页面"→"分隔符"按钮，如图 3-7 所示，在下拉列表中选择"下一页分节符"，将文档分为两个节，前一节为空白页放目录，后一节为正文。对两节插入不同格式的页码，起始页码均为第 1 页。如目录的页码为罗马字母表示的数字Ⅰ、Ⅱ、Ⅲ等。

步骤 3：插入目录。单击"引用"→"目录"按钮，在下拉列表中选择"自定义目录"选项，在打开的"目录"对话框（如图 3-8 所示）中选择显示级别，单击"确定"按钮即可生成目录，目录效果如图 3-9 所示。

步骤 4：更新目录。若文档中的标题有改动，如更改了标题内容、添加了新标题等，或者标题对应的页码发生变化时，可自动更新目录。光标定位在目录中，单击"引用"→"更新目录"按钮，在"更新目录"对话框中选择相应选项即可。

图 3-7　分隔符

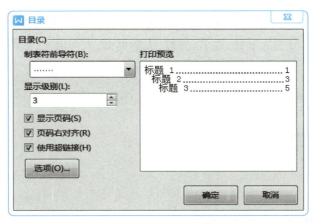

图 3-8　"目录"对话框

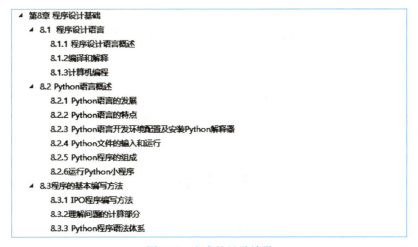

图 3-9　生成的目录效果

2. 使用域和邮件合并功能

（1）插入域：域是一种占位符，是一种插入文档中的代码，使用域能灵活地在文档中插入各种对象，并能进行动态更新。WPS 中的某些功能，如日期、页码和邮件合并等，仍然依赖域才能实现。

例 3-2　给文档插入创建时间。

步骤：放置光标在插入域的位置，单击"插入"→"文档部件"按钮，在下拉列表中选择"域"选项，打开"域"对话框，在"域名"列表框中选择需要的类别，如"当前时间"，在右侧的"域代码”栏中设置“TIME”格式，单击“确定”按钮，如图 3-10 所示。此时在文档光标处将按照设置插入域，并显示域结果。

（2）邮件合并：在工作中常会遇到同时给多人发送请柬、会议通知、成绩单，或批量制作标签、工资条等情况。这些文档内容、格式基本相同，不同的是姓名、称谓、成绩等，为提高工作效率，可利用邮件合并功能批量生成这些文档。

例 3-3 利用邮件功能制作成绩通知单。

若期末考试结束后，要给每位学生发送成绩通知单，通知单的内容、格式基本相同，可通过邮件合并功能批量快速生成每个学生的成绩通知单。

步骤 1：创建数据源。可通过 WPS 创建二维表的数据源并保存数据源文件。本例用 WPS 建立表格，有 5 个字段，分别为学号、姓名、高数、大学英语、大学语文，如图 3-11 所示。

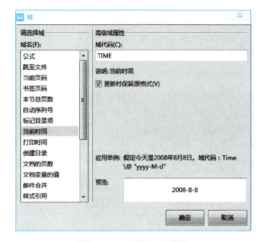

图 3-10 “域”对话框

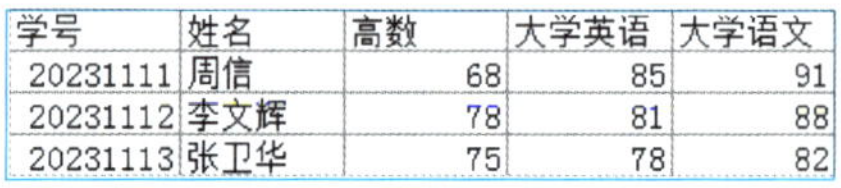

学号	姓名	高数	大学英语	大学语文
20231111	周信	68	85	91
20231112	李文辉	78	81	88
20231113	张卫华	75	78	82

图 3-11 数据源文件

步骤 2：创建存放公共内容的主文档。在新建的 WPS 文档中输入成绩通知单的公共内容，并进行格式化和排版，如图 3-12 所示。

成绩通知单

同学：（学号：）

你在 2023-2024-1 学期期末考试取得如下成绩：

高数：

大学英语：

大学语文：

望继续努力

建工学院

2024 年 1 月 26 日

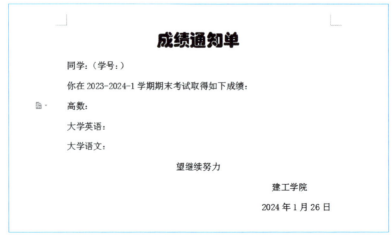

图 3-12 主文档

步骤3：邮件合并。单击"引用"→"邮件合并"→"打开数据源"按钮，在下拉列表中选择"打开数据源"选项，打开之前建立的数据源文件，光标定位到要插入数据的位置，单击"插入合并域"按钮，将下拉列表中的字段名插入主文档中，如图3-13所示。单击"合并到新文档"按钮，再单击"合并记录"对话框的"全部"按钮，保存新生成的文档，即为各学生的成绩通知单，如图3-14所示。

图 3-13　插入合并域的主文档

图 3-14　合并后新生成的成绩通知单

3.2　WPS 表格

WPS 表格具有数据存储、数据处理、数据分析和数据呈现等功能，如图3-15所示。使用WPS 表格可以得到各式各样用于决策的分析报表。本节以 WPS365 教育版为蓝本介绍 WPS 表格软件的特点及使用。

图 3-15   数据分析的 4 个工作流程

如何才能将表格数据制作规范,提升工作效率,需要了解规范制表的三表结构,即源数据表、参数表和汇总表,如图 3-16 所示。

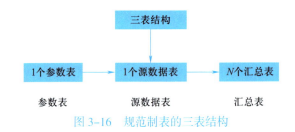

图 3-16   规范制表的三表结构

(1)源数据表:也称数据明细表,用于存放输入或者导入的表格数据。

(2)参数表:规定了对原始数据的字段说明。

(3)汇总表:最终的分析报表,它可以是数据汇总表、透视表或者图表。

3.2.1   WPS 表格概述

1. WPS 表格的新建界面

新建界面以标签页的形式提供了多种办公文档类型的创建功能,如图 3-17 所示。新建界面包括以下元素:

(1)个人资料:展示 WPS 账号和会员相关信息。

(2)空白文档:新建所选格式的空白文档。

(3)模板资源:选择模板创建表格,提高工作效率。

(4)模板分类:按分类浏览、查找所需的模板。

(5)模板搜索框:快速查找想要的模板。

2. WPS 表格工作窗口

WPS 表格工作窗口由标题栏、功能区、编辑栏、编辑区、任务窗格、状态栏等组成,如图 3-18 所示。

(1)标题栏:用于标签切换和窗口控制,包括标签区(访问/切换/新建文档、网页、服务)、窗口控制区(切换/缩放/关闭工作窗口、登录/切换/管理账号)。

(2)功能区:承载了各类功能入口,包括选项卡、"文件"菜单、快速访问工具栏(默认置于功能区内)、快捷搜索框、协作状态区等。

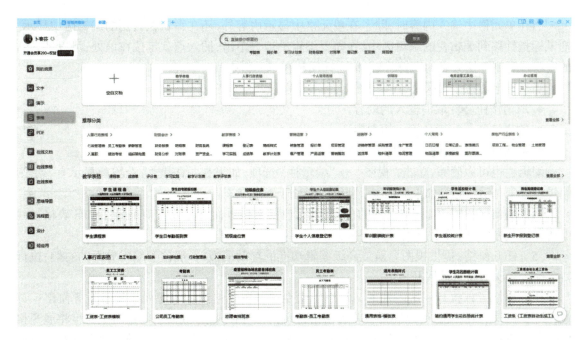

图 3-17 WPS 表格的新建界面

图 3-18 WPS 表格工作窗口

WPS 表格中所有的功能操作分为不同选项卡,包括开始、插入、页面、公式、数据、审阅、视图、工具、会员专享和效率等。各选项卡中收录相关的功能按钮。例如,"开始"选项卡可对字体、对齐方式、样式等进行设定,只要切换到该选项卡即可看到其中包含的按钮。

(3)编辑栏:文本、数字、函数等的输入区域。

当在单元格中输入内容时,除了在单元格中显示内容外,还在编辑栏右侧的编辑区中显示。把鼠标指针移到编辑栏的编辑区中,在需要编辑的地方单击,插入点就定位在该处,可以插入新的内容或者删除插入点的字符,该操作同样反映在单元格中。

当指针定位在编辑区时,在编辑栏上会出现以下几个按钮。

- 取消按钮 ✖:取消输入的内容。
- 输入按钮 ✔:确认输入的内容。
- 插入函数按钮 ƒx:用来插入函数。

编辑栏也可以隐藏,单击"视图"→"编辑栏"选项,如果在"编辑栏"选项前显示有 ✔,则编辑栏处于显示状态。如果取消 ✔,则编辑栏处于隐藏状态。

（4）编辑区:内容编辑和呈现的主要区域,包括文档页面、标尺、滚动条等。WPS 表格组件中还包括名称框、编辑栏、工作表标签栏。

（5）任务窗格:提供视图导航或高级编辑功能的辅助面板,一般位于编辑界面的右侧,执行特定命令操作时将自动展开显示。

任务窗格可以执行一些附加的高级编辑命令。任务窗格默认收起而只显示任务窗格工具栏,单击工具栏中的按钮可以展开或收起窗格,执行特定命令操作或双击特定对象时也将展开相应的任务窗格,如"样式"任务窗格、"选择"任务窗格等。按 Ctrl+F1 快捷键可以在展开任务窗格、收起任务窗格、隐藏任务窗格 3 种状态之间进行切换。

（6）状态栏:在窗口最底部的一行是状态栏,用来显示当前的状态信息、文档状态和提供视图切换。在不同组件中,展示的状态信息和可切换的视图会略有不同。

- 状态信息区:展示当前操作相关的状态信息。
- 视图控制区:可切换视图、调整视图缩放比例或进入全屏显示模式。

3. WPS 表格相关概念

在进行表格编辑时,将使用单元格、行、列、活动单元格、工作表等,如图 3-19 所示。

（1）单元格

工作表内的长方格称为单元格,单元格是工作表组成的最小单位。格中可以输入数据,在工作表中单击某个单元格,该单元格的边框将加粗显示,被称为活动单元格,并且活动单元格的行号和列号突出显示。可以在活动单元格中输入数据,这些数据可以是字符串、数字、公式、图形等。单元格可以通过列标和行号进行标识定位,每一个单元格均有对应的列标和行号,例如,A 列第 1 行的单元格为 A1。

（2）工作表

工作表位于窗口的中央区域,是 WPS 完成一项工作的基本单位,它是由 1 048 576 行和 16 384 列构成,其中行由上向下按 1~1 048 576 进行编号,而列则由左向右采用字母 A,B,C,…,AA,AB,…进行编号。

（3）工作簿

工作簿是计算存储数据的文件,每个工作簿可以包含多张工作表。

4. 鼠标指针的 3 种状态

（1）选择柄 ✛:用于选择单元格区域。

（2）移动柄 ✛:用于移动或配合 Ctrl 键复制单元格区域。

图 3-19　WPS 表格相关概念

（3）填充柄 **+**：复制、填充单元格区域，双击填充柄后可以自动填充数据。

3.2.2　WPS 表格的操作

WPS 表格的基本操作包括工作簿、工作表以及单元格的操作。在输入数据时，WPS 表格支持多种不同类型的数据输入，并且还提供自定义下拉列表、自定义序列与填充柄、条件格式、定义输入等方式。

1. 工作簿的操作

工作簿是计算机存储数据的文件，每个工作簿可以包含多张工作表。在系统默认情况下，工作簿中只有 Sheet1 一张工作表，可重命名、添加、删除、移动或复制工作表。在工作簿的底部是工作表标签，用来显示工作表的名字。

（1）新建工作簿

① 建立空白工作簿：单击 WPS Office →"新建"→"新建"对话框→"Office 文档格式"选项→"表格"按钮→"空白表格"，即可创建一个空白工作簿。

② 根据现有工作簿建立新的工作簿：打开 WPS 表格，单击"文件"→"新建"命令，可以看到子菜单中有"新建""新建在线表格文档""本机上的模板""从默认模板新建""从稻壳模板新建"等选项，可以根据需要，单击相应选项创建新的工作簿。

（2）打开工作簿

在编辑过程中需要用到其他工作簿中的数据时，可单击"文件"→"打开"命令，打开"打开文件"对话框，选择要打开的工作簿。

（3）保存工作簿

当编辑完工作簿后，需要存储文件，单击"文件"→"另存为"命令，设置"另存为"对话框中的存储位置、文件名、文件格式等,单击"保存"按钮。

注意:工作簿存储时可以选择存储为 WPS 表格文件(.et),如果考虑兼容性,也可以存储为 Microsoft Excel 文件(.xlsx)。另外,还可以将文件存储为 .ett 文件、.xlt 文件 \.xlsx 文件、.xlsm 文件、.dbf 文件、.xml 文件、.html 文件、.mht 文件等。

2. 工作表的操作

(1)工作表的基本操作

① 插入新的工作表。

方法一:右击要在其前插入工作表的标签,在快捷菜单中选择"插入工作表"命令,打开"插入工作表"对话框,根据情况设置"插入数目",插入"当前工作表之后"或"当前工作表之前"等选项。单击"确定"按钮即可。

方法二:单击"文件"→"选项"命令,在打开的"选项"对话框中选择"常规与保存"选项卡,在"新工作簿内的工作表数"文本框中输入数值。

② 删除工作表。

操作步骤:右击要被删除的工作表标签,从弹出的快捷菜单中选择"删除工作表"命令即可。

③ 重命名工作表。

操作步骤:右击要被重命名的工作表标签,从弹出的快捷菜单中选择"重命名"命令,输入新的名字,按 Enter 键即可。

④ 移动工作表。

操作步骤:右击要移动的工作表标签,从弹出的快捷菜单中选择"移动或复制工作表"命令,打开"移动或复制工作表"对话框,选择移动的目标工作簿和工作表位置,单击"确定"按钮即可。

⑤ 复制工作表。

操作步骤:右击要被复制的工作表标签,从弹出的快捷菜单中选择"创建副本"命令。

⑥ 设置工作表标签的颜色或字号。

操作步骤:右击要设置标签的工作表,从弹出的快捷菜单中选择"工作表标签"选项,在"标签颜色"或"字号"子菜单中选择需要的标签颜色或字号即可。

(2)合并和拆分工作表

汇总表格时,如果手动操作将会占用大量时间且容易出错。遇到需要将整个工作簿按照不同的条件进行拆分时,操作又会非常烦琐。针对此类问题,WPS 表格提供拆分和合并工具,帮助用户轻松拆分与合并表格。

操作步骤:

方法一:单击"开始"→"合并居中"下拉按钮,在下拉菜单中选择具体的合并或拆分方式。

方法二:单击"数据"→"拆分表格"或"合并表格"下拉按钮,在下拉菜单中选择具体的拆分或合并方式。

(3)使用表格阅读工具

① 阅读模式:阅读数据较多的表格时,容易看错行列,此时可使用电子表格阅读功能,选中阅读区域所在的行和列,除选中区域外将以特定颜色显示,方便用户阅读数据。

操作步骤:单击"视图"→"阅读模式"下拉按钮,在下拉面板中选择一种颜色,开启阅读模式。

② 长数字阅读：对于长数字，表格中除了提供通用的"使用千位分隔符"分隔模式外，还提供"带中文单位分隔"和"按万位分隔"阅读模式。

操作步骤：右击"状态栏"，在快捷菜单中选择一种分隔模式。

（4）工作表的页面设置

工作表设计完成后，为了让页面美观或满足打印输出的要求，则需要进行页面设置。

操作步骤：单击"页面"→"页面设置"按钮，打开"页面设置"对话框，可设置纸张方向、页边距、页眉、页脚、打印区域、打印缩放等。

3. 单元格的操作

单元格中的数据可以是数值（例如 10 086）、文本（例如 WPs!@#$%^?*）、逻辑值（例如 FALSE）、时间和日期、图片等。单元格中存储不区分中英文字符，单元格存储数字时，若超过显示范围，可将数字格式设置成文本，在输入前先输入 '（单引号）开头。

（1）单元格的基本操作

① 选择单元格。

● 选择一个单元格：用鼠标单击即可。

● 选择整行／列：单击行号或列标（包括空行），如果选中有数据的整行，先选中行中第一个单元格，按住 Ctrl+Shift+ →快捷键。如果选中有数据的整列，先选中列中第一个单元格，按住 Ctrl+Shift+↓ 快捷键。

● 选择相邻的行／列：沿行号／列标拖动鼠标（包括空行）。

● 选择不相邻的行／列：先选定第一行／列，按住 Ctrl 键选定其他的行／列。

● 选择连续单元格区域：先选择区域左上角的单元格再按住鼠标左键拖动到该区域右下角，或者先按住 Shift 键再单击右下角单元格，即可选择一个连续的单元格区域。

● 全选（选中工作表中所有单元格）：按 Ctrl+A 快捷键可以选中工作表所有的单元格，也可以单击全选按钮 。如果只想选中有数据的单元格，则先选中其中带数据的一个单元格，然后再按 Ctrl+A 快捷键。

● 加选（选择不相邻的单元格或单元格区域）：选择的同时按住 Ctrl 键，可将当前的选择加到原来的选择中。选中的单元格会显示加粗的深绿色边框，成为活动单元格。

● 在一列中从第一个单元格跳到最后一个单元格，可在第一个单元格水平下边框线上双击；相反，在最后一个单元格水平上边框线上双击即可跳到第一个单元格。

● 在一行中从最左边单元格跳到最右边单元格，可在最左边单元格右边框上双击；相反，在最右边单元格左边边框上双击即可跳到最左边单元格。

● 跳转到任意一个单元格，在名称框 中输入单元格名称后按 Enter 键即可。

● 在一行／列中增加或减少被选中的单元格，按住 Shift 键后单击相应方向键，单击一次方向键，增加或减少一个选中的单元格。

● 调换行／列的位置，选中需要调换的行／列，当鼠标在边框上变成移动手柄时，按住 Shift 键拖曳到相应区域即可。

② 插入单元格。

选中目标单元格或区域，右击，在弹出的快捷菜单中选择"插入"选项，在子菜单中选择具体的插入方式。

③ 删除单元格。

选中目标单元格或区域,右击,在弹出的快捷菜单中选择"删除"选项,在子菜单中选择具体的删除方式。

④ 清除单元格。

选中目标单元格或区域,按 Delete 键;或右击,在弹出的快捷菜单中选择"清除内容"选项,在子菜单中选择具体的清除方式。

⑤ 修改单元格内容。

双击需要修改内容的单元格,输入新的内容,按 Enter 键即可。

（2）使用批量插入行或列功能

WPS 表格在单元格对应快捷菜单中加入行和列微调框,用户可快捷地批量插入行和列。

操作步骤:右击选中的目标单元格,在快捷菜单中选择"插入"→"在上方插入行" / "在下方插入行"或"在左侧插入列" / "在右侧插入列"→输入插入的行或列数→单击"√"按钮或按 Enter 键。

（3）使用合并和拆分单元格功能

单元格的合并和拆分形式很丰富,除了常规的"合并居中"和"取消合并单元格"功能外,还提供"合并相同单元格"和"拆分并填充内容"等特色功能,让用户合并和拆分单元格更轻松。WPS 表格还提供"设置默认合并方式"命令供用户进行默认合并方式的选择和设置。

注意:合并后的单元格将无法参与数据分析。

操作步骤:合并相同单元格时,先选中目标区域,单击"开始"→"合并居中"→"合并相同单元格"命令。拆分并填充内容时,先选中目标区域,单击"开始"→"合并居中"→"拆分并填充内容"命令。

注意:在执行完合并单元格功能后,才会出现"取消合并单元格"与"拆分并填充内容"命令。

（4）使用"嵌入单元格图片"功能

传统方式中,在表格中插入的图片无法随着表格的行、列宽度变化而自动适应,用户只能通过手工方式进行调整。WPS 表格中的"嵌入单元格图片"功能可以直接将图片嵌入单元格中,使其可以随单元格位置和大小的变化而自动调整。同时,双击图片即可放大查看图片,让用户查看图片更便捷。

操作步骤:选中目标单元格,单击"插入"→"图片"→"嵌入单元格"按钮,再插入图片。

（5）使用批量插入图片功能

在制作一些需要批量插入图片的表格（如员工信息登记表等）时,逐个插入图片往往要占用大量时间,还容易误操作。WPS 表格提供批量插图功能,能批量插入图片并且可对图片进行精细化的设置,如排列方式、名称显示和自动图文匹配等。

操作步骤:选中目标单元格,单击"插入"→"图片"→"浮动图片"或"嵌入单元格"→"批量插图"按钮,打开"批量插入图片"对话框,设置图片效果和排列方向等。

（6）使用"空白单元格填充"功能

表格的"空白单元格填充"功能可快速定位空白单元格并按照所选规则进行数据填充。

操作步骤：单击"开始"→"填充"→"填充空白单元格"命令（图 3-20），打开"填充空白单元格"对话框，根据需求，选择合适的设置，如"与上方的值一样"，单击"确定"按钮。

图 3-20　填充空白单元格功能

4. 数据输入

WPS 表格中数据清单是一个二维的表格，由行和列构成，每行表示一条记录，每列代表一个字段。源数据一般从键盘输入，例如学生考试成绩表、个人基本信息等，另外还可以从外部导入数据，例如将公司数据库、CRM 系统、OA 系统、网站、云端数据等导入到工作表。从键盘输入数据前的准备工作首先需要明确源数据需要的字段名称，例如学生基本信息需要序号、姓名、性别、学号、身份证号码、出生日期、年龄、联系方式、院系、专业等。其次需要在参数表中规定格式，可以使用数据验证单元格，避免输入错误，最后再输入数据。输入数据需要注意以下事项：

● 数据标题从 A1 单元格开始，相同属性的字段名称列靠在一起。

● 同行输入时，输入完内容需要向右移动，按 Tab 键。

● 同列输入时，输入完内容需要向下移动，按 Enter 键。

● 单元格内部换行，按 Alt+Enter 快捷键。

● 单元格输入完内容，按 Enter 键确定，不建议用鼠标确定，单击鼠标确定的方式不仅影响输入速度，还影响公式的输入。

● 每张工作表中仅使用一个数据清单。

● 每列数据具有相同的性质。

● 在数据清单中，避免有空行或空列。

WPS 表格提供了十几种数据类型，有常规型、数值型、货币型、会计专用型、日期型、时间型、百分比型、分数型、科学记数型、文本型、特殊型和自定义型数据，其中常用的有数值型、文本型、日期型、时间型等。要想得到数据的不同表达形式的操作步骤是：选中单元格中输入的数据，右击，在快捷菜单中选择"设置单元格格式"命令，在打开的对话框中切换到"数字"选项卡，在"分类"列表中选中需要的数据类型即可，设置数据类型效果如图 3-21 所示。

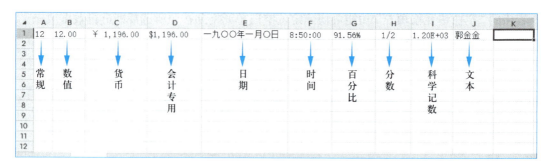

图 3-21   设置数据类型

（1）文本型数据的输入

文本主要包含汉字、英文字母、数字、空格以及其他合法的键盘能输入的符号，文本通常不参与计算。在默认状态下，文本型数据自动靠左对齐。在 WPS 表格中输入特殊数字，例如身份证号、银行卡号，或是以 0 开头的超过 5 位的数字编号（如 087165098110）等，WPS 表格将自动识别为文本类型的数据。

（2）数值型数据的输入

数值型数据表现形式多样，例如整数、小数、货币、百分数、科学记数法等，在默认状态下，数据靠右对齐。

如果在单元格中输入正数，可以直接在单元格中输入。

如果在单元格中输入负数，可在数字前加一个负号，或者将数字括在括号内，例如输入"-80"和"（80）"都可以在单元格中得到 -80。

如果在单元格内输入分数，如果输入"1/8"，则直接在单元格中输入"1/8"，系统会将其作为日期类型数据，因此需要首先选取单元格，然后输入一个数字"0"，再输入一个空格，最后输入"1/8"，这样表明输入了分数 1/8，且在编辑栏的编辑区显示"0.125"，而在单元格中显示"1/8"。

（3）日期和时间型数据的输入

输入日期型数据时，需要遵循 WPS 表格内置的一些格式。在输入日期时，应使用 MM/DD/YY 格式，即先输入月份数字，再输入日数字，最后输入年份数字。在输入时间时，时、分、秒之间用冒号分开。

（4）自定义型数据的输入

学号、编号、工号等数据存在部分数据相同的规律，可以把数据进行自定义，相同部分直接输入，不相同的部分用 0 替代，一位数值不同用一个 0，两位不同用两个 0，三位不同用三个 0，依此类推。

操作步骤：选中目标区域右击，在快捷菜单中选择"设置单元格格式"命令，在打开的对话框中切换到"数字"选项卡，在"分类"列表中选择"自定义"选项，在"类型"输入框中输入数字，效果如图 3-22 所示。

（5）推荐输入列表功能输入数据

在同列重复输入固定字符串时，如果出现固定词语（如"李"字），此时在单元格中再次输入"李"字时，WPS 表格将调用推荐输入列表功能，将出现匹配的下拉列表，如图 3-23 所示，用户根据需求选择选项即可完成输入。使用 WPS 表格提供的推荐输入列表功能可以提高输入效率。

▲	A	B	C
1	编号	学号	工号
2	00001	202303180513	02016222
3	00002	202303180514	02016223
4	00003	202303180515	02016224
5	00004	202303180516	02016225
6	00005	202303180517	02016226
7			
8		202303180500	
9	00000		02016000

图 3-22　自定义数据输入的效果

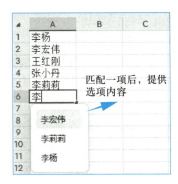

图 3-23　调用推荐输入列表功能

（6）使用填充柄输入数据

使用填充柄可以填充相同的数据,也可以填充数据序列。

操作步骤:光标定位在含有数据的单元格,用鼠标指针指向单元格方框右下角的填充柄□——填充柄,当鼠标形状变为黑色十字时,按住鼠标左键不放,拖动鼠标再释放,数据被填充到被鼠标拖过的区域。

在拖曳鼠标填充数据后,在填充数据的右下方出现一个标志□▾,用鼠标单击该标志将出现一个列表,在列表中可选择以下填充方式。

● 复制单元格:填充的数据将包含原单元格的数据和格式。

● 以序列方式填充:按数据形式将依次递增填充。

● 仅填充格式:只对原单元格的格式进行填充,不填充原单元格的数据。

● 不带格式填充:只对原单元格的数据进行填充,不填充原单元格的格式。

● 智能填充:根据已输入的数据,自动判断还需要输入的数据。

（7）使用“查找录入”功能输入数据

表格“查找录入”功能可将一个表格中的数据,根据表头匹配到另一个表中,实现数据快速查找和匹配。

操作步骤:单击“数据”→“查找录入”按钮,打开“查找录入”对话框,单击“选择要录入的数据表”折叠按钮,选择录入区域,单击“下一步”按钮,再单击“选择数据源”折叠按钮,选择数据源区域,单击“下一步”按钮,指定查找列和结果列,单击“确定”按钮。

（8）使用“插入下拉列表”功能输入数据

“插入下拉列表”功能可自定义添加下拉选项,使输入者只从固定列表中选择输入内容,规范数据输入和提高输入的效率。

操作步骤:选中目标区域,单击“数据”→“下拉列表”按钮,打开“插入下拉列表”对话框,选中“手动添加下拉选项”按钮或“从单元格选择下拉选项”按钮,设置下拉选项后单击“确定”按钮。

（9）使用“自定义序列”功能添加常用的数据序列

在表格中,用户可自定义添加常用的数据序列。

操作步骤:单击“文件”→“选项”→打开“选项”对话框,单击“自定义序列”选项卡,选择“新序列”,在“输入序列”列表框中输入自定义序列（用回车符或逗号分隔）,单击“添加”按钮,最后单击"确定"按钮。

（10）复制或移动数据

① 使用菜单命令复制或移动数据。

使用菜单或快捷菜单中的"复制""剪切"和"粘贴"命令可以复制或移动单元格中的数据。

② 使用鼠标拖曳复制或移动数据。

选择需要复制的单元格或单元格区域,同时按住 Ctrl 键和鼠标左键,拖曳鼠标指针到目的单元格,松开 Ctrl 键和鼠标左键即可,此方法适合小范围内数据复制。如果不按住 Ctrl 键即为移动。

（11）清除特殊字符

在输入数据时,可能会因为错误操作输入一些空格、换行符等,这些都会影响数据的运算。WPS 表格提供一键清除特殊字符（空格、换行符、单引号和不可见字符）的功能。

操作步骤:选中目标区域右击,在快捷菜单中选择"清除内容"命令→"特殊字符"命令→根据需求选择空格、换行符、单引号、不可见字符中的一种→单击"确定"按钮。

5. 数据的有效性

为了在输入数据时尽量少出错,可以通过 WPS 表格的"有效性"对话框,设置单元格中允许的数据类型,从而限制输入数据的类型、范围和格式,很好地避免数据漏输错输的情况。在有效性规则下,只有符合规则的数据才有效,否则数据将无法输入或出现错误提醒。

操作步骤:选中目标区域,单击"数据"→"有效性"按钮,打开"数据有效性"对话框的"设置"选项卡,设置有效性条件,如图 3-24 所示。

通过设定数据有效性能够提升数据准确率,能够限制单元格信息输入的错误等,尽量使用数据有效性规则来进行约束数据输入。

图 3-24　"数据有效性"对话框

例 3-4 数据有效性。

（1）设置信息提醒

微视频：
例 3-4

表 3-4.xlsx

打开"3-4.xlsx"文件中的"信息提醒"工作表，选中 B3：B22 区域，单击"数据"→"有效性"按钮，在打开的"数据有效性"对话框中切换到"输入信息"选项卡，在"标题"处输入"注意："，在"输入信息"中输入"请把单元格设置为文本格式后输入 15 或 18 位身份证号码。"

注意：在默认情况下，单元格数字分类为"常规"，单元格数据只能输入 15 位以下的数据，一旦输入超过 15 位的数据时，将隐藏后面的数据，并以科学记数法的形式显示数据。为了避免这种情况的发生，在输入超过 15 位的数据时，需要将单元格数字分类设置为"文本"。

（2）长度限制

打开"长度限制"工作表，单击"数据"→"有效性"按钮，在打开的"数据有效性"对话框中切换到"设置"选项卡，在"允许"中选择"文本长度"，在"数据"中选择"等于"，在"数值"中输入"18"。

（3）内容限制

打开"内容限制"工作表，单击"数据"→"有效性"按钮，在打开的"数据有效性"对话框中切换到"设置"选项卡，在"允许"中选择"序列"，在"来源"中输入"男,女"。注意：男女之间的逗号必须是在英文输入状态下输入，即在半角状态下输入。

（4）信息纠错

打开"信息纠错"工作表，要求找出不在 10~20 范围内的数据。

① 单击"数据"→"有效性"按钮，在打开的"数据有效性"对话框中切换到"设置"选项卡，在"允许"中选择"整数"，在"数据"中选择"介于"，在"最小值"中输入"10"，在"最大值"中输入"20"。

② 单击"数据"→"有效性"→"圈释无效数据"按钮，此时，不符合条件的数据将被圈出来。如果需要取消圈释，再单击"数据"→"有效性"→"清除验证标识圈"按钮。

（5）保存文件为"S3-4.et"或"S3-4.xlsx"。

6. 工作表的格式与美化

美化表格基本上针对的是汇总表，源数据表作为存储数据，美化与否对其毫无影响。表格美化前，需要确定两点内容：第一，对方感兴趣的数据必须重点标注出来；第二，明确是否需要打印，如果要打印，尽量不要用深颜色的填充色或不用填充色。

（1）美化表格的技巧

① 中文字体尽量选择用无衬线字体，类似微软雅黑、微软雅黑 Light、黑体、华文细黑等。

② 数字和英文用 Arial、微软雅黑 Light 等。

③ 标题字体一般 10~14 磅，正文字体大小一般 8~10 磅。重点内容需要加粗字体或边框标注出来。

④ 没有对齐就没有美感，同一列或同一行的数据对齐要保持一致，大多数都选择居中对齐。

⑤ 网格线一般选择关闭，避免产生过多的视觉干扰。

⑥ 单元格的颜色建议用取色器，边框用灰色搭配。

（2）使用套用表格样式功能

WPS 表格人性化地提供了"预设样式"功能。该功能可以使表格在套用表格样式的同时保留单元格区域的属性。

操作步骤：选中目标区域，单击"开始"→"表格样式"下拉按钮→在"预设样式"列表中选择一种表格样式。

注意：一般在套用表格样式后，表格将转换为智能表格。

（3）表格整理与美化

微视频：
例3-5

WPS 表格提供了多种样式美化表格。

操作步骤：单击"页面"→"表格整理美化"→"排版样式"中选择一种表格样式。

例 3-5　表格美化。

利用美化表格的方法制作如图 3-25 所示效果。

供应商	商品	1月	2月	3月	4月	5月	6月	7月	8月	9月	10月	11月	12月
					商品采购统计表								
单位名称:XXXX科技有限公司													
供应商A	办公设备	1524	837	1664	1506	2314	1133	807	1698	2340	1688	1777	1235
	办公设备	897	1181	2609	1922	1174	2606	1928	885	1996	2317	2155	743
	办公设备	1059	1313	2370	1205	856	2090	1493	2602	2319	1894	2305	1401
	办公设备	1572	1456	1611	1753	2093	1193	798	1040	2526	1974	1511	2174
	小计	5052	4787	8254	6386	6437	7022	5026	6225	9181	7873	7748	5553
供应商B	礼品	1958	2129	1852	863	2786	2325	1876	1152	1693	1783	1968	928
	礼品	2086	1623	2442	1257	2206	2116	2040	2320	1985	2753	1266	2030
	礼品	869	2139	2740	765	1953	868	2168	1844	1978	984	742	978
	礼品	2087	1936	1813	2111	2457	1038	2039	1530	1224	2242	2294	939
	小计	7000	7827	8847	4996	9402	6347	8123	6846	6880	7762	6270	4875
供应商C	办公用品	1817	1228	987	1603	1366	2176	1861	1146	1872	2225	1667	1972
	办公用品	2360	934	2386	1125	2374	1865	2362	1314	1673	2533	1038	1405
	办公用品	2764	1285	2183	1187	1094	1200	1115	2398	2005	2768	2488	2409
	办公用品	2292	1056	1210	1990	2561	743	748	1540	1502	1454	2800	1816
	办公用品	1196	2114	1036	711	1786	2269	834	2281	2609	2324	1412	1038
	办公用品	2002	2186	1390	1837	709	1441	1887	882	1836	913	1349	917
	小计	12431	8803	9192	8453	9890	9694	8807	9561	11497	12217	10754	9557
供应商D	授课用具	1316	2690	1493	2200	755	1815	1677	1071	1203	1557	2106	723
	授课用具	1295	1695	700	2090	2562	1980	2684	822	2701	2266	2317	1046
	授课用具	1558	2100	1076	831	2322	1040	2470	1320	2014	1089	727	1096
	授课用具	2531	2306	1251	2364	2582	2233	2713	2581	2137	764	1829	2078
	小计	6700	8791	4520	7485	8221	7068	9544	5794	8055	5676	6979	4943
合计		31183	30208	30813	27320	33950	30131	31500	28426	35613	33528	31751	24928

图 3-25　表格美化

表 3-5.xlsx

① 打开"3-5.xlsx 文件"中的"商品采购统计采购表"工作表。

② 设置所有数据单元格。选中含有数据的任意一个单元格，按 Ctrl+A 快捷键即可全选数据，设置字体为微软雅黑，字号为 10 磅；水平且垂直居中。

③ 选中 A3：N26 区域后右击，在快捷菜单中选择"设置单元格格式"命令，在打开的对话框中切换到"边框"选项卡，设置"样式"为较细实线，"颜色"为浅灰色（R217，G217，B217），"预置"为"内部"。

④ 设置标题单元格格式。在 A1：N1 区域上右击，在快捷菜单中选择"设置单元格格式"命令，在打开的对话框中切换到"对齐"选项卡，设置"水平对齐"为"跨列居中"；字号为 20 磅，加粗。

注意：跨列居中既不影响单元格的范围，也不影响打印效果。

⑤ 设置标题单元格的行高。单击"开始"→"行和列"→"行高"按钮，在打开的"行高"对话框中输入"30"。

⑥ 设置副标题左对齐，加粗，字号为 12 磅。

⑦ 设置各供应商合并居中，选中所有"供应商 A"的单元格，单击"开始"→"合并"→"合并居中"，依此类推，制作其他供应商居中效果。

⑧ 设置 A3：N3 区域字体加粗，字号为 12 磅，并添加上下边框。在 A3：N3 区域右击，在快捷菜单中选择"设置单元格格式"命令，在打开的对话框中切换到"边框"选项卡，设置"样式"为一般粗实线，"颜色"为深灰色（R89，G89，B89），"边框"选择上和下。利用格式刷功能把"合计"与"小计"区域设置为一样的格式。

⑨ 保存文件为"S3-5.et"或"S3-5.xlsx"。

3.2.3　公式和函数

WPS 表格具有强大的计算功能，除可以进行加、减、乘、除四则运算外，还可以进行财务、金融、统计等方面的复杂数据计算。公式和函数是 WPS 表格中对工作表中的数值进行计算的表达式，由操作符和运算符两个基本部分组成。操作符可以是常量、名称、数组、单元格引用和函数等。运算符用于连接公式中的操作符，是工作表处理数据的指令。

1. 公式的编辑

WPS 表格"常用公式"功能提供常用的公式，可计算个人所得税、提取身份证的年龄、提取身份证的生日、提取身份证的性别、多条件求和、查找其他表格数据等。WPS 表格的公式以等号"="开始，运算符将各种数据连接起来。

操作步骤：单击"公式"→"插入函数"按钮，打开"插入函数"对话框，切换到"常用公式"选项卡，在公式列表中选择一种常用公式并设置参数，单击"确定"按钮。

（1）运算符

公式中使用的运算符主要有 4 种：算术运算符、比较运算符、文本运算符、引用运算符，如表 3-1 所示。

表 3-1　运算符的使用

运算符名称	运算符号	举例	运算结果
加	+	=6+7	13
减	−	=579−432	147
乘	*	=12*45	540
除	/	=75/5	15
乘方	^	=4^2	16
百分数	%	=4%	0.04
文本运算符	&	="北"&"京"	北京
冒号	:	=A1：B2	引用 A1：B2 区域单元格
逗号	,	=SUM（A1，B1）	将 A1 和 B1 单元格求和

续表

运算符名称	运算符号	举例	运算结果
空格	␣	=E2:G3␣F2:G2	生成两个区域中共有单元格,本例结果为 F2:G2
等于	=	=(2=1)	FALSE
不等于	<>	=(1<>2)	TRUE
大于	>	=(3>5)	FALSE
小于	<	=(8<9)	TRUE
大于或等于	>=	=(10>=6)	TRUE
小于或等于	<=	=(20<=56)	TRUE

① 算术运算符包括 +、-、*、/、%(百分数)和 ^(乘方)。

② 比较运算符包括 =、>、>=、<、<=、<>,其结果为 TRUE 或 FALSE。

③ 文本运算符是 &。用于连接两个文本,产生一段连续的文本,如在 A1 中输入"我",B1 中输入"爱",C1 中输入"你",D1 中输入公式"=A1&B1&C1",则 D1 中出现"我爱你"。

④ 引用运算符包括":"(冒号)、","(逗号)和空格。

(2)公式的创建

创建公式时可以直接在单元格中输入,也可以在编辑栏中输入,编辑栏输入和单元格输入效果是相同的。

(3)公式的修改

创建公式时难免会发生错误,就必须对该公式进行修改。

操作步骤:在要修改公式的单元格上双击,此时光标将定位到该单元格中,在所选单元格内直接输入新的公式或对原公式进行修改,按 Enter 键完成修改或按 Esc 键取消修改,公式被修改后可以看到新的计算结果。

(4)公式的移动

可以将已创建好的公式移动到其他单元格中,从而提高输入效率。

操作步骤:选定要移动的公式所在的单元格,把鼠标移动到单元格边框上,当鼠标指针变为带箭头的十字形状时,按住左键不放拖动到目标单元格,释放鼠标,则原单元格的公式被移动到目标单元格内。

注意:移动公式时,公式内的单元格引用不会发生改变。

(5)公式的复制

① 使用选择性粘贴。

操作步骤(以 C3 单元格复制到 F3 单元格为例):单击 C3 单元格使其成为活动单元格,单击"开始"→"复制"按钮,右击 F3 单元格,在弹出的快捷菜单中选择"选择性粘贴"命令,弹出"选择性粘贴"对话框。在对话框中选中"公式"单选按钮,单击"确定"按钮。此时只复制公式而不复制其他内容。

② 用鼠标填充复制公式。

操作步骤:选中含公式的单元格,将鼠标指针指向单元格的右下角填充柄,按下鼠标左键并拖动到目标单元格后松开鼠标。此时被鼠标指针拖过的单元格将会被填充公式,同时显示计算结果。

注意：复制公式时，单元格引用将根据所引用类型而变化。

（6）公式的引用

在 WPS 表格的使用过程中，常会看到类似"C1""$C1""$C$1"的输入，这种输入方式就是单元格的引用，它是函数中最常见的使用。引用的作用在于标识工作表中的单元格或单元格区域，并指明公式中所使用数据的地址。通过引用，可以在公式中使用工作表不同部分的数据，或者在多个公式中使用同一个单元格的数值；还可以引用同一个工作簿中不同工作表中的单元格和其他工作簿中的数据。例如，显示在 B 列和第 8 行交叉处的单元格，其引用形式为"B8"。

注意：引用单元格数据以后，公式的运算值将随着被引用的单元格数据变化而变化。当被引用的单元格数据被修改后，公式的运算值将自动修改。

单元格的引用分为 3 种类型：相对引用、绝对引用和混合引用，如表 3-2 所示。

表 3-2　单元格的引用

引用类型	举例	说明
相对引用	A1	复制、粘贴公式时行、列都变化
绝对引用	$A$1	复制、粘贴公式时行、列都不变化
混合引用（行绝对引用）	A$1	复制、粘贴公式时行不变化，列变化
混合引用（列绝对引用）	$A1	复制、粘贴公式时行变化，列不变化

① 相对引用。

相对引用是 WPS 表格的默认引用方式，相对引用的格式是直接用单元格或者单元格区域命名，不加任何符号。如"A3""D3"。使用相对引用后，公式中引用的单元格地址在公式复制、移动时会自行调整。

例如，若在 G3 单元格中输入公式"=A3-D3"，表示将在 A3 和 D3 中查找数据，把它们的差赋值给 G3 单元格。被复制公式的单元格数据随着单元格位置的改变而改变，即如果单元格变为 G5，则 G5 的公式为"=A5-D5"。

② 绝对引用。

绝对引用的符号是"$"，即在对单元格进行绝对引用时，需将表示单元格名称的行号和列标的前面都加上"$"符号。绝对引用是指被引用的单元格与引用的单元格的位置关系是绝对的，公式中引用的单元格地址在公式复制、移动时不会改变。例如，在 F5 单元格中输入公式"=$C$2*$D$3"，表示对 C2 和 D3 单元格的绝对引用。如果公式所在的单元格位置改变了，绝对引用不会改变，即将 F5 单元格内的公式复制到 F6 单元格中，公式不会发生变化，F6 单元格中的公式"=$C$2*$D$3"保持不变。

③ 混合引用。

混合引用包含一个绝对引用和一个相对引用，其结果是可以使单元格引用的一部分固定不变，另一部分自动改变，例如 $A3 或 A$3。复制公式时相对引用部分的内容跟着发生变化。例如，在 E7 单元格中输入公式"=$C3*D$3"，其中，"$C3"属于绝对列和相对行形式，"D$3"属于相对列和绝对行形式。如果把 E7 单元格中的公式复制到 E8 单元格内，则 E8 单元格中的公式为微视频：

例 3-6

表 3-6.xlsx

"=$C4*D$3"。

　　注意：按 F4 键可切换引用方式。

　　例 **3-6**　单元格行列混合引用。

　　（1）打开"3-6.xlsx"文件中的"单元格行列混合引用"工作表。

　　（2）在 B11 单元格中输入"=$A11*B$10"，这样当自动填充手柄往下拖曳时，A 列不变，但行数发生改变，当自动填充手柄往右拖曳时，列数发生改变，第 10 行不变。

　　（3）选中 C11：J11 区域，向下拖曳自动填充手柄即可得到所有数据。

　　（4）保存文件为"S3-6.et"或"S3-6.xlsx"。

　　2. 函数的编辑

　　WPS 表格中按照函数的来源，可以分为内置函数和扩展函数两大类。前者只要启动了 WPS 表格，用户就可以使用它们；而后者必须通过单击"工具"→"运行宏"按钮加载，然后才能像内置函数那样使用。

　　（1）函数的输入方法

　　在 WPS 表格中，函数就是以"="开头，使用运算符将各种数据连接起来的表达式。WPS 表格对"函数"功能进行了全面优化，优化内容包括支持公式自动输入、参数中文提示、参数自动联想和提供函数教程视频等，更加适应中文环境，让函数应用更简单。

　　操作步骤：

　　方法一（自动输入）：单击"公式"→"自动求和"或"常用函数"按钮，在列表中选择一种函数并设置参数后，单击"确定"按钮。

　　方法二（手动输入）：选中目标单元格，输入"="，再输入函数。

　　方法三：在单元格内输入函数名后按 Enter 键，再单击编辑栏中插入函数按钮　　，在打开的对话框中设置相应的参数即可。

　　WPS 表格提供了对工作表中各种数据进行标准操作的函数，使用提供的内建函数集合，不仅可以提高工作效率，还可以增强可读性。WPS 表格提供了数百种预先定义好的函数，主要包括财务函数、文本函数、日期和时间函数、数据库函数以及其他统计分析函数等。

　　（2）常用函数

　　① 求和函数 SUM（ ）。

　　功能：返回某一单元格区域中所有数值之和，单元格中的逻辑值和文本将被忽略。

　　语法：SUM（数值 1，数值 2，…）

　　说明：数值 1，数值 2，…是 1~255 个待求和的数值。但当作为参数输入时，逻辑值和文本有效。

　　示例一：=SUM（A1，A5）将 A1 和 A5 中的值相加。

　　示例二：=SUM（A1：A5，20）首先将 A1、A2、A3、A4、A5 中的数值相加，然后将结果与 20 再相加。

　　示例三：=SUM（A1，A5，20）将 A1 中的数值、A5 中的数值与 20 相加。

　　示例四：=SUM（"6"，20，TRUE）将文本值"6"首先转换为数字 6，逻辑值 TRUE 被转换为数字 1，最后将 6、20、1 的值相加，结果为 27。

② 算术平均值函数 AVERAGE（ ）。

功能：返回所有参数的平均值（算术平均值）。参数可以是数值、数组、引用等。

语法：AVERAGE（数值 1，数值 2，…）

说明：数值 1，数值 2，…是 1~255 个数值。

示例一：=AVERAGE（A1：A20）表示求单元格 A1 到 A20 中数值的平均值。

示例二：=AVERAGE（A1：A20，5）表示先求出单元格 A1 到 A20 中数值的平均值，然后再求与数字 5 的平均值。

③ 求最大值函数 MAX（ ）。

功能：返回参数列表中的最大值，忽略文本值和逻辑值。

语法：MAX（数值 1，数值 2，…）

说明：数值 1，数值 2，…表示 1~255 个数值、空单元格、逻辑值或文本数值。

示例：=MAX（A1：A20）求出 A1 到 A20 单元格区域中的最大值。

④ 求最小值函数 MIN（ ）。

功能：返回参数列表中的最小数值，忽略文本值和逻辑值。

语法：MIN（数值 1，数值 2，…）

说明：数值 1，数值 2，…是要从中找出最小值的数字序列。

示例：=MIN（B1：B20）求出 B1 到 B20 单元格区域中的最小值。

⑤ 条件函数 IF（ ）。

功能：判断条件是否满足，如果满足返回一个值；否则返回另外一个值。

语法：IF（测试条件，真值，假值）

说明：

● 测试条件：计算结果可判断为 TRUE 或 FALSE 的数值或表达式。

● 真值：当测试条件为真值时返回的值。

● 假值：当测试条件为假值时返回的值。

注意：IF（ ）函数可以嵌套使用，用真值及假值可以构造复杂的检测条件。

示例一：=IF（B2>=90，" 优秀 "，" 一般 "）判断 B2 单元格的数值是否大于或等于 90。如果是，返回"优秀"，否则返回"一般"。

示例二：=IF（K2=1，" 一等奖 "，IF（K2=2，" 二等奖 "，IF（K2<=6，" 三等奖 "，""）））计算选手的获奖等级，其中第一名为"一等奖"，第二名为"二等奖"，第三、四、五、六名为"三等奖"。

⑥ 计数函数 COUNT（ ）。

功能：返回包含数字的单元格以及参数列表中的数字的个数。

语法：COUNT（数值 1，数值 2，…）

说明：数值 1，数值 2，…为 1~255 个可以包含的引用各种不同类型数据的参数，但只对数字型数据进行计数。

示例：=COUNT（A2：C20）统计 A2 到 C20 单元格区域内有多少个数。

⑦ 排序函数 RANK（ ）。

功能：返回某数字在一列数字中相对于其他数值的大小排名。

语法：RANK（数值，引用范围，排位方式）

说明：

- 数值：指定的数字。
- 引用范围：包含一组数字的数组或引用（其中的非数值型参数将被忽略）。
- 排位方式：为一数字，指明排位的方式。如果排位方式为 0 或省略，则按降序排列的数据清单进行排位。

注意：如果排位方式不为 0，引用范围将按升序排列的数据清单进行排位。

示例一：=RANK（A3，A2：A6，1）表示求 A3 在表中 A2 至 A6 单元格区域的排位，并按升序进行排位。

示例二：=RANK（J2，$J$2：$J$11，0）用 J2 中的数值与 J2 至 J11 单元格区域中的数值逐一比较，并按降序进行排位。

⑧ 舍入函数 INT（ ）。

功能：将数字向下舍入到最接近的整数。

语法：=INT（数值）

说明：数值是指将要向下舍入的数值。

示例：=INT（8.9）表示将 8.9 向下舍入到最接近的整数。

（3）统计函数

① 条件求和函数 SUMIF（ ）。

功能：计算区域内满足给定条件的单元格的数值之和。

语法：SUMIF（区域，条件）

说明：

- 区域：要计算求和的单元格区域。
- 条件：为确定哪些单元格将被计算在内的条件。
- 示例：=SUMIF（B1：B20，">90"）返回 B1 到 B20 单元格区域中所有大于 90 的数值之和。

② 条件计数函数 COUNTIF（ ）。

功能：计算区域内满足单个条件的单元格的个数。

语法：COUNTIF（区域，条件）

说明：

- 区域：需要计算其中满足条件的单元格数目的单元格区域。
- 条件：确定哪些单元格将被计算在内的条件，其形式可以为数字、表达式或文本。

示例：=COUNTIF（C2：H11，">9.0"）计算 C2 到 H11 单元格区域内数值大于 9.0 的数据有多少。

③ 多条件求和函数 SUMIFS（ ）。

功能：根据指定多个条件对若干单元格求和。

语法：SUMIFS（求和区域，求和条件 1，求和范围 1，求和条件 2，求和范围 2，…）

说明：

- 求和区域：为用于条件判断的单元格区域。
- 求和条件：确定哪些单元格将被相加求和的条件，其形式可以为数字、表达式或文本。例如，条件可以表示为 32、"32"、">32" 或 "apples"。

● 求和范围:需要求和的实际单元格。只有在区域中的单元格符合条件的情况下,求和范围中的单元格才求和。

④ 多条件计数函数 COUNTIFS( )。

功能:计算区域内满足多个条件的单元格的个数。

语法:COUNTIFS(计数范围 1,条件 1,[计数范围 2,条件 2], …)

说明:

● 计数范围 1:需要计算满足条件的单元格数目的单元格区域。

● 条件 1:确定哪些单元格将被计算在内,其形式可以为数字、表达式或文本。

（4）逻辑函数

① 逻辑乘函数 AND( )。

功能:所有参数逻辑值为 TRUE,才返回 TRUE;只有一个逻辑值为 FALSE,就返回 FALSE。

语法:AND(条件 1,条件 2, …)

说明:条件表示待检测的 1~30 个条件值,各条件值可为 TRUE 或 FALSE。

② 逻辑加函数 OR( )。

功能:所有参数逻辑值为 FALSE,才返回 FALSE;只有一个逻辑值为 TRUE,就返回 TRUE。

语法:OR(条件 1,条件 2, …)

说明:条件表示待检测的 1~30 个条件值,各条件值可为 TRUE 或 FALSE。

（5）日期时间函数

① 组合日期函数 DATE( )。

功能:返回特定日期的序列号,其中年份是介于 1904—9999 的数字。

语法:DATE(年,月,日)

示例:=DATE(2023,9,21),返回日期 2023-9-21。

② 组合时间函数 TIME( )。

功能:返回某一特定时间的序列值。

语法:TIME(小时,分,秒)

示例:=TIME(11,55,12),返回时间 11:55:12。

③ 计算两个日期之间的天数、月数或年份函数 DATEDIF( )。

功能:计算两个日期之间的天数、月数或年数。其中,比较单位为 "Y" 或 "M" 或 "D",Y 代表年,M 代表月,D 代表天。

语法:DATEDIF(开始日期,终止日期,比较单位)

说明:

● 开始日期:开始日期可被运算为日期的值或表达式,不能大于终止日期。

● 终止日期:终止日期可被运算为日期的值或表达式,不能小于开始日期。

● 比较单位:所需信息的返回类型,"Y" 或 "M" 或 "D"。

（6）文本函数

① 返回字符个数函数 LEN( )。

功能:返回字符个数。

语法:LEN(字符串)

说明:字符串是要计算长度的文本字符串,包括空格。

示例:=LEN(A5),返回 A5 单元格中字符个数。

② 从字符串左边开始取字符函数 LEFT( )。

功能:从文本字符串左边的第一个字符开始返回指定个数的字符。

语法:LEFT(字符串,字符个数)

说明:

● 字符串:要提取的字符串。

● 字符个数:返回的字符个数。

示例:=LEFT(A5,3),返回 A5 单元格中 3 个字符,要求从字符串左边开始提取。

③ 从字符串右边开始取字符函数 RIGHT( )。

功能:从文本字符串右边的第一个字符开始返回指定个数的字符。

语法:RIGHT(字符串,字符个数)

说明:

● 字符串:要提取的字符串。

● 字符个数:返回的字符个数。

示例:=RIGHT(A5,3),返回 A5 单元格中 3 个字符,要求从字符串右边开始提取。

④ 返回指定位置的文本个数函数 MID( )。

功能:从字符串中返回指定位置的文本个数。

语法:MID(字符串,开始位置,字符个数)

说明:

● 字符串:指定的字符串。

● 开始位置:文本开始的位置。

● 字符个数:指定的文本长度。

示例:=MID(A5,5,2),返回 A5 单元格中从第 5 位开始的 2 个字符。

(7) 查找引用函数

① 单条件查找函数 VLOOKUP( )。

功能:在表格或数组的首列查找指定的数值,并由此返回表格或数组当前行中指定列的数值。默认情况下,表是升序的。查找值为需要在数组第一列中查找的数值,可以为数值、引用或文本字符串。

语法:VLOOKUP(查找值,数据表,列序数,匹配条件)

说明:

● 查找值:需要在数据区域的第一列中查找的数值,可以为数值、文本、引用或者公式计算的结果。只有查找值在数据区域中的第一列存在时,公式才能返回正确的值。如果查找的数值在第一列中不存在,则会返回错误值 "#N/A"。

● 数据表:包括查找值和返回值在内的区域,一般表示为 "$D$23:$F$31" 的形式,以便于公式填充,也可以将区域定义为一个名称。

● 列序数:在数据区域的第一列找到查找值后,返回数据区域当前行中指定列的值。

● 匹配条件:指明函数 VLOOKUP 返回时是精确匹配还是近似匹配。

② 多条件查找函数 LOOKUP（ ）。

功能：从单行、单列、数组中查找一个值。

语法：LOOKUP（查找值,查找条件,结果列）或 LOOKUP（查找值,数据区域）

说明：查找值为在数组中所要查找的数值,可以为数字、文本、逻辑值或包含数值的名称或引用。

③ 函数 MATCH（ ）。

功能：返回在指定方式下与指定数值匹配的数组中元素的位置。

语法：MATCH（查找值,查找区域,逻辑值）

说明：

● 查找值：需要在数据表中查找的数值。查找值可以是数值、文本或者逻辑值。

● 查找区域：可能包含所要查找的数值的连续单元格区域。查找区域应为数组或数组引用。

● 逻辑值：当逻辑值是 FALSE 或者 0 时,函数进行精确查找；当逻辑值是 1 或者 −1 时,函数进行模糊查找。

④ 函数 INDEX（ ）。

功能：返回指定的行与列交叉处的单元格索引。

语法：INDEX（数据区域,行序号或列序号）或 INDEX（数据区域的引用,行序号,列序号,区域序号）

例 3−7 利用函数在工作表中输入数据。

小张是某公司财务,年底行政部门统计了公司员工信息。请根据表 3−7.xlsx,按照如下要求完成统计和分析工作。

表 3−7.xlsx

（1）表的所有行高设置为 15。将工资列设为数值型,保留两位小数。

微视频：
例 3−7

（2）将 A1：M1 区域设置为"跨列居中",并设置字号为 16,颜色为红色,行高设置为 20,A2：M2 区域字段居中,加粗。

（3）根据身份证号,在表的"出生日期"列中,使用 MID（ ）函数提取员工出生日期,输入 G 列,并将 G 列设置为最适合列宽。

提示：在 G3 单元格内输入公式

=MID（F3,7,4）&" 年 "&MID（F3,11,2）&" 月 "&MID（F3,13,2）&" 日 "

（4）在 H 列利用 REPLACE（ ）函数将身份证中间 8 位代表出生日期的字符替换为 *。

提示：在 H3 单元格内输入公式

=REPLACE（F3,7,8,"********"）

（5）利用职务计算出员工补助,并输入 L 列相关区域。补助方式是：员工 800 元,其他人员 1 000 元。

提示：在 L3 单元格内输入公式

=IF（E3=" 员工 ","800","1000"）

（6）利用基础工资和补助计算各人员底薪（底薪 = 基础工资 + 补助）。

提示：在 M3 单元格内输入公式

=K3+L3

（7）根据表中的工资数据，统计所有人的最高底薪和最低底薪，分别放在"工资统计"表的 B2 和 B3 单元格中。

提示：在"工资统计"表的 B2 单元格内输入公式

=MAX（员工基本信息 !M3：M37）

在"工资统计"表的 B3 单元格内输入公式

=MIN（员工基本信息 !M3：M37）

（8）根据表中的工资数据，统计职务为项目经理的基础工资总额，并将其填写在"工资统计"表的 B4 单元格中。

提示：在"工资统计"表的 B4 单元格中输入公式

=SUMIF（员工基本信息 !E3：E37，员工基本信息 !E6，员工基本信息 !K3：K37）

（9）根据表中的数据，统计所有硕士研究生平均基础工资，并将其填写在"工资统计"表的 B5 单元格中，设置为整数。

提示：在"工资统计"表的 B5 单元格中输入公式

=AVERAGEIF（员工基本信息 !I3：I37，员工基本信息 !I3，员工基本信息 !K3：K37）

（10）保存文件为"S3-7.et"或"S3-7.xlsx"。

3.2.4　数据分析与处理

WPS 表格具有很强的数据分析与管理功能，可以通过 WPS 表格轻松地实现数据排序、筛选、分类汇总等功能，还可以将数据转换成专业图表。

分析数据需要以下步骤：

① 确保分析数据的规范性；

② 明确要求，查找相关字段名称；

③ 通过数据透视表进行数据分析。

1. 数据查找与替换

在 WPS 表格的"查找与替换"功能中，除了常规的"查找全部"和"查找下一个"按钮可以实现全部与向下查找外，还增添了"查找上一个"按钮。当需要返回查看上一项数据时，无须从头开始查找，单击"查找上一个"按钮即可，查找数据更加便捷。

操作步骤：单击"开始"→"查找"→"查找"按钮，打开"查找"对话框，输入查找内容，单击"查找下一个"按钮向下查找，需要向上查找时单击"查找上一个"按钮。

提示：查找时"*"代表任意多个字符，"?"代表任一个字符。例如，"张 *"可以代表"张"后面跟一个字符，也可以跟两个或多个字符；"张 ?"查找"张"字后面只能有一个字符。"张 ~ *"代表"张 *"；"张 ~ ~"代表"张 ~"。

2. 数据筛选

数据筛选是一种用于查找数据的快速方法，筛选将数据列表中所有不满足条件的记录暂时隐藏起来，只显示满足条件的数据行，以供用户浏览和分析。

（1）使用"仅筛选此项"功能

WPS 表格增加"仅筛选此项"按钮，只需单击此按钮即可轻松筛选出单项。

操作步骤：将光标定位至目标表格任意单元格，单击"开始"→"筛选"按钮，选中字段打开筛选面板,将光标移至选项名称上,右侧出现"仅筛选此项"按钮。

（2）使用"清除筛选"功能

方法一:选择已经建立筛选功能的字段,打开筛选面板,将光标移至第一行,右侧出现"清除筛选"按钮。

方法二:选择已经建立筛选功能的字段,单击"开始"→"筛选"按钮。

（3）使用计数及比例功能

在表格中,筛选面板可以直接显示项目计数并且支持导出项目计数,帮助用户快速完成统计。

操作步骤:显示计数及比例,单击筛选面板→"选项"→"显示项目计数"命令。

（4）使用分析图表功能

在表格中,筛选面板可以直接显示所占比例并且支持分析图表,帮助用户快速完成统计。

操作步骤:单击筛选面板→"分析"按钮。

（5）使用多条件筛选功能

当需要筛选多个选项时往往需要逐个勾选,如果数据众多找起来会非常费时。WPS 表格的筛选功能只需在搜索面板内的搜索框中输入多个关键字,即可进行多个条件筛选,快速找到目标选项。

操作步骤:将光标定位至目标表格任意单元格,单击"开始"→"筛选"按钮,打开筛选面板,在搜索框内输入筛选关键字,单击"确定"按钮。

（6）使用筛选合并单元格功能

在 WPS 表格中,筛选合并单元格可以完整筛选出合并单元格对应的全部数据行。

操作步骤:将光标定位至目标表格任意单元格,单击"开始"→"筛选"按钮,打开筛选面板,单击"选项"按钮,勾选"允许筛选合并单元格"命令。

例 3-8 成绩高级筛选。

（1）自动筛选

任务:筛选出英语成绩在 80～90 分（包括 80,但不包括 90）的学生记录。效果如图 3-26 所示。

微视频:
例 3-8

	A	B	C	D	E	F	G	H	I	J	K	L	M	N	O	P
1	上学期成绩综合评定表															
2	学号	姓名	性别	名次	总分	写作	英语	逻辑	计算机	体育	法律	哲学	操作分	综合评定	综合名次	奖学金
4	2	帅婷	女	5	603	88	87	78	80	73	98	99	18.5		86.5	7	二等
8	6	徐娜	女	8	579	90	80	83	91	68	76	91	19.0		86.3	8	二等
10	8	鲁纤蓉	女	29	535	70	80	80	93	73	84	55	15.0		77.6	36	
14	12	杨洁	女	21	549	76	86	59	88	74	74	92	16.0		78.4	34	
15	13	何俞馨	女	17	564	69	84	71	99	82	71	88	14.8		79.3	30	
19	17	孙亚拿	男	27	537	69	87	80	73	69	87	72	18.0		79.6	28	
21	19	朱珊珊	女	30	533	73	81	88	81	73	81	56	19.0		81.5	19	三等
22	20	魏双妍	女	28	536	77	85	89	62	77	85	61	19.0		80.8	21	三等
23	21	唐梦婷	女	26	541	76	82	91	68	76	82	66	17.0		79.5	29	
25	23	张利琴	女	18	559	78	88	93	73	78	88	61	17.0		81.9	16	三等
26	24	张娜	女	19	552	60	86	94	84	60	86	82	19.0		82.8	15	三等
32	30	段金丽	女	16	566	89	84	91	88	61	75	78	16.0		83.1	14	三等
33	31	王轶彤	女	24	544	60	88	80	99	82	60	75	18.0		81.5	18	三等
35	33	刘颖	女	2	634	90	82	92	92	99	90	89	18.0		89.9	3	一等
43	41	王夏薇	女	15	568	92	83	83	86	77	77	70	19.0		85.5	11	二等

图 3-26　成绩自动筛选效果

打开"3-8.xlsx"文件中"自动筛选"工作表。

表3-8.xlsx

选中"英语"字段名称单元格,单击"开始"→"筛选"按钮,此时单击"英语"字段名称旁的筛选符号打开筛选面板,单击"数字筛选"按钮→"介于"选项,打开"自定义自动筛选方式"对话框,设置"大于或等于80"或"小于90"。

（2）高级筛选

任务一:筛选各科成绩大于或等于80分或者综合名次在前10名的学生记录,效果如图 3-27 所示。

			写作	英语	逻辑	计算机	体育	法律	哲学	综合名次		
			>=80	>=80	>=80	>=80	>=80	>=80	>=80			
										<=10		
学号	姓名	性别	名次	总分	写作	英语	逻辑	计算机	体育	法律	哲学	操行分	综合评定	综合名次	奖学金
1	孙蓉艳	女	3	633	89	93	84	97	94	90	86	18.5	91.0	2	一等
2	帅婷	女	5	603	88	87	78	80	73	98	99	18.5	86.5	7	二等
4	王娅婷	女	4	612	97	90	70	88	81	89	97	20.0	89.6	4	一等
5	丁也	男	14	569	91	99	69	89	62	81	78	19.0	85.9	9	二等
6	徐娜	女	8	579	90	80	83	91	68	76	91	19.0	86.3	8	二等
7	任光吉	男	7	580	81	92	88	86	79	62	92	18.0	85.6	10	二等
16	孙敏君	男	1	644	93	93	97	94	93	93	81	19.5	93.9	1	一等
22	张雪	女	5	603	93	93	86	79	80	93	92	19.5	87.9	5	二等
33	刘颖	女	2	634	90	82	92	92	99	90	89	18.0	89.9	3	一等
43	杜静雨	女	8	579	89	90	92	78	65	79	86	19.0	86.7	6	二等

图 3-27　成绩高级筛选（一）

打开"3-8.xlsx"文件中"高级筛选"工作表。

建立筛选条件,复制"写作、英语、逻辑、计算机、体育、法律、哲学"和"综合名次"字段名称到表格上方,在各科字段名称对应的下一行对应输入">=80",而"综合名次"字段名称在另一行输入"<=10"。

注意:同时满足的条件即"并且"关系的需要在同一行上,"或者"关系需要在不同行。

设置"高级筛选"对话框。单击"数据"→"筛选"→"高级筛选"按钮,在打开的对话框中勾选"将筛选结果复制到其他位置"选项后,分别设置"列表区域""条件区域""复制到"3 个选项。

任务二:筛选出各科成绩在 60 分以下的学生记录,效果如图 3-28 所示。

打开"3-8.xlsx"文件中"高级筛选"工作表。

建立筛选条件,在不同行输入"<60"。

设置"高级筛选"对话框。

利用条件格式标注出不及格科目。在筛选出的表格中选中各科成绩区域,单击"开始"→"条件格式"→"突出显示单元格规则"→"小于",在打开的"小于"对话框中输入"60","设置为""浅红填充色深红色文本"。

（3）保存文件为"S3-8.et"或"S3-8.xlsx"。

3. 数据排序

排序是指按照指定的顺序重新排列,排序并不改变行的内容。对数据清单进行排序后,可以方便数据的查找。WPS 表格提供了简单排序、复杂排序、自定义排序 3 种方法。

（1）简单排序

根据某一列的内容对各行数据进行排序,方法是选定需要排序的数据列中的任意单元格,单击"数据"→"排序"→"升序"或"降序"命令即可完成排序。

	写作	英语	逻辑	计算机	体育	法律	哲学
	<60						
		<60					
			<60				
				<60			
					<60		
						<60	
							<60

学号	姓名	性别	名次	总分	写作	英语	逻辑	计算机	体育	法律	哲学	操行分	综合评定	综合名次	奖学金
8	鲁纤蓉	女	29	535	70	80	80	93	73	84	55	15.0	77.6	36	
10	张树青	男	40	508	79	69	83	55	59	78	85	16.5	74.2	40	
12	杨洁	女	21	549	76	86	59	88	74	74	92	16.0	78.4	34	
14	刘子彦	男	24	544	85	79	72	95	61	57	95	18.0	81.9	17	三等
15	刘姣莲	女	37	520	85	73	66	88	58	69	81	18.0	78.7	32	
18	黄磊	男	43	486	67	77	85	71	67	77	42	19.0	76.4	38	
19	朱珊珊	女	30	533	73	81	88	81	73	81	56	19.0	81.5	19	三等
25	李泽军	男	35	523	98	76	55	59	98	76	61	15.0	73.9	42	
28	马天才	男	22	547	75	56	79	92	66	84	95	18.0	79.6	27	
29	李瑞双	男	34	526	91	61	76	55	92	88	63	17.0	75.7	39	
32	邹世彩	女	32	528	78	75	94	95	61	56	69	16.5	80.2	24	三等
34	张海燕	女	37	520	85	56	92	88	58	81	60	15.0	76.4	37	
36	韩延芸	女	23	545	78	67	72	94	92	52	90	17.5	79.8	26	三等
37	葛佳佳	女	36	522	67	78	90	69	56	77	85	18.5	78.6	33	
38	马小菲	女	44	451	60	45	86	45	62	88	65	17.0	66.7	44	
39	王艳	女	41	499	67	78	62	90	86	61	55	16.0	74.0	41	
40	管怀源	男	42	489	79	68	80	56	48	70	88	17.5	73.7	43	

图 3-28　成绩高级筛选（二）

（2）复杂排序和自定义排序

WPS 表格支持自定义排序,如多条件排序、按格式排序等,帮助用户根据操作需要快速排序。可以按照数值、单元格颜色、字体颜色和条件格式来进行排序操作。

操作步骤:选中目标区域,单击"数据"→"排序"→"自定义排序"按钮,打开"排序"对话框,选择所需的条件。

例 3-9　排序综合案例。

（1）打开"3-9.xlsx"文件。

（2）按"基础工资"降序排序。打开"按基础工资降序排序"工作表,选中 A2:J37 区域,单击"开始"→"排序"→"自定义排序"按钮,在打开的对话框中设置"主要关键字"为"基础工资","排序依据"为"数值","次序"为"降序"。

表 3-9.xlsx

微视频:例 3-9

（3）按"员工编号"升序排序。打开"按员工编号排序"工作表,选中 A2:J37 区域,单击"开始"→"排序"→"自定义排序"按钮,在打开的对话框中设置"主要关键字"为"员工编号","排序依据"为"数值","次序"为"升序"。

（4）按部门排序（管理→行政→研发→人事→销售）。打开"按部门排序"工作表。

① 添加排序条件。单击"文件"→"选项"→"自定义序列"选项卡,在"输入序列"中输入"管理,行政,研发,人事,销售"后"添加"到自定义序列中,注意一个排序选项在一行,不要有标点符号。如果排序选项较多,可以由"从单元格导入序列"导入后添加排序选项。

② 选中 A2:J37 区域,单击"开始"→"排序"→"自定义排序"按钮,在打开的对话框中设置"主要关键字"为"部门","排序依据"为"数值","次序"为"自定义序列",在"自定义序列"中选中"管理,行政,研发,人事,销售"。

（5）按姓名单元格颜色排序（顺序为红色、蓝色、黄色）。打开"按姓名单元格颜色排序"工作表,选中 A2∶J37 区域,单击"开始"→"排序"→"自定义排序"按钮,在打开的对话框中设置"主要关键字"为"姓名","排序依据"为"单元格颜色","次序"为红色,单击"添加条件"按钮后调整"次序"为蓝色,再添加条件"次序"为黄色,如图 3-29 所示。

图 3-29　"排序"对话框

（6）保存文件为"S3-9.et"或"S3-9.xlsx"。

4. 数据分类汇总

分类汇总是对数据列表指定的行或列中的数据进行汇总统计,统计的内容可以由用户指定,通过折叠或展开行列数据和汇总结果,从汇总和明细两种角度显示数据,并可以快捷地创建各种汇总报告。注意:要想分类汇总先排序。

"分类汇总"功能可以将工作表数据按指定字段和项目进行自动汇总、计算和插入小计、合计。分类汇总的结果可以分级显示出不同层级的数据,可就某一层级展开查看详细数据,也可收缩某个级别查看其汇总数据。

操作步骤:选中汇总字段所在列的任意单元格,单击"数据"→"排序"→"升序"按钮,再单击"分类汇总"按钮,打开"分类汇总"对话框,选择"分类字段""选定汇总项"等,单击"确定"按钮,创建分类汇总。

例 3-10　公司员工收入分类汇总。

利用分类汇总功能制作如图 3-30 所示效果表。

图 3-30　公司员工收入分类汇总

表 3-10.xlsx

（1）打开 3-10.xlsx 文件,制作如图 3-30 所示效果。

（2）要想分类汇总先排序,按部门排序（管理→人事→销售→行政→研发）。

① 添加排序条件。单击"文件"→"选项"→"自定义序列"选项卡,在"输入序列"中输入"管理,人事,销售,行政,研发"后"添加"到自定义序列中,注意一个排序选项在一行,不要添加标点符号。如果排序选项较多,可以由"从单元格导入序列"导入后添加排序选项。

② 选中 A2：J37 区域，即先选中 A2，拖动滚动条到 H37，按住 Shift 键的同时单击 J37。

③ 选中 A2：J37 区域，单击"开始"→"排序"→"自定义排序"按钮，在打开的对话框中设置"主要关键字"为"部门"，"排序依据"为"数值"，"次序"为"自定义序列"，在"自定义序列"中选中"管理，人事，销售，行政，研发"。

（3）单击"数据"→"分类汇总"按钮，在打开的对话框中设置"分类字段"为"部门"，"汇总方式"为"求和"，"选定汇总项"勾选"基础工资"。

（4）单击 2 级显示 ₁ ₂ ₃ ◢ 即可。

（5）保存文件为"S3-10.et"或"S3-10.xlsx"。

5. 数据透视表

"数据透视表"功能是一种可以从源数据列表中快速汇总大量数据并提取有效信息的交互式报表，它不仅能改变行和列以查看源数据的不同汇总结果，也可以显示不同页面以筛选数据，还可以根据需要选择显示区域中的明细数据。

（1）建立数据透视表

操作步骤：选中目标区域任意单元格，单击"插入"或"数据"→"数据透视表"按钮，打开"数据透视表"对话框，选择要分析的数据源和放置数据透视表的位置，单击"确定"按钮，创建空白数据透视表，拖动字段至数据透视表区域。

注意：数据透视表的源数据列表必须符合一定的数据规范，每列一个属性、每行一个记录、首行为标题行，且标题行中不能有空白单元格或者合并单元格，否则将出现错误警告。

（2）字段分析工具

数据透视表创建后，用户可根据需要对字段进行设置，如字段项的筛选和排序、值字段设置、项目分组等。

操作步骤：单击"开始"→"筛选"下拉按钮，在下拉列表中对字段进行筛选和排序设置。

① 字段设置：右击值字段区域，在快捷菜单中选择"字段设置"命令，打开"字段设置"对话框，选择数据计算类型。

② 显示报表筛选页：单击"筛选器"下拉按钮，打开筛选面板，指定显示一个或多个数据项。

例 3-11　建立销售记录透视表。

打开"3-11.xlsx"文件，制作如图 3-31 所示效果。

表 3-11.xlsx

（1）打开"数据源"工作表，选中其中一个单元格，按 Ctrl+A 快捷键，全选数据。单击"数据"→"数据透视表"按钮，在打开的对话框中的"请选择单元格区域"内输入"'数据源'!$A$1：$I$1221"。由于提前已经选择好区域，所以表格内会自动添加相应的内容。

微视频：
例 3-11

（2）在"创建数据透视表"对话框中设置"请选择放置数据透视表的位置"选项为"现有工作表"，然后单击后面的 ▦ 按钮，打开"结果预览图"工作表，选择 A1 单元格，此时指定把数据透视表建立在"结果预览图"工作表中，即相当于输入"'结果预览图'!$A$1"。

（3）设置"数据透视表"对话框。把"所属区域"拖入筛选器内，把"产品类别"拖入列中，把"月"拖入行中，把"金额"拖入值中，并在数据透视表中选择"长沙市"。

（4）设置数据保留 2 位小数。选中数据范围，右击，在快捷菜单中选择"设置单元格格式"命令，在打开的对话框中选择"数字"选项卡，将"分类"设置为"数值"，即 2 位小数。

	A	B	C	D	E	F	G
1	所属区域	长沙市					
2							
3	求和项:金额	产品类别					
4	月	彩盒	宠物用品	警告标	暖靴	睡袋	总计
5	12	219523.09	4943.53	109411.09	267606.02	293038.32	894522.06
6	7	122596.59	45915.13	43221.15	24597.41	170849.05	407179.32
7	10	13946.34	4586.28	33803.86	130249.12	127870.12	310455.72
8	11	36818.02	4826.17	11517.83	86286.14	146881.73	286329.88
9	9	27662.32	31215.45	31203.57	13727.69	156523.13	260332.16
10	4	2092.42	51282.47	42334.87	22489.06	123671.07	241869.88
11	2	3004.63	71007.91	41229.94	50073.29	21813.37	187129.13
12	6	12240.92	29453.68	40956.63	2873.60	60964.08	146488.92
13	5	11016.83	54874.98	29126.45	1436.80	40512.32	136967.38
14	1	4445.73	63943.41	23098.13	23853.63	18972.70	134313.61
15	8	39636.96	8285.02	2873.60	13860.44	46450.91	111106.93
16	3	2370.72	40549.02	29157.69	11244.53	15206.20	98528.16
17	总计	495354.57	410883.05	437934.81	648297.72	1222752.99	3215223.13

图 3-31 销售记录透视表效果

（5）给总计列按降序排序。选中“总计”列即 G 列的数据 G5:G16，单击“数据”→“排序”→“降序”按钮。

（6）给“总计”列添加绿色数据条。单击“开始”→“条件格式”→“数据条”→“绿色数据条”选项。

（7）保存文件为“S3-11.et”或“S3-11.xlsx”。

6. 数据图表

WPS 表格提供了图表与数据分析工具，利用图表与数据分析工具，可以对复杂的数据进行分析处理，更好地发现数据中的规律。注意：WPS 提供了免费类型和付费类型的图表，在使用时注意在“全部图表”对话框中进行设置。

（1）插入图表

图表可直观地表现数据的变化，是数据图形化的一种重要表现形式。WPS 表格提供 9 大类型，分别是柱形图、折线图、饼图、条形图、面积图、散点图、股价图、雷达图和组合图。每种类型又细分为多个小类型的图表，同时还提供多种不同样式的在线图表。

① 柱形图：簇状柱形图常用于显示一段时间内数据的变化，或者描述各项数据之间的差异；堆积柱形图用于显示各项数据与整体的关系。

② 折线图：等间隔显示数据的变化趋势。

③ 饼图：以圆心角不同的扇形显示某一数据系列中每一项数值与总和的比例关系。

④ 条形图：显示特定时间内各项数据的变化情况，或者比较各项数据之间的差别。

⑤ 面积图：强调幅度随时间的变化量。

⑥ 散点图：多用于科学数据，显示和比较数值。

⑦ 股价图：描述股票价格走势，也可用于科学数据。

⑧ 雷达图：用于比较若干数据系列的总和值。

⑨ 组合图：用于不同类型的图表显示不同的数据系列。

微视频：
例 3-12

插入图表的操作步骤：选中目标数据区域，单击"插入"→"全部图表"按钮，打开"图表"对话框，选择图表类型。

例 3-12　插入条形图。

制作如图 3-32 所示效果。

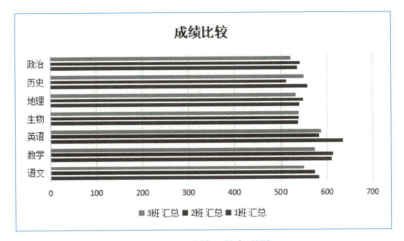

图 3-32　成绩比较条形图

表 3-12.xlsx

① 打开素材"3-12.xlsx"文件。

② 选中 B2：I2 区域，按住 Ctrl 键再次选中 B9：I9 区域、B16：I16 区域、B23：I23 区域。

③ 单击"插入"→"全部图表"→"条形图"。

④ 更改图标题为"成绩比较"。

⑤ 保存文件为"S3-12.et"或"S3-12.xlsx"。

（2）使用"迷你图"功能

在处理数据时，图表能直观地反映数据的变化，但是一般的图表所占位置大，不易排版。而迷你图只占单个单元格，视觉效果简洁而明显，非常适合轻量化地表达数据变化。WPS 表格提供 3 种迷你图，分别为折线迷你图、柱形迷你图和盈亏迷你图。

插入迷你图的操作步骤：选中目标单元格，单击"插入"→"迷你图"→"折线"或"柱形"或"盈亏"按钮，打开"创建迷你图"对话框，选择数据范围，单击"确定"按钮，拖动填充柄向下填充。

注意：建立折线迷你图、柱形迷你图或盈亏迷你图后，菜单栏中会相应产生对应的"迷你图工具"，此时可以修改迷你图参数。

（3）使用图表浮动工具栏

表格中生成图表后，不仅可以通过"图表工具"选项卡美化图表，还可以使用图表浮动工具栏进行快速美化。图表浮动工具栏中包括图表元素、图表样式、图表筛选器和设置等功能，可以增减图表中的元素、设置图表布局、修改图表样式和配色方案等，帮助用户快速便捷地对图表进行调整，如图 3-33 所示。

操作步骤：选中目标图表，右侧出现图表浮动工具栏。

注意：只有在选中图表的情况下，才会出现图表浮动工具栏。

7. 数据分析工具(模拟运算)

单变量求解是已知 3 个变量之间的关系,由已知的变量推算出未知变量。例如:某公司在每月发放工资时,直接把税后工资存入公司职员的银行卡账户内,公司职员都只能知道自己的税后工资,而不知道自己的税前工资收入是多少。因此,职员们想从税后工资反算税前工资收入是多少。

例 3-13 单变量求解。

利用模拟分析中的单变量求解功能计算税前收入,如图 3-34 所示。

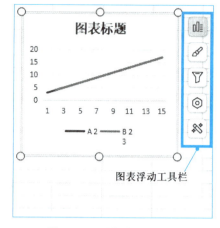

图 3-33 图表浮动工具栏

例 3-13

① 打开"3-13.xlsx"文件。已知税前收入、税收和税后收入 3 个变量之间的换算关系。

表 3-13.xlsx

图 3-34 税前收入——单变量求解

税前收入	税收	税后收入
8382.35	382.35	8000.00

② 如果税后收入为 8 000 元,求税前收入为多少元。选中税后收入数据单元格,单击"数据"→"模拟分析"按钮,打开"单变量求解"对话框,设置目标单元格为税后收入数据单元格,目标值为"8000",可变单元格为税前收入数据单元格。

③ 保存文件为"S3-13.xlsx"。

8. 其他数据处理功能的使用

(1)使用"重复项"处理功能

当检查表格中是否存在重复项时,人工核查的工作量和核对难度非常大。针对此问题,WPS表格提供一系列处理重复项的快捷功能,有效帮助用户发现和处理重复数据。

操作步骤:选中目标区域,单击"数据"→"重复项"下拉按钮→选择所需的命令。

(2)使用"数据对比"功能

WPS 表格中的特色功能"数据对比"与单纯查找出重复项不同,可对一个或两个区域(包括多列)、单个工作表或两个工作表(可以跨工作簿)中的数据进行对比并标识或提取出来。

操作步骤:选中目标区域,单击"数据"→"数据对比"下拉按钮→"标记重复数据"命令或"提取重复数据"或"标记唯一数据"或"提取唯一数据"命令。

例如,标记重复数据步骤:选中目标区域,单击"数据"→"数据对比"下拉按钮→"标记重复数据"命令,打开"标记重复数据"对话框,设置"列表区域""对比方式"和"标记颜色"选项,单击"确认标记"按钮。

注意:数据对比功能标记的结果是静态的,不会因目标区域中数据变化而更新。如需删除数据对比功能的标记,需通过单元格背景颜色来清除。

（3）使用"智能分列"功能

WPS 表格的"智能分列"功能可以智能识别单元格内容进行分列。该功能也支持手动设置分列条件（分隔符号、文本类型、按关键字和固定宽度）进行分列。

操作步骤:选中目标区域,单击"数据"→"分列"下拉按钮→"智能分列"命令,打开"智能分列"对话框,选择一种手动设置分列方式,单击"下一步"按钮,设置列数据类型,再单击"完成"按钮。

（4）使用"照相机"功能

"照相机"功能可截取表格中的单元格或单元格区域生成图形对象并悬浮在表格上方,图形对象会根据表格数据源区域的变动而实时更新。

操作步骤:选中需导出图形的区域,单击"插入"→"照相机"按钮→单击目标位置即可。

3.2.5　数据保护与共享

1. 使用文件加密功能

为了保护文件不被其他人打开,可对文件设置密码。文件加密后,查看人必须使用密码才可打开和编辑工作簿。WPS 表格有 3 种文件加密方式。

操作步骤:

方法一:单击"文件"→"另存为"按钮,打开"另存文件"对话框,单击"加密"按钮,打开"密码加密"对话框,设置"打开文件密码"或"修改文件密码",再单击"应用"按钮。

方法二:单击"文件"→"文档加密"→"密码加密"命令,打开"密码加密"对话框,设置"打开文件密码"或"修改文件密码"后单击"应用"按钮。

方法三:单击"文件"→"选项"命令,打开"选项"对话框的"安全性"选项卡,设置"打开文件密码"或"修改文件密码"后单击"应用"按钮。

2. 工作簿、工作表和单元格的数据安全

（1）使用"保护工作簿"功能

"保护工作簿"功能可以通过密码对工作簿的结构（即工作表）进行保护不被更改,如无法删除、移动、添加工作表等。

操作步骤:单击"审阅"→"保护工作簿"按钮,打开"保护工作簿"对话框,输入密码,确认密码后单击"确定"按钮。

注意:保护工作簿可不设置密码。如需撤销保护,单击"撤销工作簿保护"按钮即可。

（2）使用"保护工作表"功能

"保护工作表"功能可以通过密码对锁定的单元格进行保护,以防止工作表中的数据被更改。保护工作表实际上保护的是工作表中的单元格,针对该工作表的操作不受影响。

操作步骤:单击"审阅"→"保护工作表"按钮,打开"保护工作表"对话框,输入密码,确认密码后单击"确定"按钮。

注意:"保护工作表"可以不设置密码。如需撤销保护,单击"撤销工作表保护"按钮。

（3）使用"锁定单元格"功能

"锁定单元格"功能可以在保护工作表状态下对锁定的单元格数据不修改。默认情况下,工作表所有单元格都处于"锁定"状态。在保护工作表状态下,锁定的单元格被禁止编辑,未锁定的单元格可编辑。

操作步骤:选定允许编辑的单元格,单击"审阅"→"锁定单元格"→取消按钮置灰状态→"保护工作表"按钮,在打开的对话框中勾选"编辑对象"复选框,单击"确定"按钮。

3. 使用数据共享功能

通过"共享工作簿"功能可以在多人同时访问共享目录中的工作簿时,允许同时查看和修订,以达到跟踪工作簿状态并及时更新信息的目的,实现高效地协同办公。

操作步骤:单击"审阅"→"共享工作簿"按钮,打开"共享工作簿"对话框,勾选"允许多用户同时编辑,同时允许工作簿合并",单击"确定"按钮。

例 3-14　工作簿及工作表保护操作。

表 3-14.xlsx

（1）打开"3-14.xlsx"文件,设置工作簿打开密码为"123",否则不能打开工作簿。

单击"文件"→"文档加密"→"密码加密"→打开权限或设置"打开文件密码"。

（2）清除打开密码并设置工作簿编辑密码为"456",否则只能只读,不能编辑。

单击"文件"→"文档加密"→"密码加密"或"编辑权限"→设置"修改文件密码"。

（3）设置源数据表,若不能选中单元格或不允许复制单元格,可单击"审阅"→"保护工作表"按钮,在打开的对话框中去除"选定锁定单元格"选项的勾选。（打钩的选项都是允许用户操作的功能,没打钩的选项是不允许用户操作的功能。）

（4）通过保护工作簿,防止他人篡改工作簿的结构。

单击"审阅"→"保护工作簿"按钮,设置密码后,工作簿将不可以进行新建、删除、重命名等操作。

如果想取消工作簿保护,单击"审阅"→"撤销工作簿保护"按钮。

（5）保存文件为"S3-14.et"或"S3-14.xlsx"。

例 3-15　单元格保护操作。

表 3-15.xlsx

（1）打开"3-15.xlsx"文件中的"分公司销售数据 1"工作表,仅允许用户在G2: G4 区域中编辑数据（即其他单元格不可以编辑）。

选中需要编辑的单元格范围,在名称框中输入 G2: G4 即可选中该区域。

单击"开始"→"单元格格式"→"保护"选项卡,去除"锁定"选项的勾选,此时,G2: G4 区域将不再受单元格保护。

注意: 要想让所有单元格都恢复可编辑状态,可单击"审阅"→"撤销工作表保护"按钮。

（2）打开"3-15.xlsx"文件中的"分公司销售数据 2"工作表,在编辑栏中不显示 F2: F4 单元格中应用的公式。

选中需要编辑的单元格范围,在名称框中输入 F2: F4 即可选中该区域。

单击"开始"→"单元格格式"→"保护"选项卡,去除"隐藏"选项的勾选,此时,F2: F4 区域内的计算公式将不可见。即如果"隐藏"选项是勾选状态,编辑公式可见,一般默认勾选"隐藏"选项。

单击"审阅"→"保护工作表"按钮,在打开的对话框中注意需要勾选"选定锁定单元格"选项后才单击"确定"按钮,否则单元格将无法被选中,此时在单元格中的公式也不可见,其他人也就看不到计算的结果。

要想恢复隐藏公式,让单元格中的公式可见,单击"审阅"→"撤销工作表保护"按钮。

提示:只有保护工作表后,锁定单元格或隐藏公式才有效。

(3)打开"3-15.xlsx"文件中的"分公司销售数据 3"工作表,B 列的数据仅允许人力资源部进行编辑(密码"123"),C 列的数据仅允许财务部进行编辑(密码"456")。同一个表格需要多个部门合作编辑,为了避免误操作,只允许更改相应的数据列。

单击"审阅"→"允许用户编辑区域"→"新建"按钮,设置标题为"人力资源部"、应用单元格区域为"B 列"、区域密码为"123"。

单击"审阅"→"允许用户编辑区域"→"新建"按钮,设置标题为"财务部"、应用单元格区域为"C 列"、区域密码为"456"。

单击"审阅"→"保护工作表"按钮,在打开的对话框中注意勾选"选定锁定单元格"选项后才单击"确定"按钮,否则单元格将无法被选中。

提示:允许编辑区域在设定密码之后必须要单击保护工作表才生效。

(4)保存文件为"S3-15.et"或"S3-15.xlsx"。

3.2.6　会员专享功能

1. 使用"智能工具箱"功能

WPS 表格智能工具箱集合了批量处理单元格文本信息、批量设置批注、批量填充序列、批量删除信息、批量格式设置、计算等多种智能快捷小功能,是人手必备的高效办公"百宝箱"。

操作步骤:单击"会员专享"→"智能工具箱"按钮→"智能工具箱"选项卡→根据需求选择某个功能。

2. 使用"文件瘦身"功能

当表格文件存在隐藏的数据或格式时,容易造成文件体积过大。WPS 表格的文件瘦身功能可以智能检查出文件中的对象、重复样式和空白单元格,用户可根据实际情况选择性去除多余的数据或样式,达到减少文件体积的目的。

操作步骤:单击"会员专享"→"表格特色"→"文件瘦身"按钮,打开"文件瘦身"对话框,根据需求勾选需清除的项目,备份原文件和设置保存路径后开始瘦身。

3. 使用"工资条群发"功能

WPS 表格"工资条群发"功能可快速将工资表拆分成工资条并以邮件形式群发给员工。

操作步骤:单击"会员专享"→"群发工具"→"工资条群发"按钮,在打开的窗口中观看示例,并按示例制作工资表,单击"导入工资表"按钮并解析工资表,单击"下一步"按钮后编辑发送内容,再单击"发件人设置",最后单击"发送邮件"按钮。

3.2.7　常见错误和解决方法

1. 数据输入单元格内常见错误及解决方法

(1)#DIV/0!

原因:在公式中有除数为 0,或者有除数为空白的单元格(WPS 把空白单元格也当作 0)。

解决方法：把除数改为非 0 的数值，或者用 IF（ ）函数进行控制。

（2）#N/A

原因：在公式中使用查找功能的函数（VLOOKUP、HLOOKUP、LOOKUP 等）时，找不到匹配的值。

解决方法：检查被查找的值，使之的确存在于查找的数据表中的第一列。

（3）#NAME?

原因：在公式中使用了 WPS 无法识别的文本，例如函数的名称拼写错误，使用了没有被定义的区域或单元格名称，引用文本时没有加引号等。

解决方法：根据具体的公式逐步分析出现该错误的原因，并加以改正。

（4）#NUM!

原因：当公式中需要数值型参数时，却给了它一个非数值型参数；或给公式一个无效的参数；或公式返回的值太大或者太小。

解决方法：根据公式的具体情况，逐一分析可能的原因并修正。

（5）#VALUE

原因 1：文本类型的数据参与了数值运算，函数参数的数值类型不正确。

解决方法 1：更正相关的数据类型或参数类型。

原因 2：函数的参数本应该是单一值，却提供了一个区域作为参数。

解决方法 2：提供正确的参数。

原因 3：输入一个数组公式时，忘记按 Ctrl+Shift+Enter 快捷键。

解决方法 3：输入数组公式时，记得使用 Ctrl+Shift+Enter 快捷键确定。

（6）#REF!

原因：公式中使用了无效的单元格引用。通常如下这些操作会导致公式引用无效的单元格：删除了被公式引用的单元格；把公式复制到含有引用自身的单元格中。

解决方法：避免导致引用无效的操作，如果已经出现错误，先撤销，然后用正确的方法操作。

（7）#NULL!

原因：使用了不正确的区域运算符或引用的单元格区域的交集为空。

解决方法：改正区域运算符使之正确；更改引用使之相交。

（8）####

原因：单元格宽度不够。

解决方法：调整单元格宽度。

2. 数据分析时，需要源数据表规范化处理

以下是常见错误：

（1）源数据表中出现合并单元格。

（2）源数据表中没有序号列。

（3）在第一行放入表标题。

（4）源数据表中进行合计操作。

（5）每条数据没有保持二维表格数据结构。

（6）数据有缺失。

（7）分裂表格。

（8）数值型数据出现数字文本化。

（9）单元格内的数据出现非原子化。

（10）单元格内数据内容不统一。

3.3　WPS 演示

3.3.1　WPS 演示操作基础

WPS 演示文稿用于制作和播放多媒体演示文稿。在演示文稿中，可以用一组图文并茂的幻灯片将所要表达的信息展示出来，其表现形式可以是文字、图像、声音、动画和视频等。演示文稿制作完成后，可以在计算机上进行演示，也可以讲稿的形式打印出来，还可以制作成标准幻灯片投屏播放。WPS 演示广泛应用于教学、报告、产品推广、演讲等方面。本节将讲解 WPS 演示文稿的一些基本操作，以及如何丰富幻灯片的内容等知识，以帮助读者快速掌握演示文稿的制作方法。

1. 演示文稿的基本操作

演示文稿通常是由多张幻灯片组成的，因此首先需要掌握幻灯片的相关操作，如幻灯片的选择、添加、复制和移动等。本节主要介绍幻灯片的基本操作。

（1）选中幻灯片

对幻灯片进行相关操作前必须先将其选中，选中要操作的幻灯片，主要有选中单张幻灯片、选中多张幻灯片和选中全部幻灯片等几种情况。

① 选中单张幻灯片。

选中单张幻灯片的方法有以下两种。

a. 在导航窗格中单击某张幻灯片的缩略图，即可选中该幻灯片，同时会在幻灯片编辑区中显示该幻灯片。

b. 将鼠标指向幻灯片编辑区，单击编辑区中任意一张幻灯片即可选中。

② 选中多张幻灯片。

选中多张幻灯片时，可选中多张连续的幻灯片，也可以选中多张不连续的幻灯片，操作方法如下。

a. 选中多张连续的幻灯片：在导航窗格中，选中第一张幻灯片后按住 Shift 键不放，同时单击要选择的最后一张幻灯片，即可选中第一张和最后一张幻灯片之间的连续幻灯片。

b. 选中多张不连续的幻灯片：在导航窗格中，选中第一张幻灯片后按住 Ctrl 键不放，然后依次单击其他需要选择的幻灯片即可。

③ 选中全部幻灯片。

在导航窗格中按 Ctrl+A 快捷键，即可选中当前演示文稿中的全部幻灯片。

（2）新建与删除幻灯片

在新建的空白演示文稿中默认情况下只有一张幻灯片，而通常情况下，一篇演示文稿需要根据用户的需求使用若干张幻灯片来表达内容,有时也需要删减某些不合适或者多余的幻灯片,这时就需要在演示文稿中添加或者删除幻灯片。

① 新建幻灯片。

在演示文稿中新建幻灯片的方法有以下几种。

a. 通过快捷菜单:在导航窗格中右击某张幻灯片,在弹出的快捷菜单中选择"新建幻灯片"命令,即可在当前幻灯片下方添加一张同样版式的空白幻灯片,如图 3-35(a)所示。

b. 通过快捷按钮:在导航窗格中使用单击某张幻灯片,该幻灯片下方会出现"新建幻灯片"按钮,单击该按钮,即可在当前幻灯片下方添加一张同样版式的空白幻灯片,如图 3-35(b)所示。

c. 通过快捷键:在导航窗格中选中某张幻灯片后按 Enter 键,可快速在该幻灯片的后面添加一张同样版式的空白幻灯片。

(a) 快捷菜单新建幻灯片

(b) 快捷按钮新建幻灯片

图 3-35   新建幻灯片

② 删除幻灯片。

在编辑演示文稿的过程中,如果要删除多余的幻灯片,可通过以下两种方法实现。

a. 通过快捷菜单:选中需要删除的幻灯片,右击,在弹出的快捷菜单中选择"删除幻灯片"命令即可。

b. 通过快捷键:选中需要删除的幻灯片,按 Delete 键即可。

(3)移动与复制幻灯片

移动幻灯片就是调整幻灯片的位置,而复制幻灯片就是创建一张相同的幻灯片,移动和复制幻灯片可在本文档内操作,也可跨文档操作。

① 移动幻灯片。

移动幻灯片的方法如下。

a. 通过命令操作:在导航窗格中右击要移动的幻灯片,在弹出的快捷菜单中选择"剪切"命令,或在选中幻灯片后按 Ctrl+X 快捷键进行剪切,然后右击目标位置的前一张幻灯片,在弹出的快捷菜单中选择"粘贴"命令,或在选中目标位置的前一张幻灯片后按 Ctrl+V 快捷键进行粘贴即可,如图 3-36 所示。

b. 通过鼠标直接拖曳：在导航窗格中选中要移动的幻灯片，按住鼠标左键不放并拖动鼠标，当拖动到需要的位置后释放鼠标左键即可。

② 复制幻灯片。

复制幻灯片的方法有以下两种。

a. 复制到任意位置：在导航窗格中右击要复制的幻灯片，在弹出的快捷菜单中选择"复制"命令，如图 3-37 所示。或在选中幻灯片后按 Ctrl+C 快捷键进行复制，然后右击目标位置的前一张幻灯片，在弹出的快捷菜单中选择"粘贴"命令，或在选中目标位置的前一张幻灯片后按 Ctrl+V 快捷键进行粘贴即可。

图 3-36　移动幻灯片

图 3-37　复制幻灯片到任意位置

b. 快速复制：在导航窗格中右击要复制的幻灯片，在弹出的快捷菜单中选择"复制幻灯片"命令，如图 3-38 所示，即可快速创建一张相同的幻灯片。

2. 幻灯片中的文本编辑

文本是演示文稿内容中最基本的元素之一，每张幻灯片或多或少都会包含一些文字信息。所以，文本内容的输入与编辑就显得尤为重要。本节主要针对如何在幻灯片中输入与编辑文本进行介绍。

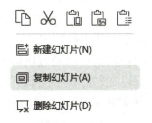

图 3-38　复制幻灯片

（1）占位符

新建幻灯片后，在幻灯片中看到的虚线框就是占位文本框。虚线框内的"单击此处添加标题"或"单击此处添加文本"等提示文字为文本占位符，如图 3-39 所示。用鼠标单击文本占位符，提示文字将会自动消失，此时便可在虚线框内输入相应的内容了。

图 3-39　幻灯片中的占位符

　　占位文本框可以移动和改变大小,选中占位文本框,将鼠标指向文本框边框处,当鼠标指针变为 ✥ 形状时按住鼠标左键拖动,即可移动占位文本框。将指针指向四周出现的控点,且呈双向箭头形状时,按住鼠标左键拖动,即可调整其大小。

　　部分占位文本框中心会有一些图标,单击这些图标可以插入相应的对象,例如,单击"表格"图标可以插入表格,单击"图片"图标可以插入图片。

　　(2)大纲视图

　　在编辑演示文稿时,如果需要输入具有不同层次结构的文字,可以切换到"大纲"视图下,在视图窗格中输入。具体操作方法如下。

　　① 切换到"大纲"视图,如图 3-40 所示。

　　② 在"大纲"窗格的第一张幻灯片的文本占位符中输入主标题文本。按 Ctrl+Enter 快捷键换行,输入副标题文本。

　　③ 第一张幻灯片文本输入完成后,按 Ctrl+Enter 快捷键新建一张幻灯片。继续输入第二张幻灯片的标题文本。

　　④ 按 Ctrl+Enter 快捷键换行,输入第一段内容文本。

　　⑤ 按 Enter 键进行同级换行,输入第二段内容文本。使用同样的方法完成其他幻灯片的编辑。

　　(3)文本框

　　在幻灯片中,占位文本框其实是一种特殊的文本框,它出现在幻灯片中的固定位置,有预设的文本格式。在编辑幻灯片时,用户除了可以通过鼠标调整占位文本框的位置和大小之外,还可以在幻灯片中绘制或添加新的文本框,然后在其中输入与编辑文字,以满足不同幻灯片的设计需求。

　　在幻灯片中插入文本框的方法为:选中要插入文本框的幻灯片,单击"插入"→"文本框"下拉按钮,在弹出的下拉列表中根据需要选择"横向文本框"或"竖排文本框"命令,如图 3-41

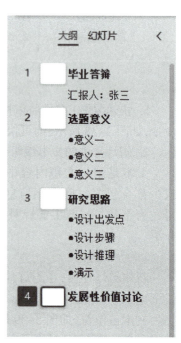

图 3-40　"大纲"视图

所示,在幻灯片中按住鼠标左键拖动,到适当位置释放鼠标左键,即可绘制文本框。插入文本框后,将光标定位其中,即可输入文字内容。

图 3-41 插入文本框

（4）更改幻灯片版式

WPS 演示文稿中内置了 11 种幻灯片版式。新建的演示文稿的第一张幻灯片默认为"标题幻灯片"版式,新建的第二张及其后的幻灯片默认使用"标题和内容"版式,单击"开始"→"版式"下拉按钮,在弹出的下拉列表中即可查看或更改幻灯片版式。也可单击"开始"→"新建幻灯片"下拉按钮,在弹出的下拉列表中即可查看版式,如图 3-42 所示。

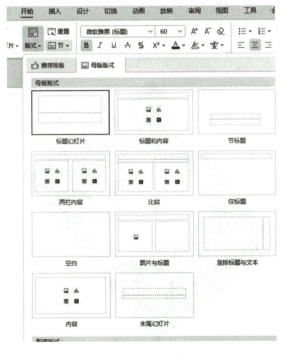

图 3-42 幻灯片版式

3. 幻灯片中的图片处理

WPS 演示文稿以图文并茂为最主要特点,其中图片处理也是一项重要功能,WPS 演示文稿中提供了丰富的图片处理功能,每张幻灯片中都会包含若干图片。所以,图片的插入和处理就显得尤为重要。本节主要针对如何在幻灯片中插入和编辑图片进行介绍。

(1)图片的插入

在幻灯片中插入图片的方式与 WPS 文字类似,只需单击"插入"→"图片"→"本地图片"按钮,如图 3–43 所示。在弹出的"插入图片"对话框中选择要插入的图片,单击"打开"按钮即可。

图 3–43   在幻灯片中插入图片

此外,还有以下两种插入图片的方法。

① 单击占位符图标插入:单击占位文本框中的"图片"图标,在弹出的对话框中选择图片并插入即可。

② 直接复制粘贴:打开图片存放的文件夹,选中需要插入的图片后执行"复制"操作,然后切换到演示文稿中执行"粘贴"操作即可。

插入图片后,可以直接拖动图片调整图片位置及方向,拖动图片四周的控制点可以调整图片大小,拖动图片上方的旋转按钮可以旋转图片。旋转效果如图 3–44 所示。

案例素材

图 3–44   旋转图片

（2）裁剪图片

在幻灯片中可以对插入的图片进行裁剪,剪除不需要的部分,裁剪方法如下：选中图片,单击"图片工具"→"裁剪"按钮,此时图片旁出现浮动工具栏,单击"裁剪图片"按钮,如图 3-45 所示。

图 3-45　裁剪图片

除此之外,还可以将插入的图片裁剪成任意形状,具体操作方法是：选中图片,单击"图片工具"→"裁剪"下拉按钮,在弹出的下拉列表中选择"创意裁剪",选择任意一种想要裁剪的形状,此时图片已经变成相应的形状,拖曳图片四周的控制点可以改变图片的比例和大小,完成后按 Enter 键即可,如图 3-46 所示。

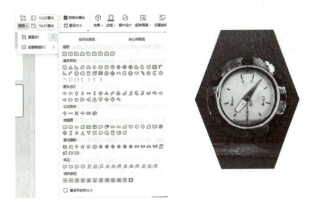

图 3-46　将图片裁剪成任意形状

（3）图片的美化操作

插入图片后,除了裁剪图片外,还可以对图片进行美化操作,包括设置阴影效果、图片边框、色彩,设置图片背景、倒影效果以及柔化边缘效果等,使图片更加美观,操作方法如下。

① 设置图片效果。

选中图片,单击"图片工具"→"效果"下拉按钮,在下拉列表中展开"阴影"子列表,在其中选择一种阴影效果,如图 3-47（a）所示。此方法适用于阴影、倒影、发光、柔化边缘、三维旋转等效果的设置。

② 设置图片边框。

选中图片,单击"图片工具"→"边框"下拉按钮,在下拉列表中选择一种边框颜色,即可为图片添加边框,如图3-47(b)所示。

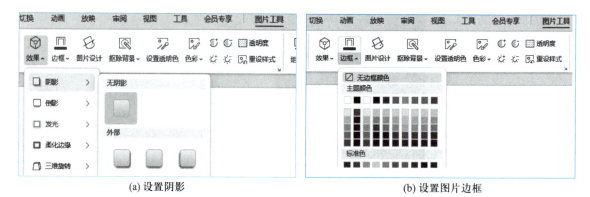

(a) 设置阴影   (b) 设置图片边框

图3-47   设置图片阴影效果和边框

③ 设置图片色彩。

选中图片,单击"图片工具"→"色彩"下拉按钮,在下拉列表中选择一种色彩模式,如灰度、黑白、冲蚀,即可改变图片的色彩效果,如图3-48(a)所示。

④ 设置图片透明度。

选中图片,单击"图片工具"→"透明度"按钮,即可选择系统默认的任意一种透明度,也可通过手动模式自行调整合适的透明度,如图3-48(b)所示。

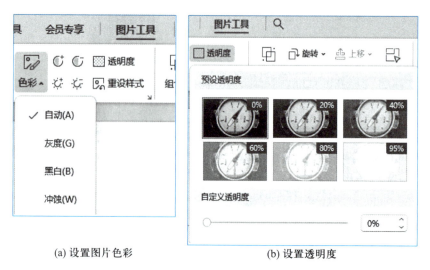

(a) 设置图片色彩   (b) 设置透明度

图3-48   设置图片色彩和透明度

4. 幻灯片中的声音处理

WPS演示文稿除了可以图文并茂进行展示外,还可以为演示文稿添加背景音乐,为整个演示文稿在播放时增加氛围感。

（1）插入音频

在幻灯片中插入音频的方法与插入图片方法类似，只需单击"插入"→"音频"按钮，选择下拉列表中的"嵌入音频"，如图 3-49 所示。打开"插入音频"对话框。

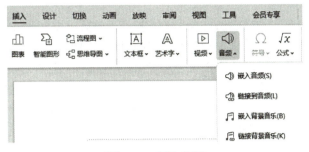

图 3-49 插入音频

添加好音频之后，将幻灯片中的声音模块拖到文档适当的位置即可。需要注意的是，插入的音频默认只会在当前幻灯片中播放，如果希望将其设置为背景音乐在所有幻灯片中播放，可在选中音频图标后单击"音频工具"选项卡中的"设为背景音乐"按钮即可，如图 3-50 所示。

图 3-50 设为背景音乐

（2）播放音频

添加音频后，可以播放音频，试听音频效果。除了通过放映幻灯片来试听音频效果外，还可以通过以下两种方法直接播放音频，如图 3-51 所示。

① 选中声音图标，即可出现音频控制面板，单击"播放"按钮即可播放音频。

② 选中声音图标，单击"音频工具"→"播放"按钮即可。

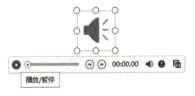

图 3-51 播放音频

（3）设置音频播放

在幻灯片中插入音频后,还可以根据需要对音频的播放进行设置,例如让音频自动播放、循环播放或调整声音大小等。选中声音图标,单击"音频工具"选项卡,在其中即可对播放选项进行设置。

① 音量:单击"音量"下拉按钮,在弹出的下拉列表中可以设置音量大小。

② 裁剪音频:单击"裁剪音频"按钮,在弹出的对话框中可以对音频文件进行裁剪。

③ 淡入和淡出:在该选项组中可以设置声音由小变大开始播放以及由大变小结束播放。

④ 设置开始方式:单击"开始"按钮,可以选择音频开始方式,如果选择"自动"选项,则会在进入该幻灯片时自动播放;若选择"单击"选项,则需要单击音频图标才能播放。

⑤ 跨幻灯片播放:勾选"跨幻灯片播放"单选按钮,在切换到下一张幻灯片时音频不会停止,而是播放到音频结束为止。

⑥ 循环播放:勾选"循环播放,直到停止"复选框,音频会一直循环播放,直到幻灯片播放完毕。

⑦ 放映时隐藏:勾选"放映时隐藏"复选框,可以在放映幻灯片时不显示声音控制面板。

⑧ 设为背景音乐:单击该按钮,可以使音频文件在所有幻灯片中播放。

5. 幻灯片模板和母版的使用

幻灯片模板可以帮助人们快捷有效地完成幻灯片的制作,且可以帮助人们完成幻灯片设计方面的工作,用户只需预先设计好幻灯片模板,然后在模板中输入相应的内容,即可快速制作出一组符合需求的幻灯片。

（1）使用在线模板

WPS 演示提供了丰富的在线模板,可以直接下载使用。在线模板分为收费和免费两类,下面以使用免费模板为例进行介绍。

① 新建空白演示文稿,单击"设计"→"更多设计"按钮。

② 单击分类导航中的"免费专区"模块,如图 3-52 所示。

图 3-52　幻灯片免费模板的使用

③ 在模板列表中选择要使用的模板,单击其缩略图打开。在打开的页面中可以对该模板包含的各版式进行预览,确定使用该模板则单击"应用"按钮。

④ 模板下载完成后即可被应用到幻灯片中,在首页幻灯片中输入封面文字,如图 3-53 所示。

图 3-53   幻灯片首页

　　⑤ 新建第二张幻灯片,单击"开始"→"版式"下拉按钮,在下拉列表中选择需要的版式,如图 3-54 所示。

　　⑥ 继续完成其他幻灯片的编辑,完成后保存演示文稿即可。

图 3-54   更改幻灯片版式

　　(2)使用母版设计幻灯片

　　除了使用模板外,用户还可以在模板中插入统一的背景或插图等元素,这就需要了解幻灯片母版的使用。

　　① 幻灯片母版。

　　幻灯片母版是一种视图方式,它类似于演示文稿的"展示背景",通过它可以对幻灯片中的各个版式进行编辑。在编辑幻灯片时,输入的内容或插入的对象只会在某一张幻灯片中显示,而通过母版对版式进行编辑,其内容则会应用到所有使用该版式的幻灯片中。单击"视图"→"幻灯片母版"按钮,即可进入母版视图,如图 3-55 所示。

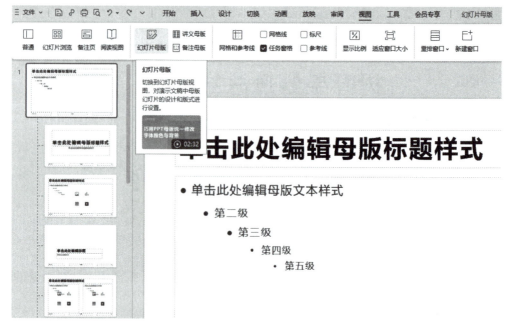

图 3-55　幻灯片母版

进入母版视图后,在导航窗格中可以看到 1 张主幻灯片和多张子幻灯片,其中子幻灯片分别对应幻灯片的不同版式。对主幻灯片进行的所有编辑,均会应用到多张子幻灯片中,也可以分别对每个子幻灯片母版进行单独编辑。

② 编辑母版。

以下将通过实例来介绍母版的使用方法。

a. 单击"视图"→"幻灯片母版"按钮,进入母版视图。

b. 在导航窗格中选中主幻灯片母版,单击"幻灯片母版"→"背景"按钮。

c. 弹出"对象属性"窗格,选择"填充"方式为"渐变填充"。分别设置渐变样式、角度和色标颜色,如图 3-56 所示。

d. 单击"插入"→"图片"→"本地图片"按钮。

e. 弹出"插入图片"对话框,选中"city.png"素材文件,单击"打开"按钮,如图 3-57 所示。

f. 调整图片大小及位置。在图片上右击,在弹出的快捷菜单中选择"置于底层"命令,如图 3-58 所示,将其移至文本框下方。

g. 选中第一张子幻灯片,在"填充"窗格中勾选"隐藏背景图形"复选框,将该版式中的背景图片隐藏,如图 3-59 所示。

h. 再次单击"插入"→"图片"→"本地图片"按钮,插入"纹理 .png"素材文件,并将其调整至如图 3-60 所示的位置。

图 3-56　幻灯片母版背景的设置

图 3-57 幻灯片母版中插入图片

图 3-58 调整图片

图 3-59 编辑子幻灯片

图 3-60　在子幻灯片中插入图片

i. 将光标定位到标题占位文本框中,在"幻灯片母版"选项卡的"字体"按钮下拉列表中设置标题字体样式,如图 3-61 所示。母版制作完成后单击"关闭"按钮退出母版视图。

j. 返回普通视图后,可以发现母版效果已经应用到幻灯片中,单击"开始"→"版式"下拉按钮,可以查看设计的版式效果,如图 3-62 所示。

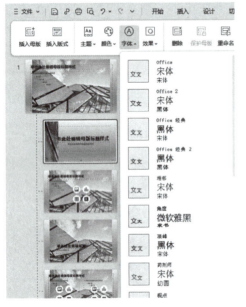

图 3-61　设置字体样式

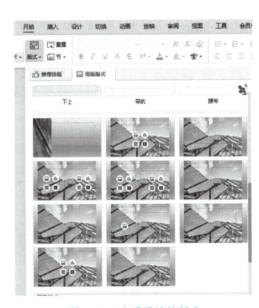

图 3-62　查看设计的版式

k. 母版制作完成后,可以将其保存为模板文件以便日后使用,方法是单击"文件"→"另存为"→"WPS 演示模板文件(*.dpt)"命令。

l. 弹出"另存为"对话框,设置文件名及保存路径,单击"保存"按钮即可。

3.3.2 WPS 演示的高级应用

对于演示文稿制作初学者来说,要想快速设计出既美观又专业的演示文稿是一件比较困难的事,而使用演示文稿的一些高级应用操作,可以大大提高设计效率。

1. 设置对象的动画效果

WPS 演示文稿不仅为用户提供了多种模板,还为用户提供了许多设计新颖且具有个性化设计的动画效果,在用户使用 WPS 演示文稿时可以为文本、图片、图形及表格等对象创造出更加精彩的视觉效果。

(1)为对象设置动画效果

对象的动画效果分为进入动画、强调动画、退出动画和路径动画几类。进入动画即对象出现的动画效果,强调动画即对象在显示过程中的动画效果,退出动画即对象消失的动画效果,而路径动画是指对象按照指定轨迹运动的动画效果。用户可以为对象添加任意一种类型的动画效果,操作方法如下。

① 选中幻灯片中想要设计动画效果的对象(如图片),单击"动画"→"飞入"选项。

② 选中幻灯片中想要设计动画效果的对象(如文本),单击"动画"→"缓慢进入"选项,如图 3-63 所示。

图 3-63 添加动画

③ 设置动画后将自动演示一遍,如果对动画不满意,可以选中该动画,单击"动画窗格"按钮,在右侧的动画窗格列表中选中某个动画后单击"删除"按钮,如图 3-64 所示。

④ 添加动画后,还可以对动画效果进行设置,在动画窗格的动画列表中选中要设置的动画,就可以调整方向、速度等选项了。

(2)为对象添加多个动画效果

可以为同一个对象添加多个动画效果。设置多个动画效果后,在放映幻灯片时,程序会按照动画的排列顺序依次进行播放。添加多个动画效果的方法如下。

图 3-64　删除动画效果

①　在图片中添加了第一个动画效果后,再次选中图片对象,单击"添加效果"按钮。在弹出的动画列表中设置第二个动画效果,如"陀螺旋"。依此类推,添加多个动画效果。

②　对象添加多个动画效果后,可以在动画列表中看到所有的动画效果,选中某个动画效果后,单击下方的"上移"或"下移"按钮可以调整动画播放顺序,如图 3-65 所示。

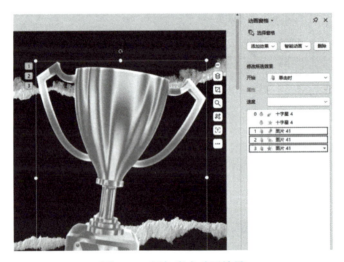

图 3-65　添加多个动画效果

（3）设置自动循环播放动画

动画效果默认设置为播放一遍,并且需要单击鼠标才能播放。对于某些需要自动播放和循环播放的动画效果,操作方法如下。

①　打开素材文件,单击"插入"→"形状"下拉按钮。在打开的形状列表中选择"十字星"形状,如图 3-66 所示。

②　画一个十字星图形,打开"动画窗格",单击"添加效果"按钮。在弹出的动画列表中选择"进入"→"渐变"动画效果,如图 3-67 所示。

图 3-66　插入形状

③ 在动画列表中选中动画,在动画窗格的"开始"下拉列表中选择"在上一动画之后"命令。在"速度"下拉列表中选择"快速"命令,如图 3-68 所示。

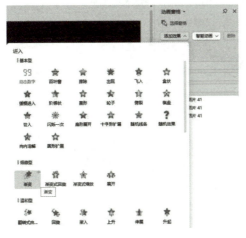

图 3-67　为形状添加动画效果

图 3-68　设置动画

④ 重新选中十字星图形,再次单击"添加效果"按钮,在弹出的动画列表中选择"强调"→"忽明忽暗"动画,如图 3-69 所示。

⑤ 在动画列表中选中第二个动画,单击其后的下拉按钮,在打开的列表中选择"计时"命令,弹出"忽明忽暗"对话框后,在"计时"选项卡中设置"开始"方式为"在上一动画之后"。设置"重复"为"直到幻灯片末尾",如图 3-70 所示。

如需要多颗十字星效果,可按 Ctrl 键的同时拖动图形,十字星复制多个,并调整为不同大小。单击"播放"按钮或者按 F5 键播放幻灯片,即可看到动画效果。

▶ 微视频:
设置对象的动画效果

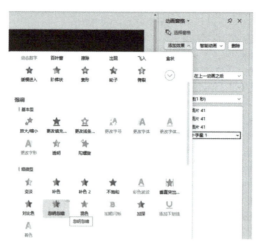

图 3-69   再次添加动画

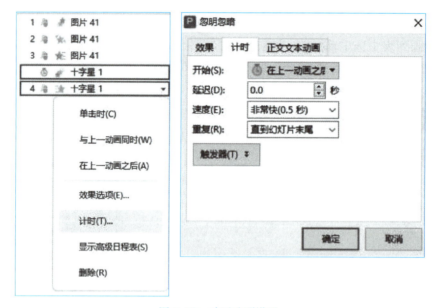

图 3-70   动画选项设置

2. 为幻灯片设置切换效果

幻灯片的切换是指在播放幻灯片时从一张幻灯片消失到另一张幻灯片显示的过程,是屏幕上显示的一种动画效果。在放映幻灯片时,用户可以在"切换"选项卡中设置幻灯片的切换效果。

幻灯片演示中提供了多种切换效果,在选择切换效果前,首先要选中要设置切换效果的幻灯片,然后切换到"切换"选项卡,在切换效果列表框中单击某个效果按钮,如图 3-71 所示。

为幻灯片添加切换效果后,还可以在"幻灯片切换"窗格中对切换效果进行详细设置,下面分别介绍各选项的功能。

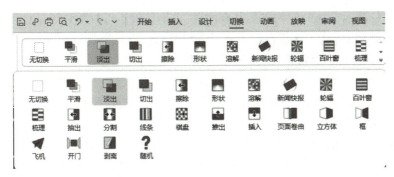

图 3-71　幻灯片的切换效果设置

① 速度:该选项用于设置切换动画的播放速度,其单位为"毫秒",数值越大,动画运行时间越长,运行速度越慢。

② 声音:该选项用于设置幻灯片的切换声音。

③ 单击鼠标时换片:勾选该复选框,则可以通过单击鼠标的方式切换到下一张幻灯片,取消勾选该复选框,则无法通过单击的方式进行切换。

④ 自动换片:勾选该复选框,幻灯片将在播放一定时间后进行自动切换,其播放时间可以在后面的文本框中进行设置,单位为"秒"。

⑤ 应用于所有幻灯片:可以将当前幻灯片所选切换效果及相关设置应用到该演示文稿的所有幻灯片中。

3. 放映幻灯片

放映幻灯片是演示文稿制作的最后环节,一次成功的幻灯片演示与对幻灯片放映的精准配合密不可分,可以说幻灯片的成功放映是演讲者演讲成功的关键因素之一。

(1)设置放映方式

在放映幻灯片前,通常还需要对放映选项进行相关设置。单击"放映"→"放映设置"按钮,即可打开"设置放映方式"对话框,在其中可以对放映方式进行设置,如图3-72所示。

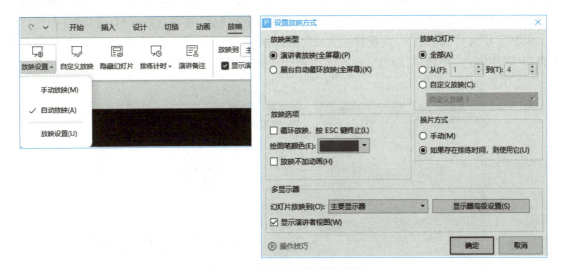

图 3-72　设置幻灯片放映方式

① 放映类型：演示文稿的放映类型共有两种，分别是演讲者放映和展台自动循环放映。

a. 演讲者放映：该方式为常规放映方式，用于演讲者亲自播放演示文稿。对于这种方式，演讲者具有完全的控制权，可以自行切换幻灯片或暂停放映。

b. 展台自动循环放映：该方式是一种自动运行的全屏放映方式，放映结束后将自动重新放映。常见的使用场景如博物馆、公众场合的广播、展台等。观众不能自行切换幻灯片，但可以单击"超链接"或"动作"按钮。

② 设置自定义放映：在"设置放映方式"对话框的"放映幻灯片"选项组中可以选择可放映的幻灯片。默认选择"全部"单选项，即放映所有幻灯片。如果选择"从…到…"单选项，则可以设置只播放某几张连续的幻灯片。如果需要自定义放映幻灯片，则需要进行以下设置。

a. 单击"放映"→"幻灯片放映"按钮。

b. 在弹出的"自定义放映"对话框中单击"新建"按钮，弹出"定义自定义放映"对话框，在"幻灯片放映名称"文本框中输入序列名称。

c. 在下方的幻灯片列表中依次选中要放映的幻灯片，然后单击"添加"按钮添加到右侧的放映列表中。单击"确定"按钮保存。

d. 返回"自定义放映"对话框，可以看到新建的放映序列已经出现在"自定义放映"列表中，单击"关闭"按钮关闭对话框。

e. 重新打开"设置放映方式"对话框，在"放映幻灯片"选项组中选择"自定义放映"单选项。在下方的下拉列表中选择刚才新建的放映序列。单击"确定"按钮即可，如图 3-73、图 3-74 所示。

（2）排练计时

排练计时功能就是在正式放映前用手动控制的方式进行换片，并模拟演讲过程，让程序将手动换片的时间记录下来，此后，就可以按照这个换片时间自动进行放映，无须人为控制。

录制与保存排练计时的方法为：打开演示文稿，单击"放映"→"排练计时"按钮，此时将开始播放幻灯片，同时出现"预演"工具栏，自动记录每张幻灯片的放映时间。用户可以模拟现场演讲放映幻灯片，当放映结束时，会出现信息提示框，单击"是"按钮，即可保存排练时间。

录制了排练计时后，在"设置放映方式"对话框的"换片方式"选项组中选择"如果存在排练时间，则使用它"单选项，即可在放映时按照记录的时间自动播放幻灯片，如图 3-75 所示。

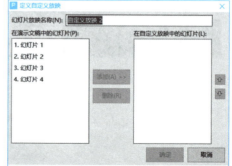

图 3-73　设置自定义放映

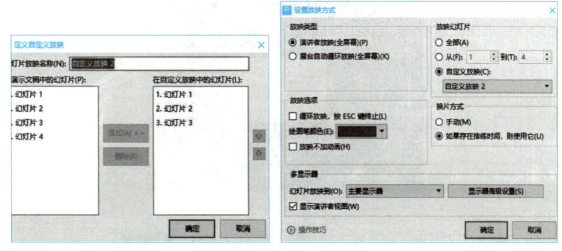

图 3-74　选择自定义放映

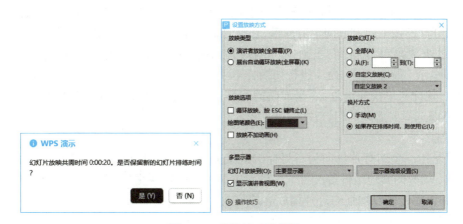

图 3-75　排练计时的设置

（3）演讲者备注的使用

用户在放映幻灯片进行演讲时，常常希望对幻灯片进行一些备注，给予演讲者一些提示的同时又不希望观众在观看幻灯片播放时看到这些备注信息，此时可以使用演讲者备注功能，操作方法如下：

a. 选择要添加备注的幻灯片，单击"放映"→"演讲备注"按钮，弹出"演讲者备注"对话框，在文本框中输入备注信息，单击"确定"按钮。

b. 在放映幻灯片的过程中，如果用户希望查看该幻灯片的备注信息，可以在屏幕中右击。在弹出的快捷菜单中选择"演讲者备注"命令，在弹出的"演讲者备注"对话框中即可看到该幻灯片的备注信息，如图 3-76 所示。

（4）放映演示文稿

连接好播放设备并完成相应设置后即可播放演示文稿。

在演示文稿中切换到"放映"选项卡，单击"从头开始"或"当页开始"按钮即可开始放映。此外，按下 F5 键，即可从头开始放映幻灯片；按 Shift+F5 快捷键，即可从当前幻灯片开始放映。

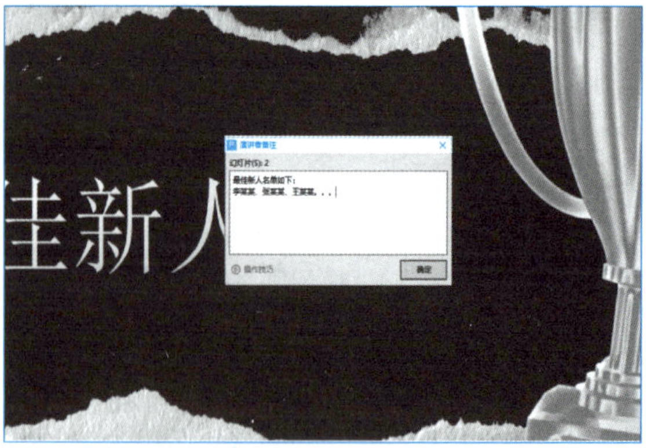

图 3-76　演讲者备注的设置

在放映幻灯片的过程中,用户可以通过以下几种方式对幻灯片进行控制。

① 使用鼠标单击:在屏幕中单击鼠标左键,可以切换到下一张幻灯片。

② 使用键盘控制:按下空格键、Enter 键、向右或向下方向键、N 键、PageDown 键,可以切换到下一张幻灯片。按下向左或向上方向键、P 键、PageUp 键,可以切换到上一张幻灯片。

③ 通过快捷菜单控制:右击放映的幻灯片,在弹出的快捷菜单中选择"上一张""下一张""第一页"或"最后一页"命令进行切换。

④ 通过快捷菜单快速定位:右击放映的幻灯片,在弹出的快捷菜单中选择"定位"→"按标题"命令,可以选择要播放的幻灯片。

4. 超链接

超链接是指一个幻灯片指向另一目标的链接关系,该目标可以是另一个演示文稿、网页、电子邮件地址、WPS 的其他组件等文件。在演示文稿中首先需要根据演示需求构建不同位置的超链接,然后编辑超链接以增强幻灯片播放时的美观性。超链接的操作步骤如下。

(1)指针定位到需要设置超链接的对象之后,单击"插入"→"超链接"按钮,如图 3-77 所示。

(2)打开"插入超链接"对话框,可以选择"原有文件或网页",选择需要链接的文件或者在地址中输入需要链接的网页地址。

(3)也可以选择"本文档中的位置",选择需要链接的幻灯片。

图 3-77　插入超链接

5. 演示文稿的输出与打包

演示文稿制作完成后,可将其以其他形式保存,以便在不同的设备上查看。此外,如果需要在其他计算机上运行包含特殊字体或链接文件的演示文稿,还需要将演示文稿进行打包处理。

（1）将演示文稿输出为 PDF

将演示文稿保存成 PDF 文档后，就无须再用 WPS 演示程序来打开和查看了，而可以使用专门的 PDF 阅读软件，从而便于幻灯片的阅读和传播。转换方法如下：单击"文件"→"输出为 PDF"命令，弹出"输出 PDF 文件"对话框，设置保存路径、输出范围等信息。设置完成后单击"开始输出"按钮，如图 3-78 所示。

图 3-78　将演示文稿输出为 PDF

（2）将演示文稿输出为图片

演示文稿还可以将每张幻灯片输出为独立的图片，这样不但可以在任意设备上浏览，还可以防止重要文字及数据被复制。将演示文稿输出为图片的方法如下：单击"文件"→"输出为图片"命令，弹出"批量输出为图片"对话框，设置图片质量、输出方式、图片格式和保存路径等信息后单击"输出"按钮，稍后提示输出成功。单击"打开文件夹"按钮，在打开的文件夹中即可看到输出的图片文件。

（3）打包演示文稿

若制作的演示文稿中包含链接的数据、特殊字体、视频或音频文件，当在其他计算机中播放该演示文稿时，要想让这些特殊字体正常显示，以及链接的文件正常打开和播放，则需要将演示文稿"打包"后传输才能正常使用。打包方法如下：单击"文件"→"文件打包"→"将演示文档打包成文件夹"命令，弹出"演示文件打包"对话框，设置"文件夹名称"及"位置"，单击"确定"按钮。稍后提示打包完成，单击"打开文件夹"按钮。在打开的文件夹中即可看到打包的文件，将该文件夹整体复制到其他计算机中即可，如图 3-79 所示。

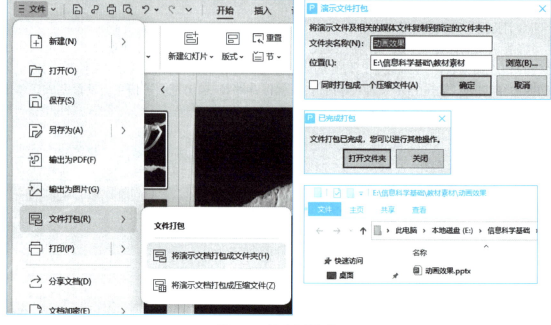

图3-79 演示文稿打包

习 题

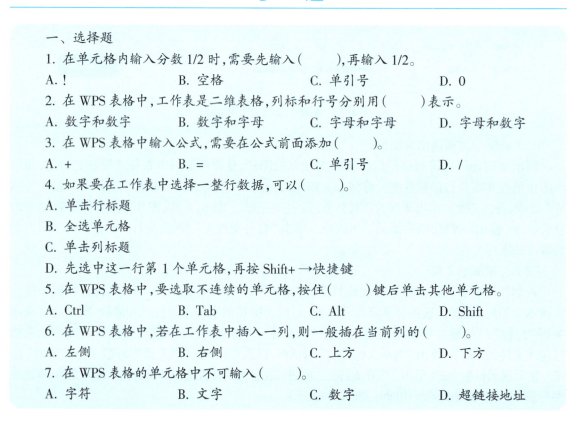

一、选择题

1. 在单元格内输入分数 1/2 时,需要先输入( ),再输入 1/2。

A. !   B. 空格   C. 单引号   D. 0

2. 在 WPS 表格中,工作表是二维表格,列标和行号分别用( )表示。

A. 数字和数字   B. 数字和字母   C. 字母和字母   D. 字母和数字

3. 在 WPS 表格中输入公式,需要在公式前面添加( )。

A. +   B. =   C. 单引号   D. /

4. 如果要在工作表中选择一整行数据,可以( )。

A. 单击行标题

B. 全选单元格

C. 单击列标题

D. 先选中这一行第 1 个单元格,再按 Shift+ →快捷键

5. 在 WPS 表格中,要选取不连续的单元格,按住( )键后单击其他单元格。

A. Ctrl   B. Tab   C. Alt   D. Shift

6. 在 WPS 表格中,若在工作表中插入一列,则一般插在当前列的( )。

A. 左侧   B. 右侧   C. 上方   D. 下方

7. 在 WPS 表格的单元格中不可输入( )。

A. 字符   B. 文字   C. 数字   D. 超链接地址

8. 在 WPS 表格中,自动填充手柄指针的形状为(　　　)。

A. 双箭头　　　　　　B. 黑箭头　　　　　　C. 黑十字　　　　　　D. 白十字

9. 在工作表中输入数据时,单元格中的内容还会在(　　　)中显示。

A. 任务栏　　　　　　B. 标题栏　　　　　　C. 工具栏　　　　　　D. 编辑栏

10. 在单元格中输入公式"=" 我爱 "&"China""后按 Enter 键,显示结果为(　　　)。

A. "我爱" & "China"　　　　　　　　　B. 我爱 China

C. #NAME?　　　　　　　　　　　　　D. 我爱 &China

11. 单元格引用方式包括(　　　)。

A. 混合引用　　　　　B. 绝对引用　　　　　C. 相对引用　　　　　D. 以上三个都是

12. 如果要引用第 8 行的绝对地址,F 列的相对地址,则引用为(　　　)。

A. F$8　　　　　　　B. $F$8　　　　　　C. F8　　　　　　　D. $F8

13. 在下面 4 个选项中,单元格中的公式全部使用了绝对引用的是(　　　)。

A. =F1+F3*5　　　B. =$F$1+$F$3*5　　C. =$F$1+F3*5　　D. =F1+$F$3*5

14. 求最大值的函数是(　　　)。

A. MAX( )　　　　　B. MIN( )　　　　　C. INT( )　　　　　D. SUM( )

15. A3 单元格中的数值为 100,则公式"=A3<=60"的运算结果为(　　　)。

A. TRUE　　　　　　B. FALSE　　　　　C. 正确　　　　　　D. 错误

16. 在单元格 D3 中,求 A3、B3 和 C3 数值的平均值,不正确的形式是(　　　)。

A. =($A$3+$B$3+$C$3)/3　　　　　B. =AVERAGE(A3, C3)

C. =(A3+B3+C3)/3　　　　　　　　D. =AVERAGE(A3:C3)

17. 要快速找出"成绩表"中的"总评成绩"排名前 10 名的学生,需要(　　　)。

A. 对"总评成绩"进行排序　　　　　　B. 使用条件格式进行标注

C. 进行分类汇总　　　　　　　　　　　D. 进行数据透视

18. 在 WPS 表格中,分类汇总的默认汇总方式是(　　　)。

A. 求和　　　　　　　B. 计数　　　　　　C. 求最大值　　　　　D. 求平均值

19. 按某字段进行分类汇总前,必须对该字段进行(　　　)。

A. 有效性检查　　　　B. 排序　　　　　　C. 筛选　　　　　　　D. 求和计算

20. 在利用图表分析数据结果时,要描述比例关系,最好使用(　　　)。

A. 散点图　　　　　　B. 饼图　　　　　　C. 折线图　　　　　　D. 条形图

21. 如果要直观显示数据的变化趋势,应使用(　　　)。

A. 折线图　　　　　　B. 条形图　　　　　C. 柱形图　　　　　　D. 饼图

22. 在 WPS 表格中,生成图表的源数据发生变化后,图表(　　　)。

A. 会发生相应的变化　　　　　　　　　B. 不会发生变化

C. 不一定会发生变化　　　　　　　　　D. 以上都不对

23. 在数据透视表的值区域中,默认的字段汇总方式是(　　　)。

A. 平均值　　　　　　B. 乘积　　　　　　C. 最大值　　　　　　D. 求和

24. 创建的数据透视表可以放在(　　　)。

A. 新工作表中   B. 现有工作表中

C. A和B选项都可   D. 都不可以

25. 在 WPS 表格中,打印工作表之前能看到实际打印效果的操作是(   )。

A. 分页预览   B. 打印预览

C. 仔细观察工作表   D. 按 Esc 键

26. 如果要打印工作表中的行号和列标,应该在"页面设置"对话框中的(   )选项卡中进行设置。

A. 缩放   B. 页边距   C. 工作表   D. 页眉 / 页脚

二、简答题

1. 简述 WPS 文字工作界面各组成部分的名称及作用。

2. 将文档的显示比例放大到 200%,文档中文字的字号变大了吗?文档的显示大小与文字大小有关系吗?

3. 绘制斜线表头的方法有哪些?各自的具体操作方法是怎样的?

4. 如何插入剪贴画和艺术字?

5. 如何保存文档?如何为文档添加打开权限密码?

6. 如何在 WPS 文字中输入特殊符号?

7. 如何在 WPS 文字中进行查找和替换操作?该操作对文本编辑有何促进作用?

8. 如何在 WPS 文字中插入自选图形?插入自选图形后,其四周的标记有什么作用?

9. 如何设置首页和奇偶页不同的页眉和页脚?

10. 什么是样式?样式的作用是什么?如何应用样式?

第 4 章　计算机网络与 Internet 应用

学习目标：

1. 了解计算机网络的定义、体系结构及物理组成。
2. 掌握网络的分类、协议与拓扑结构。
3. 掌握局域网的组建方法。
4. 了解 Internet 的应用及设置方法。
5. 掌握信息检索的方法。
6. 了解云计算和云存储。

课堂思政：

1. 强调网络安全的重要性，引导学生树立正确的网络安全观，自觉遵守网络道德规范，维护网络空间的安全与稳定。
2. 分析网络诈骗、网络谣言等社会问题，提高学生的防范意识和批判性思维能力。
3. 结合计算机网络行业的特点，讲解软件从业人员应具备的职业道德，如诚信、敬业、创新等。
4. 介绍计算机网络领域的前沿技术和未来发展趋势，激发学生的求知欲和探索欲。
5. 鼓励学生敢于创新、勇于探索未知领域，培养创新思维和创新能力。

当今，信息技术高速发展，难以想象一台计算机脱离网络工作，就像当初一台没有安装操作系统的计算机，使用起来非常不方便。计算机网络技术已经渗透到社会的各个领域，积极推动着经济发展。一台联网的计算机就像手机一样，成为人们生活的必备品，给人们的学习、工作和生活带来便利。

本章主要介绍计算机网络的基本概念、局域网的基本概念和组建方法、Internet 的基础与应用、搜索引擎和信息检索方面的知识。

4.1　计算机网络基础

什么是网络？网络是指为了达到某种目标而以某种方式联系或组合在一起的对象或物体的集合，如电视网络、供电网络、邮政系统、人际关系网络等。目前世界上有三大网络，即电信网络、有线电视网络和计算机网络。计算机网络虽然不是用户数最多的网络，但它是最重要的网络，其他两大网络都要依赖计算机网络运转。计算机网络技术研究始于 20 世纪 50 年代，在信息社会中起着举足轻重的作用。如今，计算机网络的发展水平不仅反映一个国家的计算机技术和通信技术的水平，而且是衡量其国力及现代化程度的重要标志之一。

4.1.1　计算机网络概述

何谓计算机网络？计算机网络是指将地理位置分散的具有独立功能的多台计算机，通过通信线路和通信设备连接起来，在网络操作系统、网络管理软件及网络通信协议的管理和协调下，实现资源共享和数据通信的系统。图 4-1 是一个简单的计算机网络示意图,图 4-2 是一个复杂的计算机网络示意图。

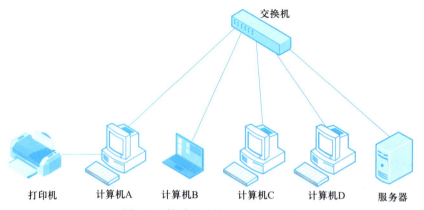

图 4-1   简单的计算机网络示意图

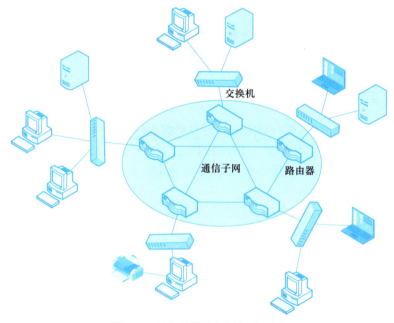

图 4-2   复杂的计算机网络示意图

从技术角度来讲,计算机网络是计算机技术和通信技术结合的产物,是一门涉及多个学科和技术领域的交叉综合性技术,是信息高速公路的重要基础;从组成结构来讲,计算机网络是通过外围设备和连线,将分布在相同或不同地域的多台计算机连接在一起形成的集合;从应用角度来讲,具有独立功能的多台计算机连接在一起,能够实现信息的相互交换,并且共享计算机资源的系统均可称为计算机网络。

计算机网络问世至今已经发展了 70 多年,其间经历了 4 个发展阶段。

(1)面向终端的计算机网络

在计算机问世后的一段时期内,计算机的使用维持在单机运行状态。当时的计算机数量

少、价格昂贵。为使多人同时使用同一台计算机，
20 世纪 50 年代，人们开始进行计算机网络技术
的研究。最初，用一台高性能的计算机作为主机，
多台终端通过通信线路与主机相连，构成简单的
计算机联机系统，如图 4-3 所示，系统中所有数据
处理都由主机完成，终端没有任何处理能力，仅具
有简单的存储、输入输出功能，起到字符输入、结
果显示等作用，这种联机系统被称为主机—终端
系统，或称为面向终端的计算机网络。这一系统
的出现标志着将计算机技术与通信技术结合进行

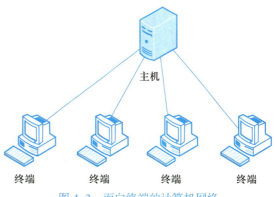

图 4-3   面向终端的计算机网络

研究的开始，美国军方在 1954 年推出的半自动地面防空系统就是这一时期典型的系统。

随着终端数量的增加，系统的矛盾也更加突出。其矛盾主要表现在：作为主机的计算机既
要进行数据处理，又要承担与各终端间的通信，主机负荷加重，实际工作效率下降；同时，主机与
每一台远程终端都用一条专用通信线路连接，线路的利用率较低。这时的联机系统与现代计算
机网络在概念上是不同的。

（2）分组交换式计算机网络

早期的计算机网络采用电路交换方式，电话就是电路交换的典型应用，它的特点是通信前
先拨号建立连接，通信过程中，通信双方一直占用所建立的连接，通话结束后才释放连接。由此
可见，电路交换方式资源的利用率非常低。但计算机数据具有很大的突发性，使用电路交换会导
致网络资源严重浪费。随着计算机数目逐渐增多，联网的需求日益迫切，计算机网络需要使用更
加有效的联网技术，这就导致分组交换的问世。

20 世纪 60 年代美苏处于冷战时期，美国军方要研制一种生存性很强的新型网络，这种网络
要求即使少数结点或链路被摧毁，整个网络仍保持畅通，美国国防部高级研究计划署（Advanced
Research Project Agency）开始建立一个名为 ARPANet 的网络，1968 年开始招标，很快建立起
4 个结点，分布在洛杉矶的加州大学洛杉矶分校、斯坦福研究院、加州大学圣巴巴拉分校、犹他州
大学的 4 台大型计算机。最初，ARPANet 主要是用于军事研究目的，网络必须经受得住核打击
的考验而能维持正常的工作，一旦发生战争，当网络的某一部分因遭受攻击而失去工作能力时，
网络的其他部分应能维持正常的通信工作，这种新型的计算机网络就是采用分组交换技术的计
算机网络。在发送端把要发送的数据分割为较短的等长的数据块，在每个块首部附加上控制信
息，这些数据块被称作分组，然后依次把各分组发送到接收端，在接收端剥去首部，抽出数据部
分，还原成原始数据，如图 4-4 所示。

（3）标准化计算机网络

随着 ARPANet 的问世，后来相继出现了一些网络。大量自行研制的计算机网络的投入运营，
暴露了不少缺乏统一规划而产生的弊端。主要原因是因为各自研制的网络没有统一的网络体系
结构，难以实现互联，这种自成体系的系统称为"封闭"系统。为此，人们迫切希望建立一系列的国
际标准，渴望得到一个"开放"的系统。这也是推动计算机网络走向国际标准化的一个重要因素。

正是出于这种动机，国际标准化组织正式颁布了一个称为开放系统互连参考模型（open
systems interconnection reference model）的国际标准，简称 OSI 参考模型或 OSI/RM。OSI/RM 共

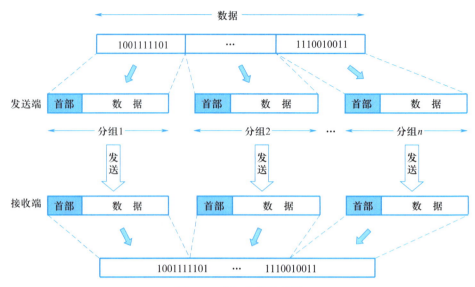

图 4-4　分组交换示意图

有 7 层,因此也称为 OSI 七层模型。OSI/RM 的提出,开创了一个具有统一的网络体系结构、遵循国际标准化协议的计算机网络新时代。

（4）高速和智能化的计算机网络

进入 20 世纪 90 年代,随着计算机网络技术的迅猛发展,人们对计算机网络应用的需求也在日益增长,网络数量与日俱增,网络应用呈多样化发展趋势,局域网技术发展成熟,出现以光纤为通信介质的高速网络。1993 年美国宣布建立国家信息基础设施（National Information Infrastructure, NII）后,全世界许多国家都纷纷制定和建立本国的 NII,从而极大地推动了计算机网络技术的发展,使计算机网络的发展进入一个崭新的阶段,这就是计算机网络高速和智能化的发展阶段。这一阶段的主要特征是:计算机网络化,协同计算能力发展以及 Internet 的盛行。计算机的发展已经完全与网络融为一体,整个网络就像一个对用户透明的大的计算机系统。

近年来,下一代 Internet（next generation Internet, NGI）成为研究热点和应用增长点。NGI 是指由美国政府支持开发的项目,它比现行的 Internet 具有更快的数据传输率、更强的功能、更安全的机制,目标是将连接速率提高至今天 Internet 速率的 100~1 000 倍,突破网络瓶颈的限制,解决交换机、路由器和局域网络之间的兼容问题。

4.1.2　计算机网络的分类

计算机网络从不同的角度可以分为不同的类型,最常见的是按覆盖范围分类,可以分为局域网（local area network, LAN）、城域网（metropolitan area network, MAN）和广域网（wide area network, WAN）。

1. 局域网

局域网是指范围在 10 km 以内的计算机网络,如一个宿舍、一个办公室、一幢楼或一个校园内的计算机网络。一般局域网中的计算机数量从几台到几百台,通常应用于家庭、学校、企业、医院或机关等。

在局域网中,通常有两种组成结构:一种是服务器/客户机结构,一台计算机作为服务器提供资源共享、文件传输、网络安全与管理服务,其他入网的计算机称为客户机或工作站。服务器作为管理整个网络的计算机,一般来说性能较好、运行速度较快、硬盘容量较大,可以是高档计算机或专用的服务器;而客户机作为日常使用的计算机,其配置相对较低。另一种是对等网结构,对等网通常由10台以下的计算机联网组成。这种网络不需要专门的服务器,每台计算机具有双重身份,既是服务器又是客户机,拥有绝对的自主权。对等网是一种经济实用的网络,只需少量投入,并且简单设置后即可享受联网的乐趣,常用于家庭、学生宿舍中。

局域网的主要特点是:规模小,一般在几米到几千米,容易建立和管理;数据传输速率高,传输速率为1 000 Mbps~10 Gbps;数据传输可靠性高,误码率低。

2. 城域网

城域网的覆盖范围在几千米至几十千米,是介于局域网和广域网之间的计算机网络,主要满足城市之间的联网需求,常见于城市范围内或市区与郊县的单位、企业之间或内部的网络互联,可以实现数据、公文、语音和视频的传输。

城域网和局域网相比有以下主要特征:适用于更大的地理范围,从几个楼群到整个城市;建立在中等到较高数据传输速率的信道之上;数据传输误码率可能比局域网高一些。

3. 广域网

广域网的覆盖范围在几十千米至几千千米以上,是一种跨城市、国家或洲际组成的范围宽广的计算机网络。从字面上理解,其覆盖的区域范围比较广,可以是一个或几个城市、省份、国家或大洲等。Internet就是典型的广域网,它是由成千上万的计算机网络互联而成的庞大网络,提供全球范围的公共服务。广域网广泛应用于国民经济的许多方面,例如银行、邮电、铁路系统使用的计算机网络都属于广域网。

与局域网相比,广域网投资大,安全保密性能差,传输速率慢,通常为Mbps量级,误码率较高。

计算机网络还有很多其他分类,如按通信所使用的介质不同,分为有线网络和无线网络;按使用网络的对象不同,分为公众网络和专用网络;按网络传输技术不同,分为广播式网络和点到点式网络等。

4.1.3　计算机网络协议和体系结构

1. 网络协议

网络中的计算机要在数据通信的基础上才能共享资源和传递信息,两台计算机想要相互通信,前提是双方能够互相理解,共同遵守双方都能接受的规则,我们把这些规则的集合称作协议。简言之,协议就是通信双方就如何传输数据所达成的约束或规则。以寄信为例类比,信的内容就是通信数据,信封的格式规定就相当于协议,我们需要写明收信人的邮编、地址和收信人姓名,还要写明寄信人的邮编和地址,否则信就不能寄到想要寄去的地方。一个网络协议主要由以下3个要素组成。

(1)语法:即数据与控制信息的结构或格式。例如,信封的格式由收信人邮编、收信人地址、收信人姓名、寄信人地址和寄信人邮编组成。

(2)语义:即需要发出何种控制信息,完成何种动作以及做出何种应答。例如,邮编必须由6位数字构成。

（3）同步：即事件实现顺序的详细说明。

网络协议是计算机网络不可或缺的组成部分，它相当于人类的语言。人与人之间进行通话交流，必须具有相同的语言，一个不会说英语的中国人和一个不会说汉语的美国人是无法进行语言交流的。同样道理，一个采用某种通信协议的计算机与一个采用另一种通信协议的计算机也无法直接通信。

2. 协议分层

相互通信的两台计算机必须高度协调工作才行，而这种"协调"是相当复杂的。为了设计这样复杂的计算机网络，网络设计者并不是设计一个单一、巨大的协议，为所有的通信规定完整的细节，而是把通信问题划分成不同的层次，然后为各层次设计一个或一些该层的协议。这样就使得每层协议的分析和设计都比较容易实现。

例如，班上两位同学要传递"打饭"这个信息，我们就可以将这次信息交流划分成媒介层、语言层和概念层 3 个层次。媒介层解决用何种媒介传递信息，如说话采用的媒介就是声波，写字采用的媒介就是纸张；语言层解决使用何种语言，是汉语还是英语；概念层用来表示实际通信的信息，在这里就是"打饭"这个概念。由此可以看到，一个复杂抽象的问题就被划分成了 3 个相对简单的小问题，而且每个层次负责的功能是独立的，互不干扰的。

3. 计算机网络体系结构

计算机网络的这种分层结构及每层包含的协议称为计算机网络的体系结构。换种说法，计算机网络的体系结构就是这个计算机网络及其部件所应完成的功能的精确定义。需要强调的是，这些功能究竟是用何种硬件或软件完成的，则是一个遵循这种体系结构实现的问题。体系结构是抽象的，而实现则是具体的，是真正运行的计算机硬件和软件。

4. OSI 参考模型

OSI 参考模型是设计和描述网络通信的基本框架，应用最多的是描述网络环境。"开放"一词的准确含义是指任何两个遵守该模型和有关协议标准的计算机系统均能实现网络互联。它将计算机网络的各个方面分成互相独立的 7 层，从低到高依次是物理层、数据链路层、网络层、传输层、会话层、表示层和应用层，层次结构和各层的功能如图 4-5 所示。

在 OSI 参考模型中，数据传输过程如图 4-6 所示。假设计算机 A 上某个应用程序 AP1 要发送数据给计算机 B 的应用程序 AP2，该程序先将数据交给应用层，应用层在数据上加上应用层报头 H_7，报头包含一些必要的控制信息，形成一个应用层的数据报文，这个过程称作封装。封装完成后应用层将应用层的数据报文交给下面的表示层。表示层接收到应用层送来的数据报文后，在它前面加上表示层控制信息的报头 H_6，形成表示层的数据报文，交给会话层，依此类推，直至数据抵达物理层。物理层直接将数据通过传输介质传送给接收端计算机 B 的物理层。物理层收到数据后传给数据链路层，在数据链路层上，剥去附加的报头 H_2 和报尾 T_2，这一过程称作拆封，然后传给网络层，直到数据到达应用层后剥去应用层报头 H_7，然后

应用层	处理网络应用
表示层	确定数据表示方式
会话层	建立和管理连接
传输层	提供端到端进程间数据传输
网络层	路由和寻址
数据链路层	提供相邻结点间可靠数据传输
物理层	传输比特流

图 4-5　OSI 参考模型及功能

传给应用程序 AP2,整个数据传送过程历经了发送端的从上往下,接收端的从下往上,并不是由 AP1 直接传给 AP2。

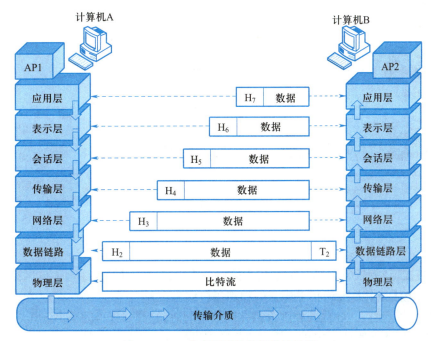

图 4-6 OSI 参考模型的数据传输过程

日常生活中,有很多类似的思想应用在实际问题中,下面以经常见到的邮政系统类比说明该问题。假设身在昆明的同学甲要寄信给北京的同学乙,需要涉及用户、邮局和运输部门 3 个环节。首先,同学甲将写好的信纸装在信封里并填写好信封上的内容,这个过程相当于信纸→信件的第一次封装,接着同学甲把信件投入邮筒,邮局工作人员将信件汇总到昆明邮局,昆明邮局的工作人员经过分拣和整理,将寄往北京的信件装入一个邮包,这个过程相当于信件→邮包的第二次封装,然后昆明邮局将邮包交付给昆明的运输部门,例如昆明铁路局,昆明铁路局的工作人员将来自多个部门的邮包装入一个集装箱,这个过程相当于邮包→集装箱的第三次封装。集装箱通过火车运输到北京铁路局,北京铁路局的工作人员将集装箱分解,取出邮包交给北京邮局,北京邮局的工作人员从邮包中取出信件投递到同学乙的信箱中,最后同学乙收到信件后拆开信封取出信纸阅读信的内容,信从北京铁路局到同学乙手中经历了集装箱→邮包、邮包→信件和信件→信纸三次拆封,整个过程如图 4-7 所示。

5. TCP/IP 协议

虽然 ISO 提出了 OSI 参考模型,但它只是一个理论上的模型,一直未能在市场上应用,反倒是 TCP/IP 获得了实际应用。TCP/IP 协议是 ARPANet 协议簇的核心,后来随着 ARPANet 发展成为 Internet,TCP/IP 也就成了事实上的工业标准。TCP/IP 协议实际上是由以传输控制协议(transmission control protocol, TCP)和网际协议(internet protocol, IP)为核心的许多协议组成的协议集,简称 TCP/IP 协议。TCP/IP 分为 4 层,从低到高依次是网络接口层、网际层、传输层和应用层,如图 4-8 所示。

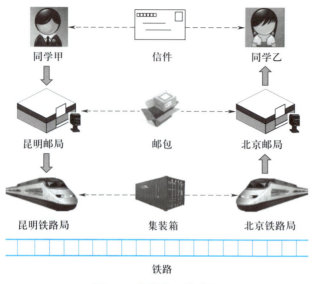

图 4-7   信件的运输过程

图 4-8   TCP/IP

（1）网络接口层：通常包括操作系统中的设备驱动程序和计算机中对应的网络接口卡。它们一起处理与电缆或其他任何传输媒介的物理接口细节。

（2）网际层：也称互联网层，处理分组在网络中的活动，例如分组的路由选择。

（3）传输层：主要为两台主机上的应用程序提供端到端的数据通信。

（4）应用层：负责处理特定的应用程序。

TCP/IP 协议共有 100 多个网络协议，下面介绍每层的重要协议。

（1）网络接口层：使用介质访问协议，如以太网、令牌环、FDDI、X.25、帧中继等，为高层提供传输服务。

（2）网际层：包括 IP 协议（网际协议）、ICMP 协议（Internet 控制报文协议）以及 ARP 协议（地址解析协议）、RARP 协议（反向地址解析协议）。

（3）传输层：TCP（传输控制协议）和 UDP（用户数据报协议）。

（4）应用层：支持文件传输、电子邮件、远程登录和网络管理等其他应用程序的协议。包括 Telnet（远程登录）、FTP（文件传输协议）、HTTP（超文本传输协议）、SMTP（简单邮件传输协议）、SNMP（简单网络管理协议）等。

OSI 参考模型和 TCP/IP 有许多相似之处，都采用了分层结构，都有网络（际）层、传输层和应用层，且功能相当。它们之间的对照关系如图 4-9 所示。

TCP/IP 与 OSI 参考模型相比，划分的层次较少，显得更加简洁，在体系结构里拥有很多协议，得到很好的实现，而且在 Internet 应用实践并取得成功，因此已经成为网络互连的工业标准。

4.1.4   计算机网络的物理组成

计算机网络系统由网络硬件和网络软件两部分组成。在网络系统中，硬件对网络的性能起着决定性的作用，是网络运行的载体；而网络软件则是支持网络运行、提高效率和开发网络资源的工具。

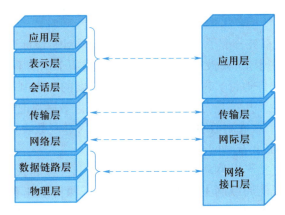

图 4-9　OSI 参考模型和 TCP/IP 对照关系

1. 网络硬件

网络硬件是计算机网络系统的物质基础。组建计算机网络,首先要将计算机及其附属硬件设备与网络中的其他计算机系统连接起来,实现物理连接。不同的计算机网络系统在硬件方面是有差别的。随着计算机技术和网络技术的发展,网络硬件日趋多样化,且功能更强,结构更复杂。常见的网络硬件有计算机、网卡(network interface card, NIC)、调制解调器、传输介质及各种网络互联设备,如集线器(hub)和交换机(switch)等。

（1）计算机

在计算机网络中,计算机按承担的任务,可分为服务器和工作站两种角色。

① 服务器(server)。

网络中为其他计算机提供服务的计算机称为服务器,当其他计算机提出资源服务的请求时,做出相应的响应。根据提供服务的种类,服务器可分为以下几种。

● 用户管理服务器:提供用户管理或身份验证服务。

● 文件服务器:为网络用户提供文件操作和管理服务。

● 数据库服务器:提供网络数据库服务和数据库管理功能。

● 打印服务器:提供网络共享打印及其管理服务。

● 应用服务器:提供各类网络应用服务,如 Web 服务器、FTP 服务器、E-mail 服务器和 DNS 服务器等。

② 工作站(workstation)。

网络中向其他计算机提出服务请求,并使用服务器所提供服务的计算机称为工作站,也称客户机(client)。在网络中,工作站是网络的前端窗口,用户通过它访问网络的共享资源,工作站可以有自己单独的操作系统,能够独立工作。

（2）网卡

网卡又称网络适配器,它是计算机接入网络所必需的硬件。网卡接在计算机的扩展插槽(如 PCI 插槽),传输介质(如网线)又连接在网卡的接口上。网卡的基本功能如下:

① 实现工作站与局域网传输介质之间的物理连接和电信号匹配,接收和执行工作站与服务器送来的各种控制命令,实现物理层的功能。

② 实现局域网数据链路层的一部分功能,包括网络存取控制,信息帧的发送与接收,差错

校验等。

每一块网卡在出厂时都被分配了一个全球唯一的地址标识,该标识被称为网卡地址或 MAC 地址,网卡地址被固化在网卡上,并被局域网的数据链路层用于识别不同的物理结点(即寻址),故又被称为物理地址或硬件地址。网卡地址由 48 bit 长度的二进制数组成,其中,前 24 bit 表示生产厂商,后 24 bit 为生产厂商所分配的产品流水号。为书写和记忆方便,往往采用 12 位的十六进制数表示,前 6 位十六进制数表示厂商,后 6 位十六进制数表示该厂商网卡产品的流水号。可以使用命令 ipconfig/all 查看网卡地址。

网卡的性能和质量直接影响网络运行性能,正确选用、连接和设置网卡,是局域网组网的基本前提和必要条件。目前局域网主要使用以太网卡,按照传输速率,以太网卡分为 10 Mbps(位/秒,bit per second)网卡、100 Mbps 网卡、1 000 Mbps 网卡和 10 Gbps 网卡等。按照总线类型,网卡可分为 PCI 网卡、PCI-E 网卡等。按照所支持的传输介质,网卡可分为双绞线网卡、粗缆网卡、细缆网卡、光纤网卡和无线网卡等。图 4-10 是一些网卡的实物图。

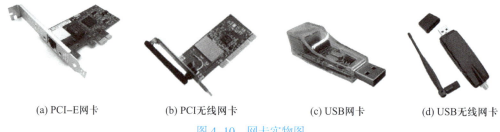

| (a) PCI-E网卡 | (b) PCI无线网卡 | (c) USB网卡 | (d) USB无线网卡 |

图 4-10　网卡实物图

（3）传输介质

传输介质泛指计算机网络中用于连接各个计算机的物理媒体,特指用来连接各个通信处理设备的物理介质,是网络通信的物质基础之一。传输介质可分为有线介质和无线介质,有线介质将信号约束在一个物理导体之内,如双绞线、同轴电缆和光纤等,故又被称作有界介质;无线介质如无线电波、红外线、微波等,由于不能将信号约束在某个空间范围之内,故又被称为无界介质。

① 双绞线。

双绞线(twisted pair)是局域网中普遍使用的传输介质。双绞线分为屏蔽双绞线(shielded TP, STP)和非屏蔽双绞线(unshielded TP, UTP),如图 4-11 所示。双绞线由若干(通常为 4)对线芯组成,每对线芯互相绞合在一起,以抵消相邻线对之间的电磁干扰。双绞线易于安装,价格低廉,传输速率范围为 100 Mbps~10 Gbps。目前最常使用的是 6 类双绞线,6 类双绞线信号的最远传输距离达到 100 m 左右,适用于传输速率高于 1 000 Mbps 的应用。

② 光纤。

光纤是光导纤维的简称。它是基于光的全反射原理制造的光传输介质。光纤的传输距离远,因为光信号的损耗或衰减非常小,信号可传输数千米到数十千米的距离;传输质量高,不受电磁干扰和内外噪声的影响,能在长距离、高速率的传输中保持非常低的误码率,保密性能强;数据传输速率高,能够高达几吉比特每秒(Gbps)到几十个吉比特每秒(Gbps)数量级。图 4-12 是一根制作好的光纤跳线。

(a) 非屏蔽双绞线

(b) 屏蔽双绞线

图 4-11　双绞线实物图

图 4-12　光纤

但光纤的成本高,且连接比较复杂,用于长距离的数据传输和网络主干线路。

③ 无线传输介质。

无线传输介质不需要使用有形的传输介质,直接在空间进行电磁波的发送与接收。无线传输介质常见有无线电波、微波、红外线和激光。电磁波按照频率从低到高排列,依次是无线电波、微波、红外线、可见光、紫外线等,如图 4-13 所示。

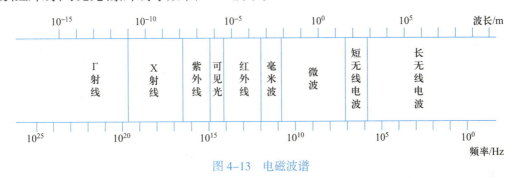

图 4-13　电磁波谱

无线电波很容易产生,可以传播很远,很容易穿过建筑物,因此被广泛用于通信。不论是室内还是室外,无线电波全方向传播,也就是说它能从源向任意方向传播,因此其发射和接收装置不必在物理上进行很准确的对准。常用的无线网络技术有:

IEEE 802.11 无线局域网(wireless LAN, WLAN):工作频率为 2.4 GHz 或 5 GHz,数据传输率可高达 1 000 Mbps。

蓝牙(blue-tooth)技术:工作频率为 2.4 GHz,但其传输距离在 10 m 以内,数据传输速率为 1~24 Mbps。

微波是频率在 100 MHz 以上的电磁波,微波是沿直线传播的,因此可以集中于一点。

红外线广泛用于短距离通信,电视、录像机使用的遥控装置都利用了红外线装置。红外线不能穿透坚固的墙壁,这意味着一间房屋里的红外系统不会对其他房间里的系统产生串扰。

（4）网络互连设备

为了将多台计算机连接成网络,除了使用传输介质外,还会使用集线器、交换机、路由器和调制解调器等网络互连设备。

① 集线器(hub)。

采用铜导体的传输介质,由于电阻的原因会产生热量,电信号在传输过程中能量会衰减,因此传输介质都有最长传输距离,5 类双绞线的最长传输距离为 100 m。当信号衰减到接收计算机无法识别时，就需要中继器（repeater）对信号进行整形再生，以扩大网络的传输距离。中继器只有两个端口，是一种单进单出的结构，集线器可以看作是多端口的中继器。

集线器是网络中常见的互连设备之一，工作在 OSI 参考模型中的第一层（物理层），用来对通信设备进行物理连接。集线器把多台计算机或设备连接在一起，它作为中心结点，构成一个星形网络。传输数据时，集线器将从一个端口接收的数据向所有端口转发，因此集线器连接的网络是一个广播式网络，目前已被交换机取代。集线器接口数通常有 8 口、12 口、16 口、24 口等几种，如图 4-14 所示。

(a) 16口集线器　　　　　　　　　　　　　　(b) 24口集线器

图 4-14　集线器实物图

② 交换机（switch）。

交换机是网络中最重要的互连设备之一，工作在 OSI 参考模型中的第二层（数据链路层），在外形上它跟集线器非常相似，但工作原理截然不同。当交换机加电时，它有一个自学习的过程，会向所有端口广播一个特殊的帧，连接在端口上的计算机或设备收到广播帧后将自己的 MAC 地址回送给交换机，然后交换机根据接收到的信息将 MAC 地址与交换机的端口号对应起来，形成一张 MAC 地址和端口号的对照表，称作 MAC 地址表。由于交换机中有 MAC 地址表，因此它能够将数据送往指定的端口，而其他端口可以继续向另外的端口传送数据，从而避免了集线器网络中同时只能有一对端口工作的限制。此外，很多交换机带有网管功能，用户可通过网管软件对交换机进行配置，实现划分虚网、访问控制等功能。交换机接口数通常有 8 口、12 口、16 口、24 口等几种，如图 4-15 所示。

(a) 16口交换机　　　　　　　　　　　　　　(b) 24口交换机

图 4-15　交换机实物图

集线器和交换机虽然外形非常相似，但工作方式相差很大（图 4-16）。集线器采用广播的方式传输数据，它将从一个端口接收的数据向所有端口转发。交换机采用交换技术传输数据，由于 MAC 地址表的存在，交换机能将收到的数据发送到指定端口。

如图 4-16 所示，对于相同结构的一个网络，PC1 发送数据给 PC4。若中心结点采用集线器，集线器会把 PC1 发来的数据转发给 PC2、PC3 和 PC4。如果中心结点采用交换机，交换机会生成如表 4-1 所示的一张 MAC 地址表，然后交换机只会将数据发送给连接 PC4 的端口。

③ 路由器（router）。

路由器工作在 OSI 参考模型中的第三层（网络层），用于连接多个逻辑上分开的网络，经常使用在大型校园网和企业网中。逻辑网络是指一个单独的网络或一个子网。当数据从一个子网

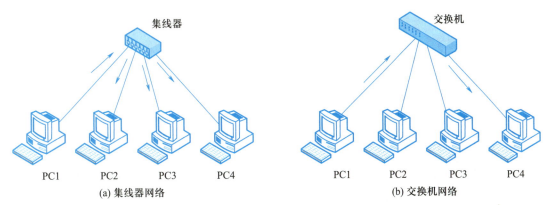

图 4-16 集线器网络和交换机网络

表 4-1 MAC 地址表

MAC 地址	端口号	MAC 地址	端口号
PC1 的 MAC 地址	1	PC3 的 MAC 地址	3
PC2 的 MAC 地址	2	PC4 的 MAC 地址	4

传输到另一个子网时,可通过路由器来完成。路由选择是通过路由选择算法确定到达目的地址(目的端的网络地址)的最佳路径,路由选择实现的方法是路由器通过路由选择算法,建立并维护一张路由表。路由表是路由器内部保存的一个数据表,路由器在数据库表维护着有关结点地址和网络状态等信息。路由器具有判断网络地址和选择数据传输路由的功能,它能在多网络互连环境中建立灵活的连接,可用完全不同的数据分组和介质访问方法连接各种子网。路由器实物见图 4-17。

图 4-17 路由器实物图

路由器可以将不同类型、不同规模的网络连接起来,例如,将多个机房的局域网连接在路由器上,再将路由器与 Internet 相连,这样机房里的计算机就能接入 Internet,如图 4-18 所示。

④ 调制解调器(Modem)。

Modem 其实是 Modulator(调制器)与 Demodulator(解调器)的简称,用两个英文单词的词头组成,译成中文就是"调制解调器"。Modem 的主要功能就是将计算机中的数字信号转换成能在电话线上传输的模拟信号或将电话线上传输的模拟信号转换成计算机中的数字信号。根据 Modem 的形态和安装方式,可以分为内置式 Modem 和外置式 Modem,见图 4-19。内置式 Modem 在安装时需要拆开机箱,占用主板上的扩展槽,安装较为烦琐,但无须额外的电源与电

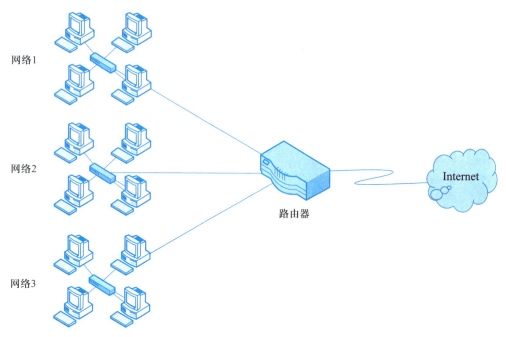

图 4-18　计算机网络通过路由器接入 Internet

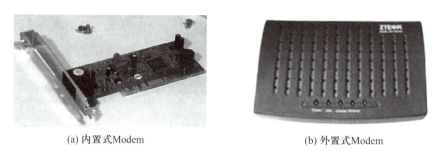

(a) 内置式Modem　　　　　　　(b) 外置式Modem

图 4-19　Modem 实物图

缆;外置式 Modem 放置于机箱外,方便灵巧,易于安装,闪烁的指示灯便于监视 Modem 的工作状况,通过接口与计算机连接,但需要使用额外的电源与电缆。根据其接入 Internet 的方式,又可以分为 ADSL(asymmetric digital subscriber line,非对称数字用户环路)Modem、Cable Modem 和光纤 Modem。

2. 网络软件

网络软件是负责实现数据在网络硬件之间通过传输介质进行传输的软件系统,包括网络操作系统、网络协议和网络应用软件等。

(1)网络操作系统

网络操作系统是指具有网络管理功能的操作系统,除了具备单机操作系统的基本功能之外,它还能管理网络中的所有资源,方便有效地共享网络资源,为网络用户提供各种服务软件并管理网络用户。常见的网络操作系统有 Windows Server 家族(如 Windows 2000 Server、Windows 2003 Server)、UNIX、Linux 和 NetWare。

（2）网络协议

网络协议保证通信双方数据的传输,很多网络厂家都制定了各自的网络协议,最著名的 Internet 采用的就是 TCP/IP 协议,此外还有 IBM 公司的 NetBIOS、Microsoft 公司的 NetBEUI 等。

（3）网络应用软件

网络应用软件是能够与服务器进行通信,直接为用户提供网络服务的软件。用户需要网络提供一些专门服务时,需要使用相应的网络应用软件。例如,要浏览网页,可使用浏览器;要聊天或即时通信,可使用 QQ 等软件;要收发电子邮件、阅读或粘贴网络新闻,可使用 Outlook Express 或 Foxmail 等软件;要上传或下载文件,可使用迅雷或 FlashGet 等软件;要参加网络会议,可使用 NetMeeting 等软件。随着网络应用的普及,将会有越来越多的网络应用软件为用户带来方便,这些软件也必将推动网络的发展。

4.1.5　计算机网络的拓扑结构

拓扑结构来源于拓扑学(topology),从英文音译而来。拓扑学是数学中一个重要的、基础性的分支。它最初是几何学的一个分支,主要研究几何图形在连续变形下保持不变的性质,现在已成为研究连续性现象的重要数学分支。所谓"拓扑",就是把实体抽象成点,把实体间的连接抽象成线。在计算机网络中,把计算机和网络设备抽象成点,把连接这些设备的通信线路抽象成线,计算机网络就抽象成点和线之间关系的图,这种连接形式被称为计算机网络拓扑结构。计算机网络的拓扑结构描述了各结点之间的连接关系,对计算机网络的规划、建设和性能都非常重要,就像在盖一幢大楼之前,首先要设计这座大楼的建筑施工图,在规划一个网络前,首先要画出这个网络的拓扑结构图。

常见的计算机网络拓扑结构有总线型、星形、环形、树形和网状,如图 4-20 所示。

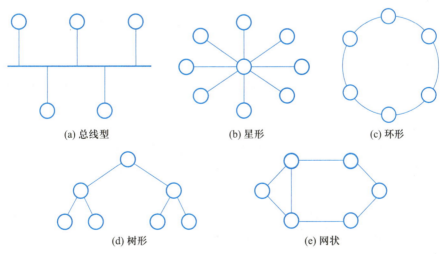

图 4-20　常见的计算机网络拓扑结构

1. 总线型结构

总线型拓扑采用一种传输媒体作为公用信道,所有结点都通过相应的硬件接口直接连接到这一公共传输媒介上,该公共传输媒介即称为总线。任何一个结点发送的信号都沿着传输媒介传播,而且能被所有其他结点接收,是一种广播式的网络。由于所有结点共享一条公用的传输信道,因此一次只能由一个结点占用信道进行传输。总线两端为终端匹配器,用来吸收到达端头的反射信号。著名的以太网(Ethernet)就是总线网的典型实例。

总线型结构的优点:结构简单;有较高的可靠性;易于扩充,结点接入比较灵活。

总线型结构的缺点:总线的传输距离有限,通信范围受到限制;当某个结点发生故障时,将影响全网,且诊断和隔离较困难;一次仅能由一个结点发送数据,其他结点必须等待,直到获得发送权。

2. 星形结构

星形拓扑中存在一个中心结点,其他结点通过通信线路与中心结点相连接,形成一种辐射型形状。

星形结构的优点:结构简单,易于实现和管理;故障诊断和隔离容易,中心结点可方便地对各个结点提供服务和网络重新配置。

星形结构的缺点:成本较高,因为每个结点都要和中心结点直接连接,需要耗费大量的电缆,使得安装、维护工作量骤增;中心结点的负荷较重,形成信息传输速率的瓶颈;中心结点的可靠性要求较高,中心结点一旦发生故障,整个网络就将瘫痪。

3. 环形结构

环形拓扑是由结点和连接结点的链路组成的一个闭合环,可以看成是首尾相连的总线型。在传输数据时,按照事先定义好的一个方向顺着环路逐个结点传输。发送端传输数据,下一个结点接收后沿环传输到再下一个结点,绕行一周后,数据回到发送端,由该发送端将数据删除。IBM 公司的令牌环网(Token Ring)就是典型的环形结构。

环形结构的优点:结构简单,易于实现;成本低,环形拓扑网络所需的电缆长度和总线型拓扑网络相近,但比星形拓扑网络短得多;可使用光纤,光纤的传输速率很高,十分适合环形拓扑的单方向传输。

环形结构的缺点:任何一个结点故障都会引起全网故障,因为环上的数据传输要通过连接在环上的每一个结点;故障检测困难,这与总线型结构相似,需在各个结点进行诊断和隔离。

4. 树形结构

树形拓扑是从星形拓扑演变而来的,是一种层次结构,形状像一棵倒置的树,顶端是根结点,衍射出多个分支连接子结点,每个分支还可再带分支。根结点接收各结点发送的数据,然后再广播发送到全网。

树形结构的优点:易于扩展,这种结构可以延伸出很多结点和子分支,这些新结点和新分支都能很容易地加入网内;故障隔离较容易,如果某一分支的结点或线路发生故障,很容易将故障分支与整个系统隔离开来。

树形结构缺点:各个结点对根的依赖性太大,如果根发生故障,则全网不能正常工作;从这一点来看,树形拓扑结构的可靠性类似于星形拓扑结构。

5. 网状结构

网状结构拓扑中结点之间的连接是任意的,与其他拓扑结构相比,每个结点都可以有多条线路与其他结点相连,任意两个结点间就可能有多条路径。传输数据时可以灵活选择空闲的路径或者避开有故障的路径。因此,网状拓扑结构的网络资源利用率较高,可靠性也较高。目前广域网基本上都采用网状结构。

网状拓扑结构的优点：不受瓶颈问题和失效问题影响，可靠性高。

网状拓扑结构的缺点：结构和协议复杂，成本也比较高。

4.2　局域网的组建与管理

作为信息技术基础的计算机网络是当今世界上最为活跃的计算机技术之一，局域网技术是目前计算机网络研究的一个热点领域，也是发展最快、应用最灵活的领域之一。目前局域网的使用已相当普遍，广泛应用于一个校园、一座办公大楼或一个企业内。

4.2.1　局域网简介

1. 局域网发展史

局域网的发展始于 20 世纪 70 年代，随着计算机硬件技术的发展和个人计算机的普及，人们有了在个人计算机之间共享资源的需求，这种需求推动了局域网的诞生和发展。1972 年，美国加州大学研制了 NEWHALL 环网。

20 世纪 80 年代，计算机性能和通信技术得到了进一步的发展，局域网技术也随之迅速发展和完善。美国 DEC、Intel 和 Xerox 三家公司联合推出了 Ethernet Ⅱ。

20 世纪 90 年代，局域网进入一个更加高速发展的时代，在速度、带宽方面有了巨大的提升，在服务、管理和安全方面取得了进一步的完善，千兆网和万兆网已经进入主流应用。

2. 局域网的特点

局域网和广域网相比，有其自身的特点，主要体现在以下几个方面。

（1）局域网的覆盖范围小，通常在一栋大楼或一个有限区域范围内部。

（2）局域网拥有较高的内部数据传输速率。目前局域网的传输速率有 100 Mbps、1 000 Mbps甚至 10 000 Mbps，比广域网的传输速率要高得多。

（3）局域网一般为一个单位所拥有。这就意味着局域网是要专门布线连接的。一个单位可以根据自身需要选择相应的建网技术，同时也要自己负责网络的管理和维护。

（4）局域网有较低的时延和较低的误码率。由于局域网采用专线连接，其信息传输就可以避免广域网传输中信号经过多次交换而产生的时延和干扰，这样信息在传输时就具备较低的时延和较低的误码率。

3. 局域网类型

目前，常用的局域网有以太网和无线局域网两种类型。

（1）以太网

以太是物理学中的名词，过去人们曾经认为光和电磁波在空间的传播是"以太"在起作用（以太是一种看不见、摸不着的神秘物质）。以太网是借助无源通信介质连接的网络，借助"以太"这个名称，起名为 Ethernet。以太网是在已有的局域网标准中最成功的局域网技术，也是当前应用最广泛的一种局域网。

以太网最早来源于 Xerox 公司。1973 年，第一个以太网连接了 100 多个工作站，使用同轴电缆作为传输介质。1982 年，Xerox、DEC 和 Intel 公司推出了 Ethernet Ⅱ。表 4-2 所示是以太网的发展历程。

表 4-2　以太网的发展历程

阶段	时间	特征
1	1973—1982 年	以太网的产生与 DIX 联盟
2	1982—1990 年	10 Mbps 以太网发展成熟
3	1983—1997 年	LAN 桥接与交换
4	1992—1997 年	快速以太网
5	1996—2002 年	千兆以太网
6	2003 至今	万兆以太网

（2）无线局域网

无线局域网（wireless local area network，WLAN）指采用无线传输介质的局域网。有线网络所存在的使用限制使 WLAN 应用走上前台，在某些特殊地理环境下，人们无法顺利完成布线，如具有空旷场地的建筑物内；具有复杂周围环境的制造业工厂、货物仓库内；机场、车站、码头、股票交易场所等一些用户频繁移动的公共场所内；缺少网络电缆而又不能在墙上钻孔布线的历史建筑物内等。此时无线网络就能大显身手。

4.2.2　局域网的组建和使用

下面将以一实例阐述一个简单局域网的组建，以及文件夹共享和打印机共享的设置，实现计算机之间的资源共享。

例 4-1　假设某学生宿舍有 6 台计算机和 1 台打印机，计算机上安装的都是 Windows 10 操作系统，现将这些设备组建成一个局域网。

1. 规划网络

因为 6 台计算机无主次之分，每台计算机都能独立工作，我们可以组建成对等网。局域网根据其工作模式可分为对等结构和客户机 / 服务器结构。对等结构中，网络中的所有计算机都具有同等地位，没有主次之分，任何一台计算机所拥有的资源都能作为网络资源，可被其他计算机上的网络用户共享，这种局域网称为对等网。在客户机 / 服务器结构中，网络中至少有一台计算机充当服务器，为整个网络提供共享资源和服务，客户机提出服务请求，由服务器提供服务并响应客户机提出的服务请求，这样的网络也称为客户机 / 服务器网络。网络拓扑采用星形结构，如图 4-21 所示。

2. 安装硬件

（1）硬件准备

- 6 台计算机。
- 6 块 PCI（或 PCI-E）接口的 1 000 Mbps 网卡。
- 1 台打印机。
- 1 台 8 端口的交换机。

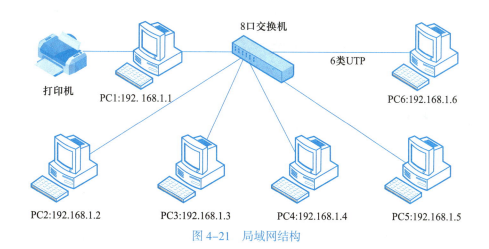

图 4-21　局域网结构

● 6 根超 5 类或 6 类非屏蔽双绞线（UTP）。

（2）安装要点

① 网卡的安装。

先将 1 000 Mbps 网卡插入计算机的 PCI（或 PCI-E）总线插槽内，固定即可。如果网卡是"即插即用"的，Windows 10 操作系统会自动安装网卡的驱动程序。如果主板是集成网卡的主板，可省略网卡的安装。

② 双绞线的制作。

双绞线可以直接购买制作好的。如果要自己制作，需要 RJ-45 接口（俗称水晶头）和压线钳。一根 6 类非屏蔽双绞线的两端都要压制水晶头，一端连接在计算机的网卡接口上，另一端连接在交换机的端口上。用于连接计算机和交换机的双绞线采用直连线，按照 EIA/TIA 568B 标准，双绞线内 8 根线芯从左到右的排列顺序如表 4-3 所示。

表 4-3　**EIA/TIA 568B** 标准

1	2	3	4	5	6	7	8
白橙	橙	白绿	蓝	白蓝	绿	白棕	棕

3. 安装和配置协议

网卡驱动程序安装后会创建一个网络连接，连接名称默认为"本地连接"。

（1）右击桌面上的"网络"图标，在弹出的快捷菜单中选择"属性"命令，在打开的窗口左侧单击"更改适配器设置"链接，打开如图 4-22 所示"网络连接"窗口。

（2）右击"以太网"图标，在弹出的快捷菜单中选择"属性"命令，弹出如图 4-23 所示"以太网 属性"对话框。

在该对话框的"此连接使用下列项目："列表框内需要列出"Microsoft 网络客户端""Microsoft 网络的文件和打印机共享"和"Internet 协议版本 4（TCP/IPv4）"3 个组件，若缺少某个组件，可以单击"安装"按钮安装所需组件。

图 4-22　"网络连接"窗口

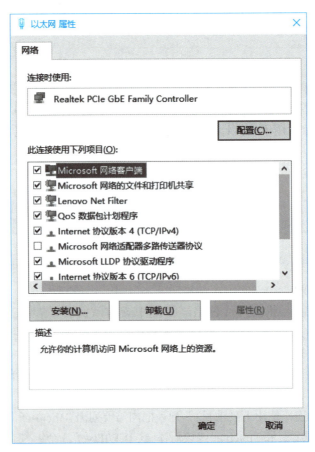

图 4-23　"以太网 属性"对话框

（3）选择"Internet 协议版本 4（TCP/IPv4）"选项，单击"属性"按钮，弹出如图 4-24 所示的"Internet 协议版本 4（TCP/IPv4）属性"对话框，单击"使用下面的 IP 地址"单选按钮，以配置计算机 PC1 为例，在"IP 地址"处输入"192.168.1.1"，"子网掩码"处输入"255.255.255.0"。IP 地址是计算机在网络中的唯一标识，就像每个人都有一个身份证号码一样。以"192"开头的 IP 地址是 C 类地址，如果多台计算机 IP 地址的前 3 个数字相同，表示这些计算机就在同一个网络或子网中。有关 IP 地址的概念在 4.3 节详细介绍。

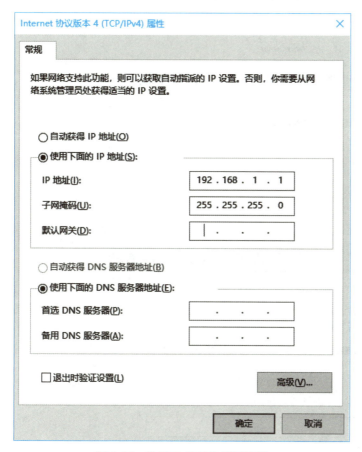

微视频：
设置计算机的
IP 地址

图 4-24　设置 IP 地址和子网掩码

4. 设置计算机名和工作组

"工作组"是一种基本的逻辑分组模型，它的作用是帮助用户在该组内快速寻找共享文件夹和共享打印机等资源，具有相同工作组名的计算机即在同组内。对等网是基于工作组方式工作的，对网络用户来说，"工作组"是一种方便快速的网络管理模式。"工作组"不需要创建，具有相同工作组名称的计算机在同一个工作组内。

（1）右击桌面上的"此电脑"图标，在弹出的快捷菜单中单击"属性"命令，然后在打开的"系统"窗口中单击左侧"高级系统设置"链接，打开如图 4-25 所示"系统属性"对话框。

（2）在"系统属性"对话框中单击"计算机名"选项卡，可以查看当前计算机的名称和工作组。单击"更改"按钮，弹出如图 4-26 所示对话框，可以输入新的计算机名和工作组名。

图 4-25   "系统属性"对话框

微视频：
设置计算机名
和工作组

图 4-26   更改计算机名和工作组

5. 测试连通性

在以上步骤完成后,设置共享资源之前,检测网络是否连通十分必要。ping 命令是个使用频率极高的实用网络命令,测试网络是否连通,用于确定本机是否能与另一台计算机交换数据。根据返回的信息,可以推断 TCP/IP 协议是否设置正确以及运行是否正常。命令格式为

ping　目标计算机的 IP 地址或计算机名

如在本例中,PC1 的 IP 地址为“192.168.1.1”,计算机名为“PC1”,在 PC1 上操作,单击“开始”→“Windows 系统”→“运行”命令,弹出“运行”对话框,输入命令“cmd”,单击“确定”按钮,进入命令提示符状态。常用的测试命令及功能如表 4-4 所示。

表 4-4　网络测试命令及功能

命令	功能
ping 127.0.0.1	测试本机网络设置
ping 192.168.1.1	测试本机网络设置
ping PC1	测试本机网络设置
ping 192.168.1.2	测试本机与 192.168.1.2 是否连通
ping PC3	测试本机与 PC3 是否连通

先检测本机的网络设置是否正确,再检测与目的计算机是否连通。如果返回如图 4-27 所示信息,则代表设置正确,本机和目的计算机可以连通。

微视频:

使用 ping 命令
测试连通性

图 4-27　测试连通性成功

ping 命令默认向目的计算机发送 4 条 32 字节的带应答的测试数据包,若目的计算机收到测试数据包会回送应答数据包,如果响应时间低于 400 ms 为正常,超过 400 ms 则较慢。

如果返回图 4-28 所示信息,则意味着本机和目的计算机未连通,习惯称为 ping 不通。

如果目的计算机 ping 不通,原因可能是:网线是否正确连接、TCP/IP 设置是否配置正确、IP 地址是否可用等;如果能够 ping 通但网络服务无法使用,那么问题可能出在网络的软件配置方面。

图 4-28 测试连通性失败

6. 共享文件夹

对等网中的每台计算机都可以将本机上的文件共享出来，提供给其他计算机访问使用。文件不能单独设置共享，需将要共享的文件存放至一个文件夹中，再设置文件夹的共享。如在 PC1 上将 D：盘根目录下的"软件"文件夹设置为共享，操作步骤如下：

（1）打开 D：盘，右击"软件"文件夹，在弹出的快捷菜单中单击"授予访问权限"→"特定用户"命令，打开"网络访问"窗口。

（2）在窗口中单击下拉按钮，选中"Everyone"组选项后单击"添加"按钮，使其出现在下面的列表框中，单击"Everyone"组"权限级别"的下拉按钮，可以设置"读取"或"读取／写入"的权限，然后单击"共享"按钮，如图 4-29 所示。

微视频：
设置文件夹的共享

图 4-29 "网络访问"窗口

若要从其他计算机上访问 PC1 上的共享文件夹,如 PC2 访问 PC1 的共享文件夹,在 PC2 上进行操作,可以使用以下两种方法。

(1)使用"网络"

双击桌面上的"网络"图标,打开"网络"窗口,如图 4-30 所示,在该窗口下可以看到和本机处于同一个工作组的计算机,双击某一计算机图标,可以查看该计算机上的共享资源。

(2)使用 IP 地址直接访问

单击"开始"→"Windows 系统"→"运行"命令,弹出如图 4-31 所示"运行"对话框,输入命令"\\192.168.1.1",单击"确定"按钮,打开 PC1 的共享资源窗口,窗口中列出 PC1 上的所有共享资源,如图 4-32 所示。

图 4-30　"网络"窗口

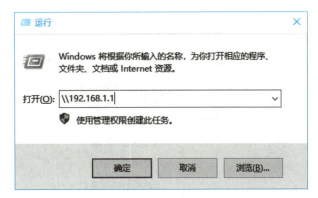

图 4-31　"运行"对话框

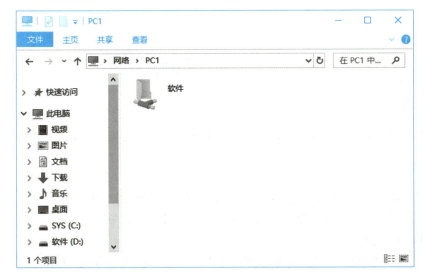

图 4-32　PC1 上的共享资源

微视频:

访问共享资源

7. 映射网络驱动器

如果网络用户频繁访问其他计算机上的共享文件夹,则可以把该共享文件夹映射成一个网络驱动器,以后就可以在"此电脑"或"文件资源管理器"看到该网络驱动器,像使用 C: 盘一样快速访问共享文件夹。例如,将 PC1 上的共享文件夹"软件"映射成 PC2 的 M: 盘,操作步骤如下。

（1）在 PC2 上单击"开始"→"Windows 系统"→"运行"命令,弹出"运行"对话框,输入命令"\\192.168.1.1",单击"确定"按钮,打开 PC1 的共享资源窗口。

（2）右击"软件"共享文件夹,在弹出的快捷菜单中选择"映射网络驱动器"命令,在打开的对话框中的"驱动器"列表框中选择"M:"选项,如图 4-33 所示。

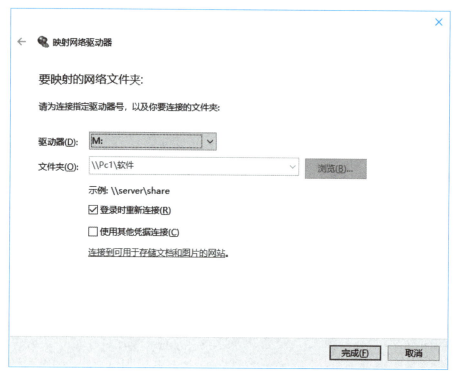

图 4-33　"映射网络驱动器"对话框

（3）打开"文件资源管理器"窗口,可以看到 M: 盘,如图 4-34 所示,双击 M: 盘就能访问共享文件夹内的内容。

8. 远程桌面

使用远程桌面连接,可以从一台计算机访问控制另一台计算机。例如,用户在 PC1 计算机上可以使用 PC2 计算机所有的程序、文件及网络资源,就像坐在 PC2 计算机前一样。

（1）在被连接的计算机 PC2 上进行设置

右击桌面上的"此电脑"图标,在弹出的快捷菜单中选择"属性"命令,在打开的"系统"窗口中单击左侧的"远程设置"链接,在弹出的"系统属性"对话框中的"远程"选项卡中选中"允许远程连接到此计算机"单选按钮,如图 4-35 所示。

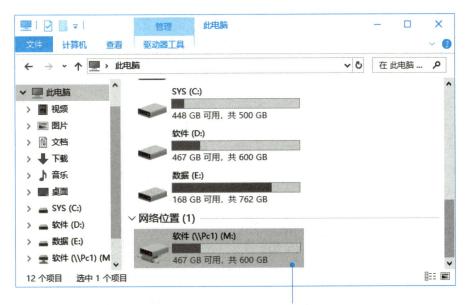

网络驱动器

图 4-34   "文件资源管理器"窗口下的 M：盘

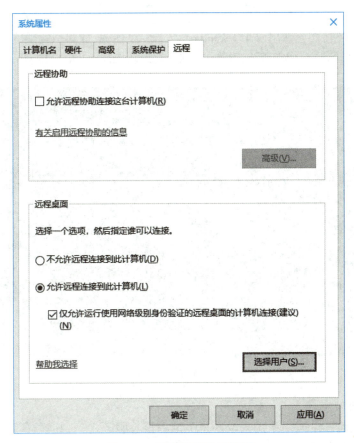

图 4-35   "系统属性"对话框

（2）在连接的计算机 PC1 上进行设置

单击"开始"→"Windows 附件"→"远程桌面连接"命令，在弹出的"远程桌面连接"对话框中输入需要连接的计算机的 IP 地址，如 PC2 的 IP 地址"192.168.1.2"，如图 4–36 所示。

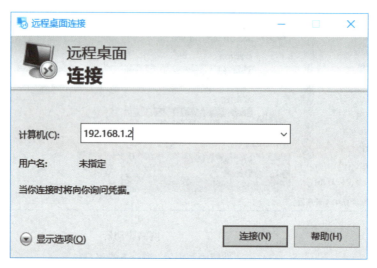

图 4–36　"远程桌面连接"对话框

单击"连接"按钮后，会弹出一个"Windows 安全"对话框，此时只需输入被连接计算机上的用户名和密码，单击"确定"按钮后就看到 PC2 计算机的桌面，如图 4–37 所示。

图 4–37　远程计算机的桌面

9. 共享打印机

网络打印对任何一个网络系统来说都是关键的核心服务之一，共享打印机也是共享网络资源重要的内容。本书中，打印机连接在 PC1 上，并已安装好打印机的驱动程序。

（1）PC1 上的设置

单击"开始"→"设置"命令,在打开的"设置"窗口中单击"设备和打印机"链接,打开"设备和打印机"窗口,右击要共享的打印机图标,在弹出的快捷菜单中单击"打印机属性"命令,在弹出的对话框中的"共享"选项卡中选中"共享这台打印机"复选框,就可将该打印机设置为共享,如图 4-38 所示。

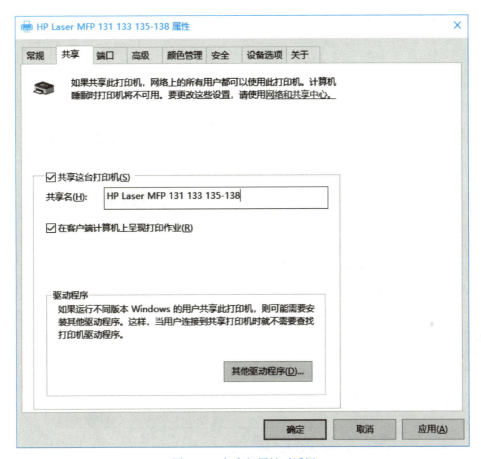

图 4-38　打印机属性对话框

（2）其他计算机上的设置

网络中的其他计算机要使用共享打印机,必须先通过"添加打印机"操作将网络打印机添加到该计算机的打印机列表中,以后就可以直接使用这台打印机进行打印,好像这台打印机就安装在自己的计算机上。操作步骤如下。

① 单击"开始"→"设置"命令,在打开的"设置"窗口中单击"设备和打印机"链接,在打开的"设备和打印机"窗口中单击上方的"添加打印机"按钮,弹出"添加打印机向导"的第 1 个对话框,如图 4-39 所示。

② 单击"我所需的打印机未列出"链接,弹出"添加打印机向导"的第 2 个对话框,如图 4-40 所示。

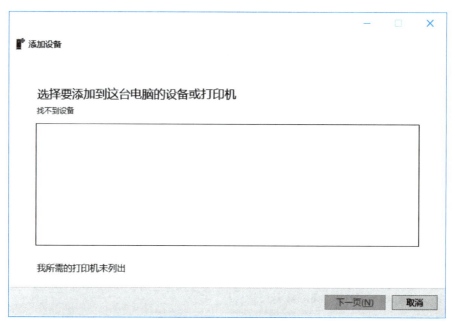

图 4-39   使用打印机向导

图 4-40   选择网络打印机

③ 单击"按名称选择共享打印机"选项,单击"浏览"按钮,找到网络打印机的位置,单击
"下一步"按钮,弹出"添加打印机向导"的第 3 个对话框,为这台打印机输入名称,某些程序不
支持长字符名称,可以输入一个字符数较短的名称,如图 4-41 所示。

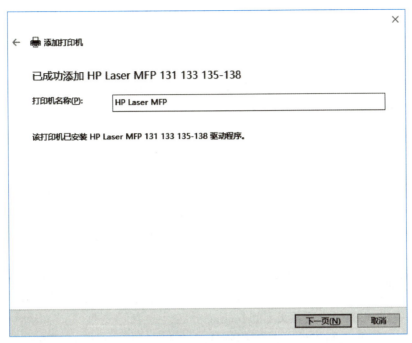

图 4-41 命名打印机

④ 单击"下一步"按钮,弹出"添加打印机向导"的第 4 个对话框,可以单击"打印测试页"按钮进行测试,也可以单击"完成"按钮完成设置,如图 4-42 所示。

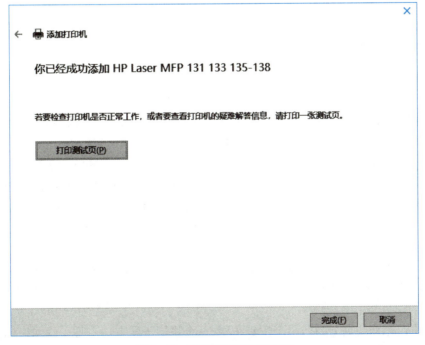

图 4-42 完成添加打印机向导

4.3   Internet 基础

Internet 指互联网或因特网,现今对于人们来说已经家喻户晓,人人皆知。然而什么是 Internet 呢? 不妨简单地说,Internet 是由成千上万不同类型、不同规模的计算机网络组成的覆盖世界范围的巨型网络。

4.3.1   Internet 的发展历程

本章开始时讲述了 Internet 起源于 20 世纪 60 年代末美国国防部高级研究计划署所建的 ARPANet。出于军事保密方面的原因,ARPANet 也仅限于军事研究,未能向社会开放。

20 世纪 80 年代中期,美国国家科学基金会(NSF)出资,利用 ARPANet 发展出来的 TCP/IP 协议建立起名为 NSFNet(National Science Foundation Network)的网络,使 Internet 的用途从军事转入学术研究领域。

20 世纪 90 年代,工商界开始出资加入 NSFNet,NSFNet 向客户提供 Internet 联网服务,Internet 进入商业化。1995 年 4 月 30 日,美国国家科学基金会正式宣布 NSFNet 停止运行,Internet 的商业化彻底完成,形成了今天意义上的 Internet。

我国于 1994 年通过国内四大骨干网正式连入 Internet,从而开通了 Internet 的全功能服务。2004 年我国国家顶级域名 cn 服务器的 IPv6 地址成功登录到全球域名根服务器,表明我国国家域名系统进入下一代互联网。2008 年我国网民数量达到 2.53 亿,超过美国跃居世界第一位;网民中宽带接入比例为 84%,规模为世界第一;cn 域名注册量达 1 218.8 万,成为全球第一大国家顶级域名。截至 2023 年 6 月,我国网民规模达 10.79 亿人,互联网普及率达 76.4%。

4.3.2   Internet 的相关概念

1. IP 地址

Internet 中有成千上万台计算机,为了能在众多的计算机中准确地找到自己,TCP/IP 协议使用 IP 地址来唯一标识一台计算机,如同使用身份证号码唯一标识每个人一样。在 Internet 中要访问一台计算机,就必须知道这台计算机的 IP 地址。TCP/IP 协议有 TCP/IPv4 和 TCP/IPv6 两种版本,目前广泛使用的是 TCP/IPv4 版本,其 IP 地址由 4 字节 32 位二进制组成,TCP/IPv6 版本的 IP 地址由 16 字节 128 位二进制组成,为表述简便,以下介绍的 IP 地址均指 TCP/IPv4 版本的 IP 地址。为了便于人们记忆,通常使用"点分十进制"法来表示 IP 地址,即将每个字节的二进制转换成十进制,字节与字节之间用圆点"."分隔。与网卡的物理地址相比,IP 地址是非固化的逻辑地址,用户可在计算机上设置。

例 4–2   某台计算机二进制形式的 IP 地址为 11000000 10101000 11010011 01100100。点分十进制的形式为 192.168.211.100。

2. 子网的划分与子网掩码

TCP/IP 协议把网络划分为若干个逻辑子网,每个逻辑子网有一个唯一的网络标识。网络标识用于确定计算机属于哪一个逻辑子网。

（1）网络标识、主机标识和网络地址

IP 地址是一种有结构的地址,分为网络标识和主机标识两部分。将二进制形式的 IP 地址从中间的某一位分开,左边部分称为网络标识,右边部分称为主机标识。在 IP 地址中保留网络标识,将主机标识部分全部置为 0,得到的地址为网络地址;而保留网络标识,将主机标识全部置为 1 得到的地址为该子网中的广播地址。主机标识也可称为主机地址。特别注意:IP 地址的主机标识不能全为 0,此情形被视为网络地址;也不能全为 1,此情形被视为本网络的广播地址。

例 4–3   若子网的网络标识规定为 24 位,给出网络中某计算机的 IP 地址,可以从 IP 地址中求出网络地址。

IP 地址:11000000 10101000 11010011 01101001

左边 24 位为网络标识   余下 8 位为主机标识

网络地址:11000000 10101000 11010011 00000000

如果写成"点分十进制"形式分别如下:

IP 地址: 192.168.211.105

网络地址:192.168.211.0

主机标识:105

由此可得出结论:IP 地址 = 网络地址 + 主机标识

主机标识的状态数决定了子网中可容纳的计算机数,从上面的例子中还可以看出此网络中的主机标识的取值只能是 00000001~11111110,十进制就是 1~254,即此网络中最多只能容纳 254 台计算机。

（2）子网掩码

那么如何表示 IP 地址中的前几位是网络标识呢?这就靠子网掩码来分隔了,所以在设置 IP 地址的同时也要设置子网掩码。子网掩码用来标明 IP 地址中左边的多少位为网络标识,和 IP 地址一样,它也是一个 4 字节的二进制,其中与 IP 地址的网络标识对应的位全为 1,与主机标识对应的位全为 0。子网掩码也可以表示为"点分十进制"形式。

例 4–4   若网络标识为 24 位,则子网掩码为 11111111 11111111 11111111 00000000,"点分十进制"形式就是 255.255.255.0。

例 4–5   若某计算机的 IP 地址为 172.16.56.130,网络标识规定为 25 位,试求出子网掩码、网络地址、主机标识和该子网中主机标识的取值范围。

解决此问题首先要把 IP 地址转成二进制形式,然后根据定义很容易得出各项的值。所以:

IP 地址: 10101100   00010000   00111000   10000010

子网掩码:11111111   11111111   11111111   10000000

网络地址:10101100   00010000   00111000   10000000

主机标识: 0000010

该子网中主机标识的取值范围是:0000001~1111110

转成"点分十进制"形式是:

IP 地址: 172.16.56.130

子网掩码：255.255.255.128

网络地址：172.16.56.128

主机标识：2

该子网中主机标识的取值范围是：1~126

从上面的计算过程可以看出，若网络标识的位数不是整字节位 8 的倍数，必须在二进制形式下才能计算出 IP 地址中的网络标识、主机标识和网络地址。

为了方便在"点分十进制"下的记忆和计算，经常采用整字节的二进制码作为网络标识，即采用 1 字节、2 字节或 3 字节的网络标识。这样子网掩码分别是 255.0.0.0、255.255.0.0 和 255.255.255.0，而 IP 地址中与子网掩码的 255 对应的小节部分就是网络标识，与 0 对应的小节就是主机标识，将主机标识的小节置为 0 就是网络地址。

例 4-6　若 IP 地址为 202.160.98.69，采用 3 字节网络标识，则子网掩码应是 255.255.255.0，主机标识是 69，所属网络的网络地址是 202.160.98.0。

若 IP 地址为 120.200.35.254，采用 1 字节网络标识，则子网掩码是 255.0.0.0，主机标识是 200.35.254，所属网络的网络地址是 120.0.0.0。

至此，关于 IP 地址和子网划分给出以下几点小结：

① IP 地址是网络中计算机的唯一标识，IP 地址由网络标识和主机标识两部分组成。

② TCP/IP 协议是根据子网掩码来分隔 IP 地址中的网络标识和主机标识，以便从 IP 地址中计算出网络地址。

③ 网络地址相同的计算机属于同一个逻辑子网；反之，则属于不同的逻辑子网。

④ 同一逻辑子网中的计算机的主机标识不能相同，主机标识不能全为 0 或全为 1。

⑤ 同一逻辑子网中可容纳的计算机数取决于子网中主机标识的状态数。

3. 不同子网间的通信规则

在 TCP/IP 网络中，同一子网中的计算机之间可以直接通信；不同子网间的计算机不能直接通信，必须经过 IP 路由器转发。所以 IP 路由器是 TCP/IP 网络中子网间的互联设备。

4. IP 地址的分类

本地局域网若不与 Internet 连接，可以自己规划网络标识的位数、网络标识以及网络中各计算机的 IP 地址。若计算机是 Internet 中的主机，须遵守 Internet 关于 IP 地址的一些约定。

Internet 中 IP 地址的主管部门是 Internet 网络信息中心（Internet NIC），它负责提供注册服务，实际上它仅指定网络地址，主机地址则由主机所在网络的管理者指定。Internet NIC 根据 IP 地址把网络分为 A、B、C、D、E 五类，Internet 中的主机通常使用 A、B、C 三类。D、E 为特殊保留类。A、B、C 类网络的网络标识位数及 IP 地址的规定如表 4-5 所示。

表 4-5　IP 地址类型

类别	网络标识位数	子网掩码	IP 地址的首字节范围	IP 地址/子网掩码示例
A 类	1 字节	255.0.0.0	1~126	120.200.6.7/255.0.0.0
B 类	2 字节	255.255.0.0	128~191	129.0.0.1/255.255.0.0
C 类	3 字节	255.255.255.0	192~223	192.168.20.1/255.255.255.0

注意：IP 地址的首字节 127 保留为测试使用，如 127.0.0.1 代表本机。

5. 域名（domain name）

由于 IP 地址不易记忆，即使有"点分十进制"的形式，也难以记忆。从人的记忆特性来说，记名称要比记数字牢靠，因此 Internet 中采用域名来标识计算机。

（1）域名结构

域名系统的结构是由多棵树组成的森林结构，树中的每一个结点都有一个名称，即域名，根结点是顶级域名，叶结点是主机名，如图 4-43 所示。

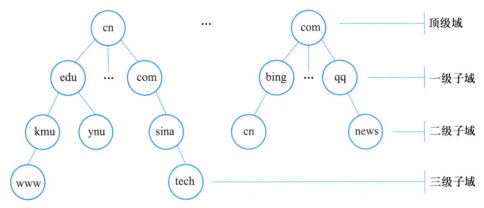

图 4-43　域名系统结构示意图

域名间用圆点（.）分隔，一台主机的完整域名就是从叶结点到根结点的路径上各个结点域名的序列。例如，域名 www.kmu.edu.cn 理解为主机名为 www，二级子域名为 kmu，一级子域名为 edu，顶层域名为 cn。

（2）顶级域名

顶级域名的命名由 Internet NIC 管理，它分为两类：一类表示国家或地区，由两个字符组成；另一类是表示组织性质，由 3 个或 3 个以上字符组成，表 4-6 展示了部分顶级域名。

表 4-6　部分顶级域名

域名	含义	域名	含义	域名	含义
com	商业机构	firm	公司企业	cn	中国
edu	教育机构	store	销售公司	us	美国
net	网络机构	Web	WWW 活动机构	gb	英国
gov	政府部门	arts	文化艺术部门	jp	日本
mil	军事部门	rec	消遣娱乐部门	de	德国
org	其他组织机构	info	信息服务机构	fr	法国
int	国际机构	nom	个人		

（3）域名系统服务器

Internet 中访问计算机归根结底是使用 IP 地址访问，为了使用域名也能访问计算机，就需要使用域名系统（domain name system，DNS）服务器。DNS 服务器专门负责对域名进行解析。DNS 服务器的数据库中存放主机域名与其 IP 地址的对照表，用户要访问的主机域名会先送到 DNS 服务器解析，DNS 服务器查出其 IP 地址返回给用户计算机，用户计算机再使用这个 IP 地址去访问相应的主机。在 DNS 服务器中，IP 地址与域名的对照关系是一对多，即一个 IP 地址可以有多个域名与之对应，而一个域名最多只能有一个 IP 地址与之对应。

（4）统一资源定位器

Internet 中用统一资源定位器（uniform resource locator，URL）对网络资源进行编址供用户访问。URL 主要由资源类型、主机域名、路径 / 文件名三部组成。

例如：

http://detail.zol.com.cn/digital_camera/canon/index268785.shtm

资源类型　　主机域名　　　　　　路径　　　　　　　文件名

关于资源类型的说明如下：

http 表示超文本传输协议，用于访问一个 Web 站点；

ftp 表示文件传送协议，用于访问一个文件传输服务站点；

file 表示访问一个共享文件服务器。

6. IP 地址的获取方式

加入网络中的计算机，必须设置该计算机的 IP 地址、子网掩码、默认网关和 DNS 服务器地址等，默认网关是本子网中与其他网络互联的一台路由器的 IP 地址。IP 地址的获取方式有手动设置和自动获取两种。手动设置就是 IP 地址及其他值由用户固定给出，计算机每次开机后都使用这个地址。自动获取是在网络中放置一台动态主机配置协议（dynamic host configuration protocol，DHCP）服务器，当用户的计算机启动后自动向该服务器申请租用一个 IP 地址及配置其他值，租用到期后再重新租用，计算机每次启动后所获得的 IP 地址有可能是不同的。

4.3.3　Internet 的应用

1. WWW

WWW 是英文 World Wide Web 的缩写，也称万维网，比较流行的简称有 3W、W3、Web 等。WWW 是 Internet 上最为广泛的一种应用。这种方式下把信息用超文本标记语言进行描述构成超文本（hypertext），超文本文档可以包含文字、图片、声音、影片等各种丰富的元素，发布在 Web 服务器即 Web 站点上；用户通过超文本传输协议（hypertext transfer protocol，HTTP）访问 Web 服务器；Web 服务器把用户请求的超文本文档发送给用户；用户通过本机的浏览器软件将超文本文档显示成页面，这样用户就看到了 Web 服务器所发布的信息。

由 WWW 发展起来的面向 Web 的软件开发与应用是近年软件工程发展的一个主流。它把应用程序放置在 Web 服务器端，并可配合数据库服务器管理数据。这样 Web 服务器端在程序的控制下能够更灵活地产生用户需要的页面文档发送给用户，也能接收用户端送来的信息及请求并根据用户的请求做出相应的响应。这种方式下，用户端不须购买或安装应用程序，而使用浏览器即可。

2. 电子邮件（E-mail）

电子邮件也是 Internet 上最广泛的应用之一，现今已在很大程度上取代传统邮件成为人们传递信函的主要手段。

电子邮件的运行机理是在 Internet 中设置电子邮件服务器，用户可以向这些服务器申请邮件地址，申请成功后会获得邮件地址和密码，利用自己的邮件地址和密码登录邮件服务器后就可以收发邮件了。此外，用户的密码等个人资料还可由自己更改管理。邮件发送方发送的邮件保存在接收方地址所在的邮件服务器上，接收方登录所在的邮件服务器后就可接收自己的邮件了。

在 Internet 上几乎所有大型网站都提供电子邮件服务，此外一些学校、企业等的园区网站也提供电子邮件服务，其中有的是免费服务，也有一些提供大容量或更高保障功能的收费服务。

比起传统邮寄方式，使用电子邮件有以下显著特点：

（1）快速，低成本。接收方在弹指间就可收到发送方的邮件，可以做到收发免费。

（2）不受地址限制。不论在全球任何地方，只要能连上 Internet 就能收发电子邮件。

（3）可传送多种媒体信息。可传送文本、声音、图片、视频等各类数据。

（4）一信多发。一份邮件可填写多个接收方的邮箱地址，同时发送给多方。

（5）可自动发送。可由程序控制自动回复、定时发送或按条件发送，这对电子商务等业务来说非常实用。

（6）只能传递信息，不能传递实物。这一点是不能取代传统邮递的。

3. 文件传送协议（FTP）

通过 FTP 在 Internet 上建立 FTP 服务器，用户可以从 FTP 站点快速下载各种各样的文件。

4. 文献检索

在 Internet 上有很多汇集大量有用文献的站点，例如 IEEE、ACM、万方数据库、维普中国科技期刊数据库以及各种期刊报刊网络版等。Internet 用户通过一定的方法从这些集合中检索出所需的相关文献等资料。

4.3.4　Internet 的接入设置

Internet 的接入是指将计算机或网络接入到 Internet，使其能享受 Internet 的应用服务。ISP（Internet service provider，Internet 服务供应商）是负责 Internet 接入的机构，在我国主要的 ISP 有电信、移动和网通等经营商，它们提供对个人和对团体的接入。Internet 的接入技术主要有非对称数字用户环路（asymmetrical digital subscriber line，ADSL）接入、光纤接入和无线接入等。下面介绍几种常用的接入方法及相关设置。

1. RJ-45 信息模块已连接到户的情况

这种情况出现在办公室、宾馆、宿舍等场所。在这些场所由网络管理部门组建了一个局域网，该局域网已通过路由器及专线等方式连入了 Internet，而房间里的 RJ-45 信息模块是供用户计算机接入该局域网的接口，这种网络的布局如图 4-44 所示。

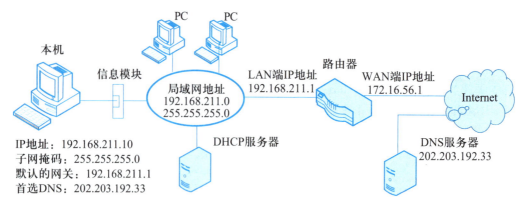

图 4-44   计算机接入局域网结构及 IP 属性设置示意图

图 4-44 中, 用户计算机只需一根两端为 RJ-45 接口的双绞线, 用来连接网卡和信息模块, 然后再设置一下本机的 TCP/IP 连接属性, 就可接入该局域网了。按照 4.2 节的方法打开 "Internet 协议版本 4 (TCP/IPv4)属性" 对话框, 如图 4-45 所示。

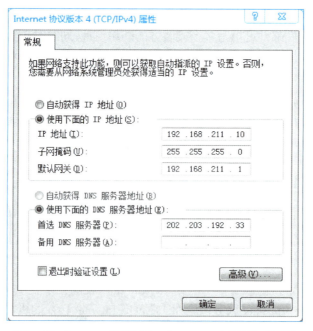

图 4-45   "Internet 协议版本 4 (TCP/IPv4)属性" 对话框

如果局域网中有 DHCP 服务器, 可采用自动获取 IP 地址, 只需选中上方的 "自动获得 IP 地址" 单选按钮和下方的 "自动获得 DNS 服务器地址" 单选按钮, 单击 "确定" 按钮即可。如果是采用手动设置 IP 地址, 则应选中 "使用下面的 IP 地址" 和 "使用下面的 DNS 服务器地址" 两个单选按钮, 并依次输入如图 4-45 所示各项的值。

提示: 如果采用自动获取 IP 地址, 可以在命令提示符窗口中输入执行命令 ipconfig/all 查看本机的 TCP/IP 设置情况。

2. ADSL 接入

ADSL 接入是一种使用公用电话网和电话线接入 Internet 的技术,是目前家庭接入 Internet 的主流技术,俗称"宽带网"。该技术利用点对点协议(point to point protocol over ethernet, PPPoE)建立"点对点"接入。采用这种方式先要向 ISP 申请一个上网账号、一台 ADSL Modem 和一条由 ISP 经营的电话线。线路及设备的连接如图 4-46 所示。

图 4-46　个人计算机的 ADSL 接入示意图

3. 光纤接入

光纤接入技术使用光纤为传输介质,由 ISP 的骨干网连接到 Internet,用户通过光纤 Modem 连接到 ISP 组建的光网络。和其他技术相比,光纤接入的带宽高、抗干扰性强,不受强电和雷电 的影响,目前大城市已逐步升级为光网络,光纤接入将取代 ADSL 接入成为 Internet 接入的主流 技术。

4. 无线接入

如果办公室或家中有多台计算机需要上网,还有带无线网卡的笔记本计算机、智能手机等 移动设备都需要接入 Internet,这时就可以组建一个如图 4-47 所示的无线局域网。

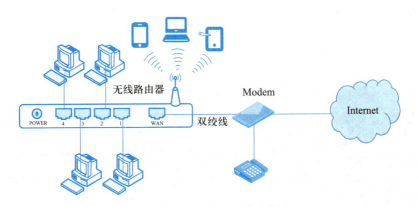

图 4-47　无线接入连接示意图

组建无线局域网的关键是配置无线路由器,具体配置步骤可以参看各厂家的无线路由器的 使用说明书,下面以 TP-LINK 厂家的无线路由器为例,简述其主要的设置参数和设置方法。

无线路由器实质上是一台路由器与一台交换机的集成体。交换机用于组建本地局域网。 路由器上称为 LAN 口的一端已与交换机内连;而称为 WAN 口的另一端位于接口面板上,用于 连接上层接入网,如信息模块或 Modem。其外部接口面板如图 4-48 所示。

图 4-48 中,无线路由器外部接口面板说明如下。

● WAN 口用双绞线连接上层网络或 Modem;

图 4-48 无线路由器外部接口面板示意图

- LAN 口的 1~4 口用双绞线连接局域网中的有线网卡计算机；
- 无线功能天线用于连接局域网中装有无线网卡的计算机或手机等移动终端；
- POWER 用于接电源；
- RESET 孔内有复位按钮，按住它再通电 5 s 后松开可将路由器的参数设置恢复到出厂时的状态。此功能在忘记登录密码时最有用。

　　一台计算机连接到无线路由器的 LAN 口上，登录后方能对其进行设置。首先在路由器的说明书上查得该路由器出厂时的 IP 地址为 192.168.1.1，子网掩码为 255.255.255.0，登录名为 admin，登录密码为 admin。因此把一台计算机接入 1~4 之一的 LAN 口，将计算机的 IP 地址设在该子网中，例如，IP 地址设为 192.168.1.2，子网掩码设为 255.255.255.0。然后在浏览器的地址栏输入 http://192.168.1.1，确认后进入路由器登录页面，在登录页面输入用户名 admin 和密码 admin 后，就能打开配置页面。在配置页面的左边有如图 4-49 所示的各功能配置选项，以下仅介绍其中 3 项重要的配置项，其他项的设置可沿用出厂时的默认配置或参看产品说明书。

图 4-49 路由器配置功能页面

（1）网络参数

在"网络参数"中主要进行 LAN 口设置和 WAN 口设置。在"LAN 口设置"中可以设置路由器的 LAN 端口的 IP 地址和子网掩码，如图 4-50 所示。

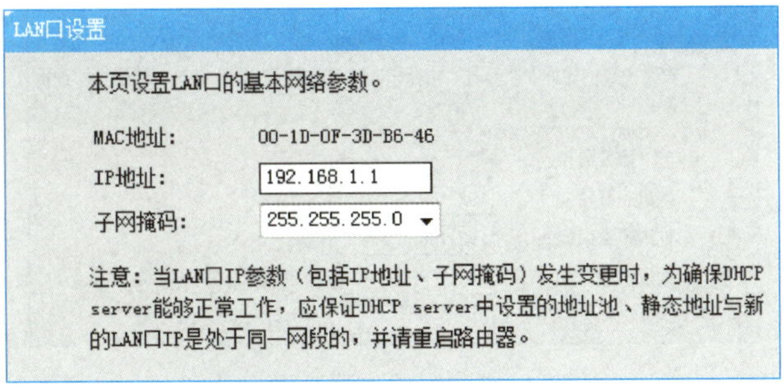

图 4-50　LAN 口设置

在"WAN 口设置"中可以设置 WAN 口连接类型，若 WAN 口连接的是 Modem，则选择 PPPoE 选项，接着设置从 ISP 获取的上网账号和密码，这样路由器每次启动时会自动拨号连接，如图 4-51 所示。

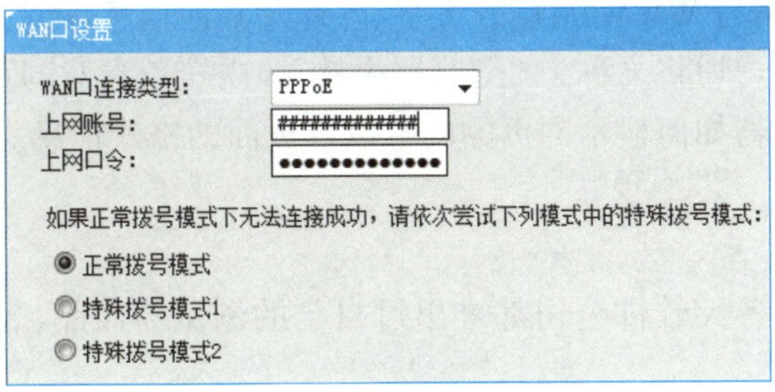

图 4-51　WAN 口设置

（2）无线参数

在"无线参数"中可设置路由器的无线功能是否开启。若选择开启，须设置无线网络的 SSID 号（即连接无线网络时看到的路由器名称）等选项。若要求用户计算机连接网络时经密码验证，还要开启安全设置，设置安全类型和密码等选项，如图 4-52 所示。

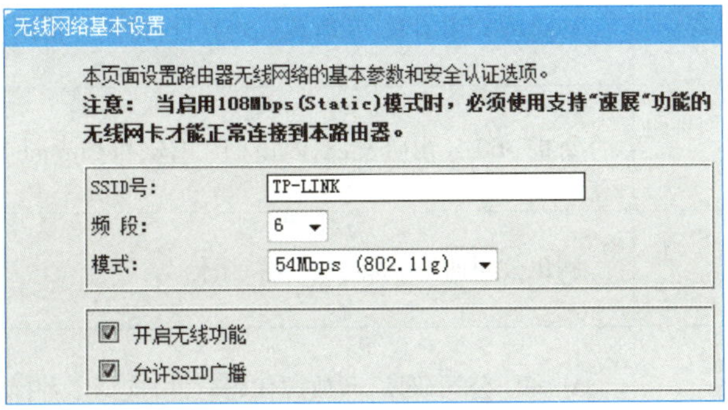

图 4-52　无线参数设置

（3）DHCP 服务器

在"DHCP 服务器"中可以启用路由器的 DHCP 功能,即主要设置动态分配给接入无线网络的计算机的 IP 地址池范围、地址租期和网关等选项,如图 4-53 所示。

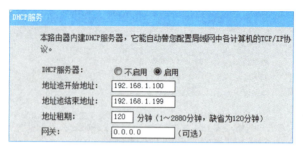

图 4-53   DHCP 服务器设置

4.4   浏览器的使用

浏览器的作用是将用户访问 WWW 站点获得的超文本文件（如 html 文件）翻译成用户"可看"的页面,它可以显示来自 WWW 站点的文字、图片及其他信息。浏览器最重要的核心部分称为"渲染引擎",人们一般习惯将之称为"浏览器内核"。内核负责对网页的语法进行解释并显示（渲染）网页,决定了浏览器如何显示网页的内容以及页面的格式信息。

4.4.1   常用浏览器

浏览器产品非常多,各大软件公司都推出过自己的浏览器产品,表 4-7 列出了常用的浏览器产品。

表 4-7   常用浏览器

浏览器		说明
	Edge 浏览器	IE 浏览器于 2022 年 6 月正式退役,此后其功能由 Edge 浏览器接棒
	Chrome 浏览器	Google 公司研发,开放源代码软件,全世界范围内用户数众多
	360 浏览器	奇虎 360 公司研发,双内核（IE 内核和 Chrome 内核）
	QQ 浏览器	腾讯公司研发,双内核,支持微信
	火狐浏览器	Mozilla 公司研发,开放源代码软件,支持多种操作系统

续表

浏览器	说明
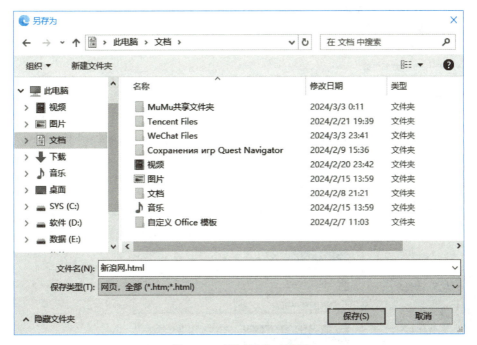 搜狗浏览器	搜狗公司研发,双内核,支持网络加速功能,具有防假死技术
百度浏览器	百度公司研发,依靠百度强大的搜索平台,整合百度体系业务

4.4.2　浏览器常用功能

下面以微软公司 Edge 浏览器为蓝本介绍浏览器的常用功能。

1. 浏览网页

在浏览器的地址栏中输入要访问的 Web 网站的 URL,按 Enter 键后就可以打开网页。

2. 保存网页文件

当使用 Edge 浏览器浏览网页时,若看到有用的信息,可以将网页保存下来供以后打开观看。使用"另存为"命令,在打开如图 4-54 所示的对话框中,选择保存的位置,输入文件名,单击"保存"按钮完成。这种方式保存的是全部网页文件,在保存的位置上除了 html 文件外,还会产生一个保存图片等素材的 _files 文件夹。如果将保存类型设置为"网页,单个文件(*.mhtml)",保存的网页是一个扩展名为 *.mhtml 的单一文件。

图 4-54　"另存为"对话框

3. 收藏经常访问的网页

对于经常访问的网站,可以将它们收藏起来,今后要访问时就不需要每次都在地址栏中输入网址。首先浏览要收藏的网页,单击地址栏右侧"将此页面添加到收藏夹"按钮,在弹出的"添加收藏夹"对话框中单击"完成"按钮,如图 4-55 所示。今后访问该网页时,单击工具栏上的"收藏夹"按钮,再单击该网页的名称,即可浏览该网页。

图 4-55　"添加收藏夹"对话框

4. 设置主页

主页指浏览器打开时默认打开的网页。单击"设置及其他"按钮→"设置"命令,再单击左侧"开始、主页和新建标签页"链接,在右侧"Microsoft Edge 启动时"区域选择"打开以下页面:",如图 4-56 所示。

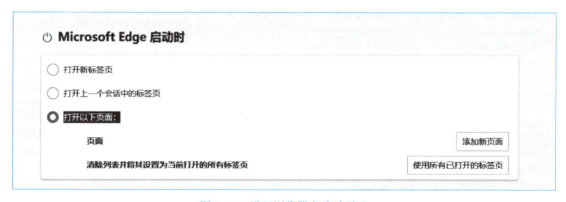

图 4-56　设置浏览器启动时页面

单击"添加新页面"按钮,弹出"添加新页面"对话框,输入主页的 URL,如图 4-57 所示。

微视频:
将百度设置为
浏览器主页

图 4-57　"添加新页面"对话框

4.5　搜索引擎及信息检索

4.5.1　搜索引擎

搜索引擎是指互联网上专门提供搜索网上资源服务的网站系统。这些网站通过复杂的网络搜索系统将互联网上大量的网页收集整理成网页索引数据库,当用户以关键词搜索信息时,搜索引擎会在数据库中进行查找,如果找到与关键词相符的网页,便采用排名算法计算出各网页的排名顺序,然后按顺序将这些网页链接呈现给用户。常用搜索引擎有百度、谷歌、搜狗等。

4.5.2　信息检索

将信息按一定的方式和规律存储,并对用户特定的需求查找出所需的相关信息的过程和技术称为信息检索。使用搜索引擎进行信息检索的方法很简单,下面以百度为例介绍信息检索的基本使用方法。

1. 单关键词搜索

在搜索框中仅输入一个关键词,这种方式搜索到的网页信息会较多。打开浏览器,在地址栏中输入百度的网址,按 Enter 键,打开百度主页。在搜索框中输入指定的关键词,例如输入“昆明学院”,单击“百度一下”按钮或按 Enter 键,则显示如图 4-58 所示有关昆明学院的网页。

图 4-58　单关键词搜索结果

2. 多关键词搜索

多关键词搜索可以搜索同时包含多个关键词的网页信息,从而更准确地找到所需要的内容。在搜索栏中,多关键之间可以用空格或加号进行词汇连接。

3. 精确匹配搜索

如果只输入关键词搜索,显示的是包含关键词的网页。给关键词加上双引号或书名号,就可以实现精确搜索。例如,在搜索框中输入"智能电话"(不包括双引号),会显示出包含"智能"和"电话"的网页,如果输入"《智能电话》",则只会显示包含"智能电话"的网页。

4. 搜索结果中去除指定关键词

搜索格式为"关键词 1 – 关键词 2"。注意:减号"–"前面有空格。例如,搜索有关医学病毒方面的网页,但不含计算机病毒的网页,那么在搜索框内输入的内容为"病毒 – 计算机"。

5. 搜索指定类型的文件——filetype

如果希望搜索结果不是网页,而是以指定类型的文件呈现,如 PDF 文件、DOC(DOCX)、PPT(PPTX)等,可以使用"filetype"搜索。在搜索框内输入关键词,后面加上"filetype:扩展名"。例如,搜索计算机网络的 PPT 课件,在搜索框内输入"计算机网络 filetype:PPT",结果如图 4–59 所示。

图 4–59   搜索指定类型的文件结果

6. 搜索范围限定在网页标题中——intitle

网页标题是网页的简要概括,将搜索内容界定在网页标题中会起到很好的效果。在关键词前面加上"intitle:"作前缀,例如,在搜索框输入"intitle:云计算"。注意:"intitle:"后面不能有空格。

7. 搜索范围限定在指定网站中——site

如果只想在指定的网站内搜索信息,使用 site 可以提高搜索效率。例如,在昆明学院网站内搜索信息技术学院的网页信息,在搜索框内输入"信息技术学院 site:www.kmu.edu.cn"。

4.5.3 期刊论文检索

从 Internet 上进行期刊论文检索已成为高校师生、科研人员一项必备的技能。为更好地共享期刊论文资源,方便用户进行检索,在 Internet 上建立了许多期刊论文数据库,以电子文档的形式存放了学术期刊、博士学位论文、优秀硕士论文等,这些电子文档的扩展名一般为 PDF 或 CAJ。

目前大部分高校都购买了众多期刊论文数据库,如中国知网全

文数据库（CNKI）、维普中文科技期刊全文数据库、万方数据知识服务平台等。这些网站以镜像站点的形式链接在校园网上，高校师生只要从校园网登录就可以使用，不需要输入用户名和密码。下面以 CNKI 为例介绍期刊论文检索的基本方法。

（1）首先从校园网登录，打开浏览器，在地址栏中输入中国知网的网址，按 Enter 键，进入中国知网主页，如图 4-60 所示。

图 4-60　中国知网主页

（2）在"文献检索"下拉列表框中选择检索方式，有主题、篇名、作者等选项，在右侧的编辑框中输入检索关键词，单击"检索"按钮或按 Enter 键。例如，检索"篇名"为"计算思维"的论文，如图 4-61 所示。

（3）在显示的结果中可以再次设置检索条件，缩小论文检索范围。例如，在图 4-61 结果中检索作者为陈国良院士的论文，"检索项"下拉列表框中选择"作者"，编辑框中输入"陈国良"，单击"结果中检索"链接，显示的检索结果如图 4-62 所示。

（4）单击需要下载的论文，如单击《计算思维与大学计算机基础教育》一文，打开如图 4-63 所示的论文信息网页。

（5）在网页下方提供了"</>HTML 阅读"方式，单击该按钮可以在浏览器窗口下阅读全文。同时还提供了"CAJ 下载"和"PDF 下载"两种下载方式，单击其中一个，就能将论文下载到本机上，然后使用阅读器工具，如 CAJViewer（打开 CAJ 文件）或 Adobe Reader（打开 PDF 文件），就能打开这篇论文了。

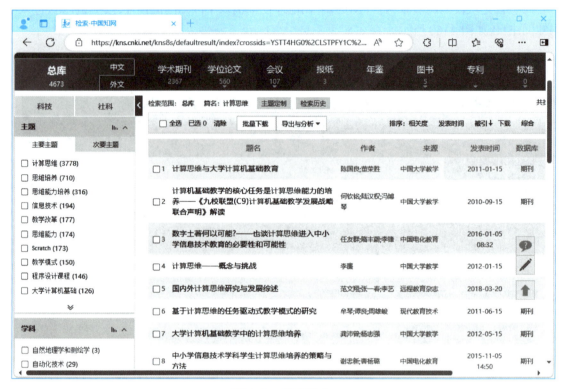

图 4-61　检索论文

	题名	作者	来源	发表时间	数据库	被引	下载
□1	计算思维的表述体系	陈国良;董荣胜	中国大学教学	2013-12-15	期刊	52	1906 ⬇
□2	大学计算机素质教育:计算文化、计算科学和计算思维	陈国良;张龙;董荣胜;王志强	中国大学教学	2015-06-15	期刊	21	585 ⬇
□3	计算思维与大学计算机基础教育	陈国良;董荣胜	中国大学教学	2011-01-15	期刊	635	13288 ⬇
□4	基于计算之树,构建有特色的大学计算机知识体系——为《大学计算机——计算思维导论》作序	陈国良	工业和信息化教育	2013-06-15	期刊	2	140 ⬇

找到 4 条结果

图 4-62　检索结果

中国大学教学 . 2011(01)　查看该刊数据库收录来源 ⓘ

" ☆ ⟨ 🖨 🔔 ✎ 记笔记

计算思维与大学计算机基础教育

陈国良[1,2,3,4]　董荣胜[5]

1. 中国科学技术大学　2. 深圳大学　3. 中国科学院　4. 教育部高等学校计算机基础课程教学指导委员会　5. 桂林电子科技大学

摘要: 文章首先介绍了大学计算机基础课程的重要性,分析了教学中存在的问题,指出了"狭义工具论"的危害。然后从推动人类文明进步、科技发展三大科学思维之一的"计算思维"入手,阐述了计算思维对培养学生创新能力的重要性。最后按计算思维主要内容,即问题求解、系统设计和人类行为理解,探讨了大学计算机基础课程设置,强调了课程结构设计的重要性,给出了一种以"计算思维"为核心的大学计算机基础课程教学的最小集,为大学计算机基础教育提供了一种以提高学生计算思维能力为目标的新模式。

关键词: 计算思维; 大学计算机基础教育; 计算思维导论;

专辑: 社会科学Ⅱ辑;信息科技

专题: 计算机硬件技术

分类号: TP3-4

📱 手机阅读　 </> HTML阅读　 📖 CAJ下载　 🅰 PDF下载　 (AI) AI 辅助阅读　 ⬇ 个人成果免费下载

图 4-63　检索论文信息网页

4.6　云技术应用

什么是"云"? "云"是一种形象的比喻。互联网的快速发展推动了云技术的产生和发展,云计算已成为互联网应用中的研究热点,本节从云计算和云存储来阐述云技术的应用。

4.6.1　云计算

1. 云计算概念

云计算是基于互联网的相关服务的增加、使用和交付模式。通俗来说,云计算是一种按使用量付费的模式,这种模式给用户提供便捷的网络访问,用户按需要就可以使用互联网的资源,包括网络、服务器、存储、应用软件等,而无须了解资源位于何处,资源是如何协同工作的。用户通过计算机、智能手机等移动终端接入互联网就可以按自己的需求进行运算,通过云计算,用户可以体验每秒 10 万亿次的运算能力。云计算模型如图 4-64 所示。

2. 云计算特点

云计算将庞大的计算分布在大量的分布式计算机上,让这些计算机协同完成计算。这意味着计算能力也可以作为一种商品进行流通,就像水、电、煤气等资源一样,使用方便,费用低廉,不同之处在于,它是通过互联网进行传输的。

(1)超大规模

"云"具有十分庞大的规模,提供云计算服务的公司一般拥有几十万台甚至上百万台服务器,这样"云"才能赋予用户前所未有的计算能力。

图 4-64　云计算模型

（2）虚拟化

云计算支持用户在任意位置、使用各种终端获取应用服务。所请求的资源来自"云",而不是固定的有形的实体。应用在"云"中某处运行,但实际上用户无须了解、也不用担心应用运行的具体位置。只需要一台笔记本计算机或者一个手机,就可以通过网络服务来实现需要的一切,甚至包括超级计算这样的任务。

（3）按需服务

"云"是一个庞大的资源池,用户按需付费,就像使用水、电、煤气等资源那样计费。

（4）高可靠性

"云"使用了很多措施来保障服务的高可靠性,使用云计算比使用本地计算机更加可靠。

3. 云计算服务

云计算提供了基础设施即服务（Infrastructure as a Service, IaaS）、平台即服务（Platform as a Service, PaaS）和软件即服务（Software as a Service, SaaS）。

（1）基础设施即服务

消费者通过 Internet 可以从完善的计算机基础设施获得服务。例如,硬件服务器租用、云存储服务等。

（2）平台即服务

平台即服务是指将软件研发的平台作为一种服务,以 SaaS 的模式提交给用户。因此,PaaS 也是 SaaS 模式的一种应用。但是,PaaS 的出现可以加快 SaaS 的发展,尤其是加快 SaaS 应用的开发速度。例如,微软公司提供的云操作系统平台 Windows Azure。

（3）软件即服务

软件即服务是一种通过 Internet 提供软件的模式,用户无须购买软件,而是向提供商租用基于 Web 的软件来管理企业经营活动。例如,阿里云提供的云软件服务方案。

4.6.2　云存储

用户在个人计算机上编辑文档、存储文件,一旦硬盘损坏或计算机损毁,这些文档和文件将丢失而无法找回,用户面临重大损失。如果用户将这些文件存放在"云"上,就可以避免上述问题,云存储模式如图 4-65 所示。云存储是云技术的一项典型应用和服务,特别是针对普通用户来说使用更安全,国内很多公司都推出了公共云存储平台为用户免费提供大容量的存储空间。

图 4-65 云存储

1. 云存储概念

云存储是在云计算概念上延伸和发展出来的一个新概念,是一种新兴的网络存储技术,是指通过集群应用、网络技术和分布式文件系统等功能,将网络中大量各种不同类型的存储设备通过应用软件集合起来协同工作,共同对外提供数据存储和业务访问功能的一个系统。

如同云状的广域网和互联网一样,云存储对使用者来讲,不是指某一个具体的设备,而是指一个由许许多多个存储设备和服务器所构成的集群。用户使用云存储,并不是使用某一个存储设备,而是使用整个云存储系统提供的一种数据访问服务。所以严格来讲,云存储不是存储,而是一种服务。

2. 云存储应用

国内比较常见的云存储平台有百度网盘、360 云、腾讯微云和华为网盘等,这些云存储免费为用户提供几 GB 的存储空间,有的甚至到达 TB 级,具有文件上传和下载功能,用户可以将文档、图片、音乐和视频等文件分类存储,只要接入互联网,随时随地都能下载这些文件。用户还能将云盘上的文件分享给云盘好友或个人主页,供其他人下载使用。有的云存储还具有同步功能,当用户在其他计算机上登录云盘时会将文件同步下载,仍然存储在原来的位置。图 4-66 显示的百度网盘的界面。

图 4-66 百度网盘界面

　　百度网盘的基本功能包括文件上传、下载和分享,用户可自由管理网盘。特色功能包括文件预览、视频播放和离线下载等,百度网盘支持常规格式的图片、音频、视频、文档文件的在线预览,无须下载文件到本地即可轻松查看文件。通过分享功能,可以将网盘文件分享给远方的朋友,首先选择要分享的文件,单击"分享"按钮,弹出如图 4-67 所示的界面,然后设置分享形式和有效期,最后单击"创建链接"按钮,弹出如图 4-68 所示的界面。

　　分享链接创建好后,可以将链接和提取码发送给朋友,就能在异地下载该文件了。

图 4-67　网盘文件分享设置界面

图 4-68　网盘文件创建分享链接界面

习　题

1. 试以一个自己熟悉的网络应用为例,说明对计算机网络定义的理解。

2. 计算机网络按地理覆盖范围分类,可以分为哪几种类型? 请分别举例。

3. 试画出常见的计算机网络拓扑结构图,并说明每种拓扑结构图的特点。

4. 请说明 OSI 参考模型每一层的主要功能。

5. 请描述 OSI 参考模型中数据的传输过程。

6. 请比较说明集线器和交换机的异同。

7. 请简要说明组建一个局域网的主要步骤。

8. IP 地址分为哪几种类型? 每类 IP 地址第一个字节的范围是多少?

9. Internet 的常用功能有哪些?

10. 常用的 Internet 接入方式有哪几种?

11. 搜索引擎的功能是什么? 试举出常用的搜索引擎。

12. 若使用搜索引擎查找关于“网络安全”的文档,关键字应如何输入?

13. 假设有一幅图片文件想发送给异地的同学,有哪几种方法可以实现?

14. 请列举出 3 个期刊论文数据库。

15. 什么是云计算? 简述云计算的特点。

第 5 章　多媒体素材处理技术

学习目标:
1. 了解文本、图像、声音、视频和动画的基本概念和文件格式。
2. 掌握 Ulead Cool 3D 软件处理文本素材的基本技巧。
3. 掌握 Adobe Audition 软件处理音频素材的基本技巧。
4. 掌握 Adobe Premiere 软件处理视频素材的基本技巧。
5. 掌握 Adobe Animate 软件处理动画素材的基本技巧。

课堂思政:
1. 利用多媒体技术对中华优秀传统文化进行数字化处理和创新,如制作关于中华优秀传统文化的图片、短视频、动画等。
2. 选取典型案例,引导学生分析其中的技术要点,培养他们的批判性思维和解决问题的能力。
3. 鼓励学生制作具有思想政治教育意义的多媒体作品,如宣传手册、公益广告、微视频等。
4. 关注学生的学习过程,如团队合作、创新思维、实践能力等方面的表现,进行全面评价。

多媒体技术是指通过计算机对文本、图像、音频、视频、动画等多种媒体信息进行综合处理和管理,可以通过多种感官与计算机进行实时信息交互的技术,又称为计算机多媒体技术。多媒体技术的关键特性包括集成性、交互性、智能性和易扩展性。集成性是指采用数字信号,可以综合处理文字、声音、图形、动画、图像、视频等多种信息,并将这些不同类型的信息有机地结合在一起。交互性是指信息以超媒体结构进行组织,可以方便地实现人机交互。智能性是指提供了易于操作、十分友好的界面,使计算机更直观,更方便,更亲切,更人性化。易扩展性是指可方便地与各种外部设备挂接,实现数据交换、监视控制等多种功能。多媒体技术极大地改变了人们获取信息的传统方法,符合人们在信息时代的阅读方式。多媒体技术中的数字媒体主要包括文本、声音、图像 / 图形、视频、动画等几种类型。

下面介绍几个重要的概念。

1. 媒体

媒体(media),其含义是“两者之间”,是指信息在传递过程中,从信息源到受信者之间携带和传递信息的载体或工具,包括信息从信息源传递到受信者的一切技术手段。

2. 多媒体

多媒体(multimedia)是多种媒体的综合,一般包括文本、声音和图像等多种媒体形式。在计算机系统中,多媒体指组合两种或两种以上媒体的一种人机交互式信息交流和传播媒体。使用的媒体包括文字、图片、声音、动画和视频,以及程序所提供的互动功能。

3. 超文本

超文本是由若干信息结点和表示信息结点之间相关性的链构成的一个具有一定逻辑结构和语义关系的非线性网络。超文本技术将自然语言文本和计算机交互式地转移或动态显示线性文本的能力结合在一起,它的本质和基本特征就是在文档内部和文档之间建立关系,正是这种关系给了文本以非线性的组织。概括地说,超文本就是收集、存储、管理和浏览离散信息以及建立和表现信息之间关联的技术。

4. 超媒体

超媒体(hypermedia)是超级媒体的缩写,是一种采用非线性网状结构对块状多媒体信息(包括文本、图像、视频等)进行组织和管理的技术。超媒体技术将超文本和多媒体技术在信息浏览环境下结合起来,它除了具有超文本的全部功能以外,还能够处理多媒体和流媒体信息。形象地说,超媒体 = 超文本 + 多媒体。超媒体中的信息不仅以文本形式表示,还可以图形、图像、动画、声音或影视片段等多媒体来表示。其链接关系也扩展到多媒体之间的链接,从而实现了更为丰富和复杂的信息组织和表达。

5. 流媒体

流媒体(streaming media)也称流式媒体技术,就是把连续的影像和声音信息经过压缩处理后放到网站服务器上,由视频服务器向用户计算机顺序或实时地传送压缩包,让用户一边下载一边观看、收听,而不要等整个压缩文件下载到自己的计算机上才可以观看的网络传输技术。

5.1 文本素材的处理

5.1.1 文本数字化处理概述

文本是以文字和各种专用符号表示的信息形式,是现实生活中使用最多的一种信息存储和传递方式。它主要用于对知识的描述性表示,如阐述概念、定义、原理和问题以及显示标题、菜单等内容。文本有格式化文本和非格式化文本两种主要形式。

文本数字化处理是将传统纸质文档转化为数字格式的过程,涉及图像获取、OCR 识别、文本编辑、存储和管理以及文本分析和挖掘等多个环节。通过数字化处理,可以更方便地存储、编辑、检索和传输文本信息,提高信息利用效率。

处理文本的软件可以分为几类,包括文本编辑器(Notepad++、Sublime Text 等)、文本处理软件(WPS Office、Microsoft Word 等)以及专门用于处理特定类型文本(如 Ulead Cool 3D、Markdown)的软件。除此之外,还有一些在线的文本处理工具,如 Google Docs、Overleaf 等,选择哪款软件取决于用户的具体需求。

5.1.2 常用的文本文件格式

1. TXT 格式

它是纯文本文件(.txt),这是最简单的文本文件格式,它只包含纯文本信息,没有任何格式或排版信息。纯文本文件在各种操作系统和应用程序中都可以打开和编辑,是最通用的文本文件格式之一。

2. DOCX 格式或 DOC 格式

两种格式具有丰富的文本格式,是制作文档、报告、简历等文件的常用格式。WPS 文字和

Microsoft Word 都可以制作 DOCX 格式或 DOC 格式的文件。

3. PDF（portable document format）格式

PDF 文件（.pdf）是一种跨平台的文件格式，它可以将文本、图像、矢量图形等多种元素组合在一起，形成一个完整的文档。PDF 文件可以在各种操作系统和设备上打开和查看，且不会被修改，因此常用于制作电子书、合同、报告等需要保持样式不变的文件。

4. HTML（hypertext markup language）格式

HTML（.html 或 .htm）文件是一种用于创建网页的超文本标记语言。HTML 文件包含文本、标签和链接等元素，可以用于制作网页、网站和在线文档等。

5. RTF（rich text format）格式

RTF（.rtf）是一种文本文件格式，它支持丰富的文本格式和排版信息，如字体、颜色、大小、对齐方式等。RTF 文件可以在不同的操作系统和应用程序之间转换，是一种通用的文本文件格式。

除了以上几种常见的文本文件格式外，还有一些其他格式如 XML、JSON 等也常用于存储和传输文本信息。这些格式各有特点和用途，根据具体的需求和应用场景选择合适的格式。

5.1.3　利用 Ulead Cool 3D 处理文本素材

1. Ulead Cool 3D 软件简介

Ulead Cool 3D 是一款专业的三维动画设计软件，具有强大的功能和简洁的操作界面。它可以帮助用户制作出各种形式的三维动画效果。这款软件的特点包括丰富的功能、操作简单、资源占用少、应用广泛，在操作时，用户可以掌握软件的基础操作技能，如创建地形、材质和添加光源，同时使用软件提供的预设模板创作 3D 文字、3D 动画和 3D 标志等。软件界面如图 5-1 所示。

2. Ulead Cool 3D 的基本操作

（1）启动软件并新建项目

打开 Ulead Cool 3D 软件，新建一个项目，设定好项目的基本参数，如分辨率、帧率等。

（2）创建 3D 文字

在工具栏中选择"文字"工具或单击"编辑"→"插入文字"，在工作区域输入所需的文字，调整文字的字体、大小、颜色等属性。

（3）应用动画效果

选中文字对象，在"动画"面板中选择合适的动画效果，调整动画的速度、方向等参数，以达到满意的效果。

（4）调整场景和光照

使用场景工具调整摄像机的角度、位置和焦距，以获取最佳的视觉效果；添加光照效果，增强 3D 文字的立体感和质感

（5）创建文件

在"创建文件"对话框中设置好输出参数，如输出格式、分辨率等，完成后即可导出动画文件。

位置工具栏 菜单　　　　　　　　　　标准工具栏 动画工具栏

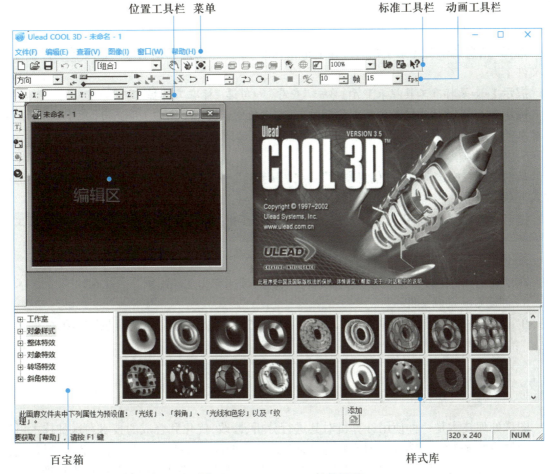

百宝箱　　　　　　　　　　　　　　　样式库

图 5-1　Ulead Cool 3D 软件界面

例 5-1 "信息科学"动画效果。

1. 新建文件

（1）打开 Ulead Cool 3D 软件，单击"文件"→"新建"。

（2）根据使用需求调整文字动画的画面尺寸。单击"图像"→"尺寸"命令，在打开的对话框中设置尺寸为 720 像素 ×576 像素。

微视频：例 5-1

2. 插入文字

单击"编辑"→"插入文字"。在插入文字对话框中输入"信息科学"，设置字体为"华文新魏"、大小为"20"、加粗。

3. 添加色彩

在标准工具栏中单击功能按钮"选择对象"的下拉菜单 信息科学 ，从对象列表中选择"信息科学"。在"百宝箱"→"对象样式"→"光线与色彩"选项中的最后一种样式上双击即可。

提示：如果"百宝箱"未显示，单击"查看"→勾选"百宝箱"即可。

4. 三维效果

在功能按钮处的"选择对象"中选择"信息科学"。在"百宝箱"→"斜角"样式中的最后一种样式上双击即可。

5. 调整对象位置

选择"信息科学",在第 1 帧的位置上单击标准工具栏上的"移动对象"工具 ✋,调整位置到文件上方。

提示 1: 如果标准工具栏未显示,单击"查看"→勾选"标准工具栏"即可。

提示 2: 按下鼠标左键在文档中拖动对象,可以使它沿 X 轴(左右)和 Y 轴(上下)移动。右击对象并拖动,可以使它沿 Z 轴(前后)移动,向上拖动使它向后,向下拖动使它向前。

6. 添加动画

从对象列表中选择对象"信息科学"。在"百宝箱"→"工作室"→"动画"样式中的第二种样式上双击即可。

提示: 要预览必须单击动画工具栏上的"播放"按钮 ▶,它仅执行一次,而单击动画工具栏上的"循环"工具 ↻,它将重复执行。

7. 协调动作

在动画工具栏上设置总帧数为 50 帧 `50 ⇅ 帧`,帧速率为 25 fps `25 ▾ fps`。

8. 创建 GIF 动画文件

单击"文件"→"创建动画文件"→"GIF 动画文件",注意勾选"透明背景"选项,文件名保存为"信息科学 .gif"。

5.2　图像素材的处理

图像处理技术是一种使用计算机对其进行分析、修改、优化和合成的技术。这种技术可以增强图像的视觉效果,或者生成具有特定特征的图像。图像处理技术广泛应用于各个领域,包括医学影像分析、安全监控、遥感图像处理、计算机图形学、计算可视化、计算机动画、虚拟现实和计算机艺术设计等。

5.2.1　图像数字化处理概述

图像数字化处理是通过计算机对图像进行各种处理的方法和技术。图像数字化是将空间分布和亮度取值均连续分布的模拟图像经采样和量化转换成计算机能够处理的数字图像的过程。

数字图像处理也称为计算机图像处理,是指将图像信号转换成数字信号并利用计算机对其进行处理的过程。其目的是提高图像的视感质量,以达到赏心悦目的目的,如降噪、改变图像的颜色亮度、增抑某些成分、对图像进行几何变换等。此外,数字图像处理还可以提取图像中的某些特征或特殊信息,便于计算机分析,如模式识别、计算机视觉和预处理等。

图像数字化处理是一门涉及多个学科领域的综合性技术,其应用广泛,对于推动科技发展和社会进步具有重要意义。

1. 认识图形与图像

图形是指通过计算机软件绘制的直线、圆、矩形、曲线、图表等元素组成的画面,是计算机根据指令集合来描述和绘制的内容。图形通常用于制作图标、标志、插图等,可以表现抽象的形状和图案。

图像是由扫描仪、摄像机等输入设备捕捉实际的画面产生的,是由像素点阵构成的位图。图像可以通过图像处理软件进行复杂处理,如调整亮度、对比度、色彩平衡等,以得到更清晰的图像或产生特殊效果。

图形和图像在计算机中都是常见的形式,主要区别在于:图形由图元(即图形指令)构成,是一种矢量形式,可以无失真地进行缩放和变换;而图像则由像素构成,是一种位图形式,当放大时容易失真,看到的是像素点的排列。图形的显示过程是依照图元的顺序进行的;而图像的显示过程则是按照像素的顺序进行的,与图像内容无关。图形可以进行转换且无失真,例如旋转、扭曲、拉伸等操作;而图像则可以进行对比度增强、边缘检测等操作。

2. 图像的基本原理

(1) 数字图像的概念

数字图像是指可以由计算机、手机等存储并显示的图像。数字图像由像素组成,每个像素都有一个位置和色彩值,这些值存储在计算机中。数字图像可以通过计算机进行处理,例如调整大小、改变亮度、应用滤镜等。数字图像的优点是可以方便地进行编辑、保存和传输,同时也可以进行各种处理,例如图像识别、艺术加工等。(注:本节所讨论的图像专指数字图像,以下简称图像。)

(2) 图像的类型

矢量图和位图是经常使用的两种常见的类型。

① 矢量图。

矢量图也称为图形,是一种基于矢量的图形表示法,它由数学公式计算获得,其无限缩放而不失真的特性使得它在设计中具有独特的优势。在平面设计中,Adobe Illustrator(简称 AI)和 CorelDRAW 软件是矢量图的常见制作工具。矢量图的主要特点如下:

- 文件数据量较小:通过计算机指令集合来描述图像,因此数据量较小。
- 无损放大:可以无损地放大或缩小而不失真。
- 清晰度:在显示和打印时的效果没有位图细腻。
- 色彩表现:没有位图丰富,主要以线条和形状来表现图像。

② 位图。

位图是一种常见的图像格式,也称为点阵图像或像素图。它是一种使用特定分辨率来描述图像的文件格式。位图将图像分成一个个小的、不可分割的像素点,每个像素点都有自己的颜色信息。这些像素点可以进行不同的排列和染色以构成图像。

位图常用于数字相机、扫描仪和其他数码设备的图像存储和显示,也被用于网页设计、平面设计、视频游戏等领域。目前较为专业的位图处理软件有 Photoshop、Painter 等。

位图的主要特点如下:

- 像素具有大小相同、明暗和颜色的变化。每个像素点的值表示该点的亮度,其取值范围通常为 0~255。
- 善于重现颜色的细微层次,能够制作出色彩和亮度变化丰富的图像。
- 文件庞大,不能随意缩放。
- 打印和输出的精度有限。
- 图形面积越大,文件占用的字节数越多。
- 文件的色彩越丰富,文件占用的字节数越多。

（3）图像分辨率

PPI（pixels per inch）表示图像上每英寸的像素数量，是图像分辨率的单位。PPI 数值越高，代表显示屏能够以越高的密度显示图像，拟真度就越高，画面的细节就会越丰富。

常见的 PPI 值有 72、180 和 300 等。其中，72 是低分辨率的代表，常用于网页图像设计；180 是中分辨率的代表，常用于数码相机和扫描仪等设备；而 300 是高分辨率的代表，常用于印刷和打印等输出设备。

（4）显示分辨率

显示分辨率（screen resolution）是指显示屏幕的精密度，也就是屏幕显示像素的多少。它通常以水平方向和垂直方向的像素数来衡量，例如，1 920×1 080 表示水平方向上有 1 920 个像素，垂直方向上有 1 080 个像素。

一般来说，显示分辨率越高，显示的图像越清晰，但也会增加屏幕的复杂性和耗电量。因此，选择合适的显示分辨率需要根据具体的应用需求和个人偏好进行权衡。

常见的显示分辨率有 800×600、1 024×768、1 280×1 024、1 920×1 080 等，其中 1 920×1 080 是当前主流的显示分辨率。随着技术的不断发展，更高的显示分辨率也在不断出现，例如 4 K 和 8 K 等高清晰度显示分辨率。

（5）图像的色彩深度

图像的色彩深度是指图像中每个像素可以表示的颜色数，通常用位来衡量，如 8 位、16 位、24 位等。色彩深度越高，图像中可以显示的颜色数就越多。例如，8 位图像可以显示 256 种颜色，而 24 位图像可以显示约 1 600 万种颜色。

色彩深度也可以用来衡量图像的细节程度。一般来说，色彩深度越高，图像的细节程度就越高。在处理图像时，需要根据具体的需求和输出设备来选择合适的色彩深度。例如，在网络上发布的图像通常选择 8 位或 16 位色彩深度，而印刷品通常需要使用 24 位或更高的色彩深度。

3. 图像颜色模式

图像颜色模式是指图像中颜色的表示方法，包括图像在显示或打印输出时定义颜色的不同方式。常见的颜色模式包括 RGB 模式、HSB 模式、CMYK 模式、灰度模式和位图模式等。

（1）RGB 模式

RGB 模式是为诸如显示器、电视、手机、投影仪等设备所制定的一种颜色表示标准。

在 RGB 中，每一种颜色都由红（red）、绿（green）、蓝（blue）3 种基本颜色（光通道）组成。每种 RGB 成分都可以使用从 0（黑色）~255（白色）的值来表现颜色的亮度。例如，纯红色 R 值为 255，G 值为 0，B 值为 0；灰色的 R、G、B 三个值相等（除了 0 和 255）；白色的 R、G、B 都为 255；黑色的 R、G、B 都为 0。RGB 图像只使用 3 种颜色，就可以使它们按照不同的比例混合，在屏幕上重现出 16 777 216 种颜色。

RGB 模式在计算机图形学中经常使用，特别是在图像处理领域中。它是一种加色模式，将三种基本颜色（红、绿、蓝）以最大值叠加在一起时，会产生白色。

（2）HSB 模式

HSB 模式是一种基于人眼视觉系统的颜色表示标准，它以人类对颜色的感觉为基础，描述了颜色的 3 种基本特性，即色相（H）、饱和度（S）和亮度（B）。

色相（H）是指颜色的基本属性，它是一个 0~360 的角度值，以红色为 0，绿色为 120，蓝色为

240。饱和度（S）是指颜色的鲜艳程度，它是一个百分比值，以 0% 表示灰色，100% 表示最鲜艳的颜色。亮度（B）是指颜色的明暗程度，它也是一个百分比值，以 0% 表示黑色，100% 表示白色。

在 HSB 模式中，颜色的变化是通过调整色相、饱和度和亮度来实现的。例如，将色相增加 60 会使颜色向红色方向移动，将饱和度增加 50% 会使颜色变得更加鲜艳，将亮度增加 20% 会使颜色变得更加明亮。

HSB 模式在图像处理和计算机图形学中很有用，因为它可以直观地表示颜色的质量和明暗程度。这种模式可以用于调整图像的色彩平衡、对比度和饱和度等属性，也可以用于颜色选择和匹配。与 RGB 模式不同，HSB 模式更符合人类对颜色的感知方式，因此在某些情况下可以更方便地使用。

（3）CMYK 模式

CMYK 模式是一种印刷颜色模式，它适合用于印刷品和图像输出。它由青（cyan）、洋红（magenta）、黄（yellow）和黑（black）4 种颜色组成。这种模式是通过对这 4 种颜色的油墨进行混合印刷来表现各种颜色的。

在 CMYK 模式下，每种颜色的取值范围通常为 0~100，其中 K 代表黑色，是所有颜色中混合黑色最多的颜色。由于黑色可以增强暗调部位的色彩对比度，因此通常被用来强化暗调部位的色彩。

此外，CMYK 模式也是 RGB 模式的补色，即 RGB 模式的颜色可以由 CMYK 模式的颜色混合而成。因此，在将 RGB 模式的图像转换为 CMYK 模式时，可以通过减去 RGB 值中的 K 值来获得相应的 CMYK 值。

需要注意的是，RGB 模式和 CMYK 模式在应用领域上有所不同。RGB 模式主要用于显示器和网络图像，因为它可以呈现高清晰度和高饱和度的颜色。而 CMYK 模式主要用于印刷品和图像输出，因为它可以模拟印刷油墨的颜色和印刷效果。

（4）灰度模式

灰度模式是一种使用单一色调表现图像的颜色模式。在灰度模式下，一个像素的颜色用 8 位来表示，灰度模式可以使用多达 256 级灰色调（含黑和白）来表现图像，也就是 256 种明度的灰（级别），最高时为纯黑，最低时为纯白。这种表现手法使图像过渡更平滑细腻。

灰度模式可以有效地减少图片文件体积，并且该模式不可逆，一旦转换，就会丢失颜色信息。因此，在将彩色图像转换为灰度模式时，要谨慎操作。

（5）位图模式

位图模式是一种使用黑白两种颜色来表示图像中的像素的颜色模式。通常用于制作艺术样式或创作单色图形，以及将彩色图像转换为黑白图像。在位图模式下，每个像素只能表示两种颜色，即黑色和白色。这种模式通常用于制作艺术样式或创作单色图形，以及将彩色图像转换为黑白图像。值得注意的是，只有灰度和双色调模式才能转换为位图模式。因此，在将 RGB、CMYK 等彩色图像转换为位图模式之前，需要先将其转换为灰度模式。转换位图模式后，可以通过弹出的"位图"对话框选择不同的方法来模拟图像中丢失的细节。

5.2.2　常用的图像文件格式

图像文件格式是用于在计算机上存储和交换图像数据的标准文件格式。不同的图像文件格式有不同的特点和用途,例如不同的压缩方法、颜色模式、分辨率等。这里介绍几种常见的图像文件格式。

1. JPEG

JPEG 是一种广泛使用的有损压缩格式,全称为 joint photographic experts group,可以将图像文件压缩到较小的体积,同时尽可能保留图像的质量和细节。JPEG 广泛应用于照片和彩色图像的存储和传输,特别是在互联网和数码相机中。

JPEG 格式支持不同的压缩比和压缩质量,可以通过设置压缩参数来控制生成的 JPEG 文件的大小和质量。较低的压缩比可以保留更多的图像细节和颜色信息,但文件较大;较高的压缩比可以减小文件大小,但会损失更多的图像细节和颜色信息。同时,由于 JPEG 是一种有损压缩格式,在压缩过程中会损失一部分信息,因此,多次保存和重新打开 JPEG 文件可能会导致图像质量的进一步损失。

2. PNG

PNG 是一种无损压缩的位图图像格式。与 JPEG 不同,PNG 压缩算法不会对图像质量造成损失。PNG 格式具有较好的压缩比和较小的文件,但文件大小通常比 JPEG 大,适用于存储图标、透明图像和简单的图形。由于 PNG 格式的无损压缩特性,它也常用于存储工程图纸和医学图像等需要保持原始质量的场景。

除了无损压缩的特性,PNG 格式还支持交错式下载和渐进式显示。这样,用户可以先下载一部分图像数据来预览图像,然后再逐步下载剩余的数据以完善图像的显示效果。

3. GIF

GIF 是一种支持动画的图像格式,适用于存储简单的动画图像和图标。它使用无损压缩算法,但颜色表限制为 256 种颜色。与 JPEG 和 PNG 不同,GIF 格式不仅支持无损压缩,还支持多帧动画的存储和播放。

GIF 格式广泛应用于网页设计和网络传输中,可以有效地减小动画文件的大小,同时保持较好的图像质量和动画效果。此外,GIF 格式还支持图像注释和超链接等扩展功能,方便用户在图像中添加附加信息和交互元素。

4. BMP

BMP 是 Bitmap 的缩写,是一种无压缩的图像格式,存储每一个像素的原始数据,不进行任何压缩或失真处理。因此,BMP 格式可以保持图像的原始质量,但文件通常较大。由于 BMP 格式的完全无压缩特性,它常用于需要保持图像原始质量的场景,如医学图像、工程图纸等。同时,由于 BMP 格式的通用性,它也被广泛用于图像处理和计算机视觉应用中。

5. TIFF

TIFF 是一种无损压缩格式,适用于存储高质量的图像和专业印刷品。它支持多页和多通道图像,但文件通常较大。TIFF 格式支持多种颜色模式,包括 RGB、CMYK、灰度等,以及多种位深度和分辨率。它还支持多页和多通道图像的存储,可以存储多页 TIFF 文件,并在每个文件中存储多个独立的图像。TIFF 格式可以保持图像的原始质量和细节。由于 TIFF 格式的通用性和灵活性,它已经成为印刷和图形设计行业的标准格式之一。

6. SVG

SVG 是一种基于 XML 的矢量图像格式,适用于存储可缩放的图形和图标。它可以无损缩放而不失真,并且文件相对较小。

5.2.3 利用 Adobe Photoshop 处理图像素材

Photoshop 简称 PS,是由 Adobe 公司开发的一种图像处理软件。它主要处理以像素构成的数字图像,并拥有众多编辑与绘图工具。

1. Photoshop 的功能

Photoshop 是一款功能强大、用途广泛的图像处理软件,它提供了专业级的编辑工具,使用户能够对图像进行精确的调整、修复和修改。无论是调整颜色、变换形状、修复缺陷,还是添加特效,都能满足用户的需求。

图层功能是 Photoshop 的重要特点之一,它允许用户编辑不同图层中的元素。通过图层功能,用户可以轻松地添加文本、形状、滤镜和特效,而不会破坏原始图像。图层还可以进行调整、融合和组合,为用户提供更多的创作自由。

此外,Photoshop 的功能涵盖了图像处理的基础操作,比如对图像进行放大、缩小、旋转、倾斜、镜像和透视等变换。同时,它也支持复制、去除斑点、修补、修饰图像的残损等操作,这在婚纱摄影、人像处理制作中有非常大的用处。

对于初学者来说,可以使用 Photoshop 下列功能。

(1)图像修复:消除瑕疵、划痕等图像中的不完美部分。

(2)调整图像颜色和曝光:增加或减少亮度、对比度,调整颜色平衡和饱和度等。

(3)裁剪和重新构图:改变图像的尺寸、比例和构图。

(4)文字和图形设计:创建标志、海报、名片等,并添加文字和图形元素。

(5)图层和蒙版操作:创建多个图层,调整它们的叠加方式、透明度和可见性。

(6)选择和修饰对象:使用各种选择工具选择特定区域,并应用修饰效果。

(7)滤镜和特效:应用各种滤镜和特效,如模糊、锐化、变形等。

(8)批处理:对多个图像同时应用相同的编辑操作。

(9)组合和合并图像:将多个图像组合在一起,创建新的复合图像。

(10)制作 GIF 图像和动画:制作简单的 GIF 图像和动画。

2. Photoshop 软件的工作界面

Photoshop(2023 版)的界面如图 5-2 所示,主要包括以下几部分。

(1)菜单栏:在界面最上方包含了文件、编辑、图像、图层、文字、选择、滤镜、3D、视图、增效工具、窗口、帮助等多个菜单,几乎所有的命令都分类排列在这些菜单中。

(2)工具箱:提供了约 65 种工具,包含了所有用于创建和编辑图像的工具。单击工具箱顶部的双箭头可以切换为单列显示或双列显示,将光标停留在工具图标上,即可显示该工具的名称和快捷键。右下角有三角图标的工具表示是一个工具组。

(3)工具选项栏:调节工具参数的面板,随使用工具的变化而变化。

(4)工作区 / 文档区域:显示图像的区域。

(5)控制面板:控制面板可以用来调整图像的属性和效果。常见的控制面板有图层面板、通道面板、路径面板、调整面板、样式面板、颜色面板、历史记录面板等。控制面板可以帮助用户对图像进行精细的编辑和调整,以达到更好的视觉效果。除了默认主界面上显示的面板之外,还

工具选项栏 菜单栏 控制面板

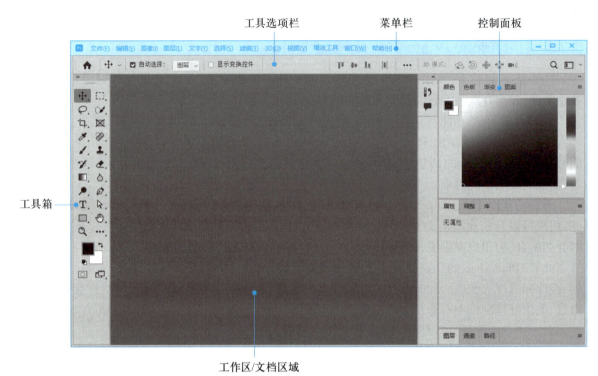

工具箱

工作区/文档区域

图 5-2 Photoshop 2023 版的界面

有很多其他面板,打开"窗口"菜单,可以激活显示里面所有的面板。面板并不是固定不变的,可以通过拖曳或双击,将它们随意地移动、展开、收起、整合、拆分、放大、缩小等。面板都具有边缘吸附功能,如果拖曳面板至 Photoshop 文档区域或者其他面板的边缘处,面板会自动吸附至边缘。

3. Photoshop "文件"菜单的基本使用

"文件"菜单是用于新建、打开、保存、导入和导出图像文件的菜单。以下是"文件"菜单的基本使用方法。

新建:创建一个新的图像文件。可以通过单击"文件"菜单中的"新建"命令,或者使用快捷键 Ctrl+N 来打开"新建"对话框。在对话框中可以选择文件的尺寸、分辨率、颜色模式等参数,然后单击"确定"按钮即可创建一个新的图像文件。

打开:打开一个已有的图像文件。可以通过单击"文件"菜单中的"打开"命令,或者使用快捷键 Ctrl+O 来打开一个对话框,选择要打开的文件,然后单击"确定"按钮即可打开该文件。

最近打开文件:可以快速打开最近打开过的文件。可以通过单击"文件"菜单中的"最近打开文件"命令来查看最近打开的文件列表,单击相应的文件即可打开该文件。

关闭:关闭当前激活的图像文件。可以通过单击"文件"菜单中的"关闭"命令,或者使用快捷键 Ctrl+W 来关闭当前激活的图像文件。

关闭全部:关闭所有打开的图像文件。可以通过单击"文件"菜单中的"关闭全部"命令来关闭所有打开的图像文件。

存储:将当前图像文件保存起来。可以通过单击"文件"菜单中的"存储"命令,或者使用快捷键 Ctrl+S 来保存当前图像文件。

存储为：将当前图像文件另存为其他格式的文件。可以通过单击"文件"菜单中的"存储为"命令，或者使用快捷键 Ctrl+Shift+S 来另存为其他格式的文件。

例 5-2 使用快捷键进行图像的基本操作。

在使用 Photoshop 进行图像编辑前，应熟练掌握以下基本操作，如表 5-1 所示，其中带"*"的是推荐使用的方法，可按序号步骤进行操作练习。

微视频：
例 5-2

Photoshop 具有许多快捷键，表 5-1 只列出初学者最常用到的一部分快捷操作，学习快捷键的使用能极大地提高图像编辑的效率。

表 5-1 **Photoshop** 的基本操作

序号	操作名称	操作方法
1	打开图像	* 双击 Photoshop 的工作区界面即可快速弹出打开文件对话框
		按快捷键 Ctrl+O 快速打开文件
		直接将文件拖曳到 Photoshop 界面中
2	放大或缩小图像	单击缩放工具（快捷键 Z）会显示一个放大镜，将鼠标放置在图像上并单击即可放大图像。如要缩小图像，可以在属性栏中调整
		按 Ctrl+ 快捷键可以放大图像，按 Ctrl- 快捷键可以缩小图像
		* 按 Alt 键，然后滚动鼠标滑轮，往上是放大，往下是缩小
3	调整图像显示为工作区大小	按 Ctrl 键和数字键盘的 0 键
4	移动图像的显示区域	按住空格键，可快速切换为抓手工具，拖动鼠标（左键）即可完成图像的显示区域的移动。放开空格键，即可取消抓手工具
5	复制图层	按 Ctrl+J 快捷键
6	自由变换选中的图层大小	在图层面板中单击选中的图层，按 Ctrl+T 快捷键可自由变换大小
7	快速填充前景色和背景色	在图层面板中单击选中的图层，按 Alt+Delete 填充前景色；按 Ctrl+Delete 填充背景色
8	移动图层	按快捷键 V
9	撤回上一步操作	按 Ctrl+Z 快捷键

4. 选区的创建、编辑与基本应用

Photoshop 中的选区工具是用来选择和限定图像中特定区域的工具，以便进行编辑、调整或应用滤镜等操作。

（1）选区工具及其选项设置

选区工具主要位于工具箱中，以下是几种常见的选区工具及其选项设置。

● 矩形选框工具：选择矩形区域。在选项栏中，可以设置选区的样式（正常、固定比例、固定大小）、羽化值、填充颜色等。

● 椭圆选框工具：选择椭圆形区域。选项栏中同样可以设置选区的样式、羽化值、填充颜色等。

- 套索工具：通过手动绘制路径来选择区域。选项栏中可以设置选区的样式（正常、多边形、磁性）、羽化值、填充颜色等。
- 快速选择工具：通过单击或拖动来快速选择区域。选项栏中可以设置选区的样式（正常、快速蒙版、画笔）、画笔大小、硬度等。
- 魔棒工具：通过单击来选择颜色相似的区域。选项栏中可以设置选区的容差值、消除锯齿、填充颜色等。

除了上述选区工具外，还有对象选择工具、多边形套索工具、磁性套索工具等，它们也具有各自的选项设置。在使用选区工具时，可以通过选项栏中的设置来调整选区的样式、大小、颜色等属性，以适应不同的选择需求。

（2）选择菜单的使用

在 Photoshop 中，"选择"菜单是用于对选区进行各种编辑的菜单。以下是一些常见的"选择"菜单命令及其作用。

- "全部"命令：选择当前视图中的全部内容。
- "取消选择"命令：取消对当前选区的选择。
- "重新选择"命令：恢复刚取消的选区。但需要注意的是，在创建其他选区时，该命令不可用。
- "反向"命令：将当前选区反转，即由原来选框外区域变为选中的部分。
- "所有图层"命令：选择除背景图层以外的其他所有图层。
- "取消图层选择"命令：取消对当前图层的选择。
- "相似图层"命令：选择所有与当前选择的图层相似的图层。
- "色彩范围"命令：根据颜色容差的大小，选择颜色相似的区域。可以通过移动鼠标到图像窗口中单击，选择要选取的颜色，按 Shift 键可加选，按 Alt 键可减选。对于颜色容差，较低将限制色彩范围，较高会增大色彩范围。
- "载入选区"命令：可以将指定图层或通道的选区载入。

（3）选区的基本应用

在 Photoshop 中，选区的基本应用包括以下几种。

- 复制和粘贴：选中选区后，可以通过"编辑"菜单中的复制和粘贴命令，或者使用快捷键 Ctrl+C 和 Ctrl+V 来复制和粘贴选区的内容。
- 填充：填充是指将选区填充为特定的颜色或图案。可以通过"编辑"菜单中的"填充"命令，或者使用快捷键 Shift+F5 来打开"填充"对话框进行填充。填充内容可以使用前景色、背景色、自己选择的颜色以及图案进行填充。
- 变换：变换是指对选区进行缩放、旋转、倾斜等变换操作。可以通过"编辑"菜单中的"变换"命令，或者使用快捷键 Ctrl+T 来打开"变换"对话框进行变换操作。

例 5-3　制作图像的羽化效果。

在 Photoshop 中打开一张图片，选择工具箱中的椭圆选框工具，如图 5-3 所示，在图像中选取一个椭圆选区。单击"选择"菜单的"修改"中的"羽化"命令，在弹出的对话框中输入羽化半径值，如 50 像素，并单击"确定"按钮。按快捷键 Ctrl+J 快速复制羽化的选区图像。按快捷键 F7 打开图层面板，在面板中关闭"背景"图层的显示，即可看到羽化的图像效果，如图 5-4 所示。

微视频：
例 5-3

图 5-3 使用椭圆工具创建选区

图 5-4 羽化效果图

提示： 在 Photoshop 中，对选区进行羽化处理，可使其边缘呈现出柔和的过渡效果。羽化选区可以使图片更加自然，避免生硬的边缘。需要注意的是，羽化半径值的大小会影响羽化效果的程度，可以根据实际需要进行调整。

5. 图像的编辑与修饰

图章工具和修复工具是 Photoshop 中常用的图像编辑与修饰工具，可以帮助用户快速修复图像中的问题，如污点、瑕疵等。

（1）图章工具

仿制图章工具：可以用于复制图像中的特定区域，并将其应用到其他位置。使用方法如下：

① 在工具箱中选择 "仿制图章工具"。

② 在选项栏中设置画笔大小、硬度等参数。

③ 按住 Alt 键在图像中选择要复制的区域，松开鼠标后即可在其他位置应用该区域。

图案图章工具：可以用于将一个图案重复应用到图像中。使用方法如下：

① 在工具箱中选择 "图案图章工具"。

② 在选项栏中选择要应用的图案。

③ 在画布上涂抹即可将图案应用到相应位置。

（2）修复工具

污点修复工具：可用于去除图像中的污点、瑕疵等。使用方法如下：

① 在工具箱中选择 "污点修复画笔工具"。

② 在选项栏中设置画笔大小、硬度等参数。

③ 在画布上涂抹污点即可自动修复。

修复画笔工具：可用于修复图像中的瑕疵、色斑等。使用方法如下：

① 在工具箱中选择 "修复画笔工具"。

② 在选项栏中设置画笔大小、硬度等参数。

③ 在画布上涂抹瑕疵即可自动修复。

修补工具：可用于选择并移动图像中的特定区域，并将其应用到其他位置。使用方法如下：

① 在工具箱中选择 "修补工具"。

② 在选项栏中选择 "源" 或 "目标" 选项。

③ 在画布上选择要移动的区域，将其拖动到其他位置即可。

红眼工具：可用于去除照片中的红眼效果。使用方法如下：

① 在工具箱中选择 "红眼工具"。

② 在选项栏中设置画笔大小、瞳孔大小等参数。

③ 在照片中的红眼位置涂抹即可去除红眼效果。

例 5-4　去除人像的 "斑点"。

在 Photoshop 中打开一张需要去除斑点的图片，选择工具箱中的 "污点修复画笔工具"，如图 5-5 所示。缩放画笔大小，比斑点稍微大一点即可，然后单击鼠标就可以去除斑点了。去除斑点后的图像效果如图 5-6 所示。

微视频：
例 5-4

提示 1： 按住 Alt 键并右击，水平左右拖动鼠标，可以缩小、放大污点修复画笔的大小；上下垂直拖动鼠标，可以减小和增加污点修复画笔的硬度值。

图 5-5 使用污点修复画笔工具

图 5-6 去除图像"污点"效果图

提示 2：污点修复画笔工具主要用于处理和修复照片中的污点和其他不理想部分。

在使用污点修复画笔工具时，只需要确定需要修复的位置，调整好画笔大小，移动鼠标并单击污点就会在确定需要修复的位置自动匹配，操作简单且实用。

6. 图像的色彩、明暗和对比度调节

Photoshop 的"图像"菜单主要是用于对图像进行各种处理和调整的。其中的"调整"子菜单下有各种常用的图像调整命令，包括亮度 / 对比度、色阶、曲线、色相 / 饱和度、色彩平衡等。这些命令可以用来改变图像的色彩、明暗和对比度等。以下是其中一部分常用命令的使用方法。

（1）亮度 / 对比度：打开图片，在"图像"菜单中单击"调整"，选择"亮度 / 对比度"，在弹出的对话框中，通过拖动亮度和对比度滑块来调整图像的亮度和对比度。

（2）色阶：打开图片，在"图像"菜单中单击"调整"，选择"色阶"，在弹出的对话框中，通过拖动黑、灰、白 3 个滑块来调整图像的明暗程度和色彩分布。

（3）曲线：打开图片，在"图像"菜单中单击"调整"，选择"曲线"，在弹出的对话框中，通过拖动曲线的形状来调整图像的色彩分布和明暗程度。

（4）色相 / 饱和度：打开图片，在"图像"菜单中单击"调整"，选择"色相 / 饱和度"，在弹出的对话框中，通过拖动色相、饱和度和明度滑块来调整图像的色相、饱和度和明暗度。

（5）色彩平衡：打开图片，在"图像"菜单中单击"调整"，选择"色彩平衡"，在弹出的对话框中，通过拖动红、绿、蓝 3 个滑块来调整图像的色彩分布和明暗程度。

（6）替换颜色：打开图片，在"图像"菜单中单击"调整"，选择"替换颜色"，在弹出的对话框中，通过选择要替换的颜色来替换图像中的特定颜色。

需要注意的是，不同的命令有不同的选项和参数供用户选择。同时，建议在使用这些命令之前，先对图像进行备份，以免出现意外情况。

例 5-5　调整过曝照片及色彩。

过曝照片是指曝光过度，导致照片中的某些区域过于明亮或亮白，失去了细节和颜色。在 Photoshop 中打开一张过曝照片图片，如图 5-7 所示。按快捷键 Ctrl+L 调出色阶工具，在弹出的"色阶"对话框中分别拖动黑、白、灰 3 个滑块来调整图像的明暗程度和色彩分布，如图 5-8 所示。按快捷键 Ctrl+U 调出色相 / 饱和度工具，根据需要调整饱和度和明度滑块，如图 5-9 所示。调整后的图像效果如图 5-10 所示。

提示 1："色阶"对话框通过改变图像直方图中的黑白比例来调整图片的亮度，使图片的对比度和色彩更加鲜艳和清晰。对话框有 3 个可拖动的滑块，分别代表黑、灰和白。

- 黑：向右移动滑块会使图片暗部更暗，向左移动滑块会使暗部更亮。
- 灰：向右移动滑块会使图片亮部更多，向左移动滑块会使暗部更多。

- 白：向右移动滑块会使图片亮部更亮，向左移动滑块会使暗部更暗。

需要注意的是，调整色阶时要小心，过度调整会使图像失去细节和真实性。

提示 2：色相、饱和度、明度是描述图像颜色的 3 个重要属性。

- 色相（hue）：色相是颜色的基本属性，表示颜色的"相貌"。色相的变化可以产生不同的颜色。
- 饱和度（saturation）：饱和度是颜色的纯度或强度。饱和度高的颜色通常看起来更鲜艳，而饱和度低的颜色则看起来更灰暗。

图 5-7　打开过曝照片图片

图 5-8　使用色阶工具调整明暗程度

图 5-9　使用色相/饱和度工具

图 5-10　调整后的图像效果

● 明度（lightness）：明度描述的是颜色的亮度或暗度。明度高的颜色看起来更亮，而明度低的颜色看起来更暗。

7. 图层及蒙版的基本操作与应用

图层和蒙版是 Photoshop 中非常重要的概念和功能，它们在图像处理和编辑中应用广泛。

（1）图层的基本操作与应用

● 创建图层：在图层面板中单击"创建新层"按钮，或者从菜单中选择"图层"→"新建"→"图层"命令，可以创建一个新的图层。

● 复制图层：在图层面板中选中需要复制的图层，然后拖曳到"创建新层"按钮上，或者从菜单中选择"图层"→"复制图层"命令，可以复制一个相同的图层。

● 删除图层：在图层面板中选中需要删除的图层，然后单击"删除"按钮，或者从菜单中选择"图层"→"删除"命令，可以删除选中的图层。

● 调整图层顺序：在图层面板中选中需要调整顺序的图层，然后将其拖曳到需要的位置上，或者从菜单中选择"图层"→"排列"命令来调整图层顺序。

● 合并图层：在图层面板中选中需要合并的图层，然后从菜单中选择"图层"→"合并"命令来合并选中的图层。

● 设置图层混合模式：在图层面板中选中需要设置混合模式的图层，然后从菜单中选择"图层"→"混合模式"命令，可以选择不同的混合模式来改变图像效果。

● 应用滤镜效果：在选中图层上应用滤镜效果，可以在该图层上添加特殊效果，如模糊、锐化、扭曲等。

（2）蒙版的基本操作与应用

● 创建蒙版：在图层面板中选中需要添加蒙版的图层，然后单击"添加蒙版"按钮，或者从菜单中选择"层"→"蒙版"→"新建蒙版"命令来创建蒙版。

● 编辑蒙版：在蒙版上使用画笔工具进行涂抹，黑色涂抹将隐藏图层的对应区域，白色涂抹将显示图层的对应区域。可以通过调整蒙版的不透明度和流量来控制隐藏和显示的程度。

● 快速选择蒙版：在选中蒙版的情况下，可以使用快速选择工具来选择蒙版上的部分内容，方便进行后续的编辑操作。

● 应用蒙版效果：可以将蒙版应用到其他图层上，实现图像效果的叠加和融合。可以通过调整蒙版的属性和应用方式来达到不同的效果。

● 调整蒙版与图层的关联：可以通过调整蒙版和图层的相对位置和大小来改变蒙版应用的效果范围和大小。

图层和蒙版是 Photoshop 中非常重要的概念和功能，可以帮助用户方便地进行图像处理和编辑操作，实现各种特殊效果和应用。在使用过程中需要注意它们的属性和应用方式，以便更好地发挥作用。

例 5-6　利用蒙版抠取人物图像。

利用蒙版抠取图像是一种常见的图像处理技术，它可以保留原图的边缘细节，使图像更加自然。在 Photoshop 中打开一张人像图片，如图 5-11 所示。单击"选择"菜单中的"主体"命令，实现人物的快速选择，如图 5-12 所示。单击图层面板下侧"添加蒙版"命令，实现人物的快速抠取，如图 5-13 所示。观察抠取的图像，如有抠取缺失或多余的部分，可使用画笔工具，分别在图层蒙版上绘制白色或黑色来增加或去除图像，最终效果如图 5-14 所示。

微视频：

例 5-6

图 5-11 打开人物图片

图 5-12 使用"主体"命令选择人物

图 5-13 使用蒙版抠取人物

图 5-14 调整后的图像效果

提示 1：“选择”菜单中的“主体”命令是一种智能选择工具，可以快速地选择画面中的主体。系统会自动分析画面中的颜色、边缘和纹理等特征，计算出画面中的主体。计算完成后，会在画面中形成一个选区。需要注意的是，Photoshop“选择”菜单中的“主体”命令并不是万能的，对于一些复杂的画面或者主体与背景颜色相近的图片，可能会出现选择不准确的情况。此时，需要手动调整选区或者使用其他选择工具进行操作。

提示 2：图层蒙版是最常用的蒙版类型，它允许将不同明暗度转化为相应的透明度，从而控制图像的显示和隐藏。通过在图层上添加蒙版，可以使用黑色和白色画笔调整图像的显示区域，从而实现无缝拼接、遮罩等效果。

8. 文字的基本使用

在 Photoshop 中，文字的创建和编辑主要有以下几种方法。

（1）创建点文本：使用文本工具在画布中单击，确定文字插入点，然后输入文字。这是默认的文字创建方式，适合少量文字的输入。

（2）创建段落文本：使用“文字工具”在画布中拖曳，绘制文本框插入文字。这种方式适合大段文字的输入，可以实现文字的自动换行和排列。

（3）改变文字大小：可以通过快捷键 Ctrl+Alt+Shift+> 或 < 键，每次加减来改变文字大小。

（4）改变文字字体：选中当前图层的字体下拉菜单中的字体名称后（蓝色），按上、下方向键可以动态地改变文字的字体。

（5）使用字符面板：字符面板对字体、大小、字距、行距、颜色、对齐方式等进行精确设置，还可以使用“字符样式”面板存储常用的字符（串）各项参数，减少重复工作。

（6）编辑文字内容：选择指定文字内容后，按 Ctrl+Shift+U 快捷键，使用 / 不使用下画线；按 Ctrl+Shift+/ 快捷键，使用 / 不使用中画线；按 Ctrl+Shift+K 快捷键，使用 / 不使用大写字母；按 Ctrl+Shift+H 快捷键，使用 / 不使用小写或大写字母；按 Ctrl+Shift+ 加号键，使用 / 不使用上标；按 Ctrl+Shift+Alt+ 加号键，使用 / 不使用下标；按 Ctrl+Shift+L 快捷键，文字左对齐。

（7）文字与图层关联：按住 Ctrl 键单击文字图层缩览图，可将文字转换为文字选区；按住 Alt 键单击文字图层缩览图，可将文字转换为路径。

（8）选项栏设置：通过选项栏设置文本取向、字体、大小、样式、颜色、对齐方式等。

例 5-7　路径文字实现。

路径文字是指在路径上输入的文字，文字沿着路径的形状排列。在 Photoshop 中，可以使用路径工具和文字工具来创建路径文字。在 Photoshop 中打开一张图片，如图 5-15 所示。单击“选择”菜单中的“主体”命令，实现画面主体的快速选择。单击“选择”菜单中的“修改”命令中的“扩展”命令，在出现的扩展参数面板中输入扩展值 30 像素，实现画面主体的扩展选择，如图 5-16 所示。单击工具箱中的任意一个选择工具，例如“矩形选择工具”，在图像的选区内部右击，在快捷菜单中选择“建立工作路径”命令，如图 5-17 所示，弹出容差值设置面板，单击“确定”按钮，完成图像路径的建立，如图 5-18 所示。单击使用工具箱中的横排文字工具，在图像的路径上单击并输入文字，单击“窗口”菜单中的“字符”命令打开并设置文字大小、间距、颜色等效果，如图 5-19 所示，完成后的图像效果如图 5-20 所示。

例 5-7

例 5-7 素材

图 5-15　打开图片

图 5-16　选择画面主体并扩展选区

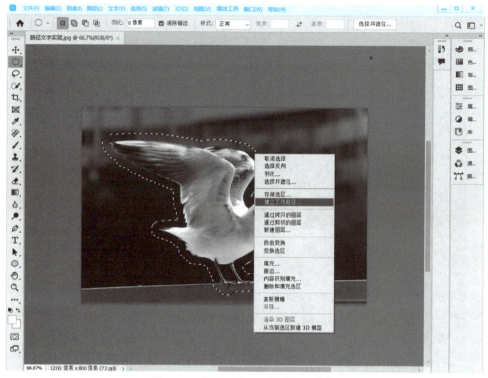

图 5-17 使用"建立工作路径"命令

图 5-18 完成图像路径的建立

图 5-19　使用文字工具添加文字

图 5-20　路径文字完成效果

提示 1:"扩展"命令可以扩大选区的范围,以像素为单位进行扩展,范围为 1~100 px。

提示 2:使用快捷菜单中的"建立工作路径"命令后,可以在"路径面板"中查看到相应的工作路径;如果需要将工作路径转换为选区,可以在"路径面板"中按住 Ctrl 键并单击路径缩略图完成选区的载入。

提示 3:可以使用"字符面板"进行文字的字体、字号、行间距等设置,也可以在文字工具的属性栏中进行设置。

5.3　音频素材的处理

5.3.1　音频数字化处理概述

声源振动造成空气压力的变化,从而产生声音。这是一种模拟信号,以空气为媒介进行传播。声音包括次声波(低于 20 Hz)、可听声波(20~20 000 Hz)和超声波(高于 20 000 Hz)三类,人耳能感应到的声音频率范围是 20~20 000 Hz,通常把这个频率段的声音称为音频。在生活中,由于人们使用的习惯,不区分声音与音频。

音频数字化是指通过采样将连续的模拟声音信号首先转换为电平信号,再通过量化和编码将电平信号转换为二进制的数字信号,即模 / 数转换(A/D 转换)。而利用计算机系统播放声音的过程恰好相反,先将二进制的数字信号转换为模拟的电平信号即数 / 模转换(D/A 转换),再由扬声器播出。音频的 A/D 和 D/A 转换都是由音频卡完成的。

音频数字化处理是指将连续的模拟音频信号转换为离散的数字信号的过程,以便进行存储、传输、编辑和重放等操作。这个过程主要包括 3 个步骤:采样、量化和编码。

1. 采样

采样是将连续的模拟音频信号在时间上离散化的过程。采样频率决定了数字化音频的质量和所需的存储空间。采样频率越高,音频质量越好,但所需的存储空间也越大。常见的采样频率有 44.1 kHz、48 kHz 等。

2. 量化

量化是将采样得到的模拟信号值在幅度上进行离散化的过程。量化位数(或称为量化精度)决定了音频信号的动态范围和信噪比。量化位数越高,音频质量越好,但所需的存储空间也越大。常见的量化位数有 16 位、24 位等。

3. 编码

编码是将量化后的数字信号转换为二进制码流的过程。编码方式有多种,如 PCM(脉冲编码调制)、MP3、AAC 等。不同的编码方式具有不同的压缩比和音质特点,适用于不同的应用场景。

常用的音频处理软件有 Adobe Audition、Audacity、Cool Edit Pro、Sound Forge、Ardour 等,这些软件各有特色,可以根据自己的需求选择适合的软件。

5.3.2　常用的音频文件格式

1. MP3 格式

MP3 是一种广泛使用的有损音频压缩格式,其全称是动态影像专家压缩标准音频层面 3

（moving picture experts group audio layer Ⅲ），简称为 MP3。MP3 格式的优点在于其文件相对较小，音质也相对较好。由于 MP3 格式的开放性和通用性，许多音频播放器和设备都支持 MP3 格式，使得它成为音频文件交换和播放的主要格式之一。根据压缩质量和编码复杂程度的不同，MPEG 音频文件被划分为 3 层，即 Layer-1、Layer-2 和 Layer-3，分别对应 MP1、MP2 和 MP3 这 3 种声音文件。

2. WAV 格式

WAV 是一种无损音频格式，也称为波形文件，是微软公司专门为 Windows 系统开发的一种标准数字音频文件，它记录了音频信号的原始波形，因此保真度极高。WAV 格式支持多种音频位数、采样频率和声道，标准格式化的 WAV 文件和 CD 格式一样，也是 44.1 kHz 的采样频率，16 位量化数字，因此声音文件质量和 CD 相差无几。但由于其文件较大，适用于需要高质量音频的场合，如音乐制作、声音录制、影视制作等领域。

3. WMA 格式

WMA（windows media audio）是一种由微软公司开发的音频格式。WMA 格式在压缩比和音质方面都超过了 MP3，因此可以在保证音质的同时，将文件压缩得更小。此外，WMA 格式还支持版权保护功能，可以限制音频文件的复制和传播。

WMA 格式在推出后得到了广泛的支持和应用，许多音频播放器、编辑工具以及操作系统都支持 WMA 格式的音频文件。同时，由于 WMA 格式在压缩比和音质上的优势，它也被广泛应用于网络音频传输、流媒体服务、数字音乐等领域。

4. CD 格式

CD 格式是最好的音频格式，标准 CD 格式是 44.1 kHz 的采样频率，速率是 88 kbps，16 位量化位数，因为 CD 音轨是近似无损的，因此它的声音基本上与原声一致。CD 音频文件是一个 *.cda 文件，这只是一个索引信息，并不是真正地包含声音信息，所以不论 CD 音乐多长，*.cda 文件都是 44 字节。所以不能直接复制 CD 格式的 *.cda 文件到硬盘上播放，需要时只能用音频格式转换软件转换为其他音频格式才能运行或编辑。

5. MIDI 格式

MIDI（music instrument digital interface，乐器数字接口）是一种电子音乐设备和计算机的通信标准。MIDI 格式的文件并不包含音频数据，而是包含了音乐的音符、乐器和控制信息。这些信息以数值形式存储，每个 MIDI 文件都是一系列带时间特征的指令串。MIDI 文件所产生的声音取决于放音的 MIDI 设备。要将 MIDI 文件转换为实际的声音，需要使用专门的 MIDI 播放器或音乐制作软件，这些软件可以将 MIDI 文件解释为音乐声音，并以音频形式播放出来。MIDI 文件通常比音频文件（如 WAV 或 MP3）小得多，可以编辑和重新组合，这使得它们非常适合于音乐制作、音乐编曲、合成器、电子键盘、音乐教育和音乐游戏等应用程序。

6. FLAC 格式

FLAC 是一种无损音频压缩格式，它可以在不损失任何音频信息的情况下压缩文件大小。由于其无损压缩的特点，FLAC 格式在音质上可以与 WAV 格式相媲美，但文件却小得多。

7. AAC 格式

AAC 是一种有损音频压缩格式，它提供了比 MP3 更好的音质和更低的文件大小。AAC 格式被广泛应用于音频编码、音乐下载、在线音乐播放等领域。

8. OGG 格式

OGG 是一种开源的有损音频压缩格式,它通常用于网络流媒体和音频播放。OGG 格式在音质和文件大小之间取得了良好的平衡,被广泛应用于音乐分享、网络广播等领域。

5.3.3　利用 Adobe Audition 处理音频素材

1. Adobe Audition 软件简介

Adobe Audition(简称 Au)是由 Adobe 公司开发的一款功能强大的音频处理软件。该软件原名为 Cool Edit Pro,后被 Adobe 公司收购并更名为 Adobe Audition,可以用于录制、混音、修复和处理音频素材。此外,该软件还可以与其他应用程序(如 Premiere Pro、After Effects 和 Photoshop 等)集成,方便用户在不同应用程序之间进行协作和分享。Au 编辑界面如图 5-21 所示。多轨录制的编辑界面如图 5-22 所示。

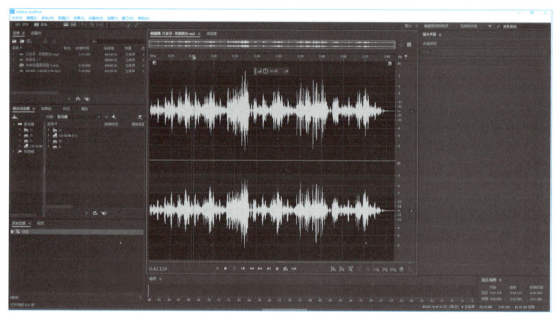

图 5-21　新建音频文件界面

2. 使用 Adobe Audition 处理音频素材的基本操作

(1)录制音频

使用 Adobe Audition 的录音功能来录制音频素材。选择适当的录音设备(如话筒)并设置录音参数(如采样率、位深等)后,就可开始录制了。

(2)导入音频

如果已经有现成的音频文件,可以使用 Adobe Audition 的导入功能将其导入。Au 支持多种音频格式,如 WAV、MP3、AIFF 等。

(3)剪辑音频

Adobe Audition 提供了丰富的剪辑工具,可以对音频进行裁剪、拼接、删除等操作。可以使用这些工具来去除不需要的部分,或者将多个音频片段组合成一个完整的作品。

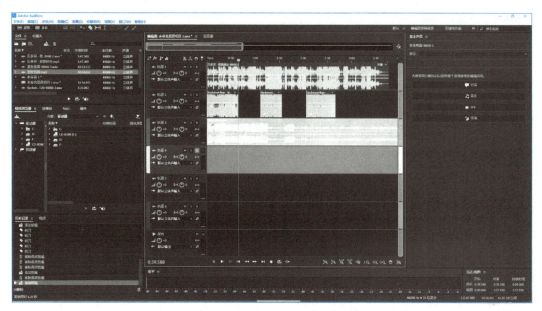

图 5-22　新建多轨会话界面

（4）添加效果

Adobe Audition 内置了多种音频效果，如混响、压缩、均衡器等。可以根据需要为音频添加这些效果，以改善音质或增加特定的听觉体验。

（5）降噪和修复

如果音频中存在噪声或其他问题，可以使用 Adobe Audition 的降噪和修复功能来进行处理。例如，可以使用噪声消除功能去除背景噪声，或者使用音频修复工具来修复损坏的音频。

（6）导出音频

完成音频处理后，可以使用 Adobe Audition 的导出功能将处理后的音频导出为所需的格式。可以选择适当的导出参数（如采样率、位深等），并指定导出文件的保存路径。

除了以上基本功能外，Adobe Audition 还提供了许多高级功能，如多轨混音、音频合成等。这些功能可以帮助用户更好地处理音频素材，实现更复杂的音频处理任务。

例 5-8　制作电影播放预告片的音效。

1. 收集素材

从电影原声带或其他来源收集相关的音效素材，如片头曲、片尾曲、效果声音等。将这些素材导入 Adobe Audition "文件"面板中。

2. 新建文件

单击"文件"→"新建"→"多轨会话"，设置"会话名称"为"电影播放预告片音效"，指定文件保存在"临时文件"中，设置"采样率"为"48000"，设置"位深度"为"16"，设置"混合"为"立体声"。

3. 剪辑与整理

（1）从"文件"面板中把素材拖到"编辑器"面板的多条轨道上，如果素材采样频率与会话采样频率不一致，软件会提示，如图 5-23 所示。

微视频：

例 5-8

例 5-8 素材

图 5-23　音频采样频率不匹配对话框

（2）使用 Adobe Audition 的剪辑工具对音效素材进行剪辑和整理，只保留需要的部分，将剪辑后的音效按照预告片的情节和节奏进行排列和组合。

4. 音频处理

（1）检查每段素材的音量，如果发现音量过小，可以使用"效果"→"振幅与压限"→"增幅"功能来调整音量，也可以使用"混音器"面板调整素材的音量，使声音听起来更加自然和平衡。

（2）如果素材中有噪声（如背景噪声、嗡嗡声等），可以使用"效果"→"降噪 / 恢复"→"降噪（处理）"功能去除这些噪声。

（3）如果需要添加混响或其他效果，可以使用"效果"→"混响"或其他命令来添加。在混音过程中，可以不断试听和调整，直到达到满意的效果。

5. 过渡与衔接

在音效之间添加过渡效果，例如使用交叉淡入淡出等效果，使它们之间更加流畅和自然。先选中需要设置淡入或淡出效果的音频部分，单击"效果"→"振幅与压限"→"淡化包络（处理）"→"平滑淡出" / "平滑淡入"。或者在音频区域找到方形图标，单击该图标，然后拖曳就可以加入淡入或淡出效果，如图 5-24 所示。

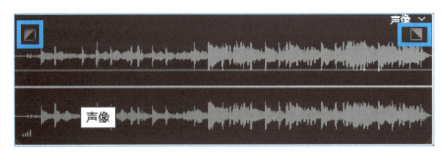

图 5-24　淡入与淡出的方形图标

6. 导出

在混音完成后，单击"文件"→"导出"→"多轨混音"，选择合适的音频格式（如 MP3、WAV 等），单击"保存"按钮，将最终的音频文件保存到指定位置。

5.4 视频素材的处理

5.4.1 视频数字化处理概述

视频是由一系列连续单独的画面（称为帧，frame）组成。这些画面以一定的速率（帧率，fps）连续地投射在屏幕上，使人们产生画面连续运动的感觉，这样连续的画面被称为视频。视频依赖人眼的视觉暂留原理，即人眼看到一幅画面后会在视网膜上有一个短暂的延迟，在 1/24 s 内不会消失，如果此时再有新的图像显示，人们将感觉到画面的连续性。

视频数字化处理是将模拟视频信号转换为数字视频信号的过程，以便进行存储、传输、编辑和显示等操作。这个过程主要包括 3 个步骤：采样、量化和编码。

（1）采样：信号处理中的一个重要步骤。它指的是在连续时间信号或空间信号上，以一定的时间或空间间隔，取出其值的过程。采样可以理解为对信号进行数字化处理的第一步，即将时间或空间上的连续信号转换为离散信号。在扫描的过程中，对每个像素点的亮度、色度等信息进行采样，即获取像素点的值。采样率决定了图像的分辨率和清晰度。

（2）量化：把经过采样的瞬时值的幅度离散，并把瞬时值用最接近的电平值来表示的过程。这一过程具体包括将采样值的整个变化区域划分成有限个不重叠区段，每一区段给一数位量化值，当一取样值落在某一区段时，即用此区段数位量化值来代表它。此外，量化还应用于从连续信号到数字信号的转换中，连续信号经过采样成为离散信号，离散信号经过量化成为数字信号。

（3）编码：信息从一种形式或格式转换为另一种形式的过程，也称为计算机编程语言的代码。在这个过程中，用预先规定的方法将文字、数字或其他对象编成数码，或将信息、数据转换成规定的电脉冲信号。编码的种类繁多，包括二进制编码、十进制编码、ASCII 编码、Unicode 编码、哈夫曼编码、差分脉冲编码调制（DPCM）等。

处理视频的软件有很多种，这些软件提供了从基本的剪辑和编辑到高级的颜色矫正、音频调整、特效和动画等一系列功能。常用的视频处理软件有 Adobe Premier、Lightworks、会声会影、爱剪辑等。

5.4.2 常用的视频文件格式

1. AVI 格式

AVI（audio video interleaved）是一种较早的数字视频格式，AVI 文件将音频和视频数据包含在一个文件容器中，允许音视频同步回放，可以将视频和音频数据交织在一起存储，具有较好的兼容性和稳定性，但文件较大。需要注意的是，AVI 格式至少有几十种编码，不同的编码方式需要不同的解码器才能播放，因此在使用时需要注意选择合适的解码器。

2. MP4 格式

MP4 是一种常用的数字视频格式，是在 ISO/IEC 14496-14 标准文件中定义的，属于 MPEG-4 的一部分，由国际标准化组织和国际电信联盟（ITU）共同制定。它采用 H.264、AAC 等高效编码技术，与 AVI 格式相比，MP4 格式具有更高的压缩效率和更好的兼容性。它支持多种音视频编码标准,可以在不同的设备和平台上进行播放,因此被广泛应用于网络视频、移动媒体、数字电视等领域。

3. WMV 格式

WMV 是微软公司开发的一系列视频编解码及其相关的视频编码格式的统称,它具有较好的压缩率和流媒体特性,在同等视频质量下,WMV 格式的文件体积非常小,可以边下载边播放,因此非常适合在网上播放和传输。

4. MOV 格式

MOV 是一种由苹果公司开发的数字视频格式,用于存储常用的数字媒体类型,支持多种编码格式,具有较好的兼容性和音画质量,具有跨平台使用的特点。需要注意的是,尽管 MOV 格式具有很多优点,但由于其专有性,有些播放器可能无法直接打开 MOV 格式文件。此时,用户可以尝试使用 QuickTime、暴风影音、QQ 影音等软件来播放 MOV 格式文件。

5. RMVB 格式

RMVB 中的 VB 指 variable bit rate(可变比特率)。它是 RealNetworks 公司开发的 RealMedia 多媒体数字容器格式的可变比特率(VBR)扩展版本。RMVB 格式打破了原先 RM 格式那种平均压缩采样的方式,在保证平均压缩比的基础上,设定了一般为平均采样率两倍的最大采样率值。因此,RMVB 在画面质量上相较于 RM 格式有了很大提高,同时文件大小也相应减小,更适合在网络中传输和播放。需要注意的是,RMVB 格式在某些设备和应用程序上可能不受支持。

6. MPEG 格式

MPEG(moving picture expert group)即运动图像专家组。这是一种视频压缩格式,MPEG 标准的视频压缩编码技术主要利用了具有运动补偿的帧间压缩编码技术以减小时间冗余度,使得流媒体和下载速度比其他流行的视频格式快得多。MPEG 标准主要有 5 个,即 MPEG–1、MPEG–2、MPEG–4、MPEG–7 及 MPEG–21。MPEG–1 旨在将 VHS 质量的原始视频和 CD 音频压缩到 5 Mbps 而不会损失太多的质量,使其成为世界上最流行和广泛兼容的视频 / 音频格式之一。而 MPEG–2 则是为了压缩视频以获得更高质量的视频,并被选为无线数字电视、卫星电视、数字电视和 DVD 视频的压缩方案。

5.4.3　利用 Adobe Premiere 处理视频素材

1. Adobe Premiere 软件简介

Adobe Premiere(简称 Pr)是一款功能强大的非线性编辑软件,可以进行视频段落的组合和拼接,并提供一定的特效与调色功能。它支持多种视频格式和多种转场效果,可以添加字幕、图标等视频效果,还可以调整音视频同步、改变视频特征参数等。此外,Premiere 还提供了与其他 Adobe 软件的集成,如 Adobe Photoshop、Adobe After Effects 和 Adobe Audition 等,方便用户在不同软件之间进行协作和分享。Pr 软件界面如图 5–25 所示。

2. 使用 Adobe Primere 软件处理视频的基本操作

(1)建立项目文件

创建新项目:单击"文件"→"新建"→"项目",在弹出的对话框中设置项目的名称,指定项目保存位置等参数,单击"创建"按钮创建新项目。需要特别注意,由于视频编辑需要占用较大的存储空间,所以建议提前在计算机较大的硬盘中创建一个"临时文件"夹来存储新建项目。

图 5-25   Pr 软件界面

（2）自定义创建序列

在自定义创建序列的过程中，需要了解以下三大电视节目制式。

① PAL 制式：欧洲和我国采用这种制式。每帧 625 线（50 Hz），规定视频源每秒钟需要发送 25 幅完整的画面（帧）。

② NTSC 制式：每帧 625 线（50 Hz），规定视频源每秒钟需要发送 30 幅完整的画面（帧）。北美和日本采用这种制式。

③ SECAM 制式：顺序传输和存储的彩色电视系统，法国采用的一种电视制式。视频画面包括标准屏幕和宽屏幕两种。标准屏幕为 4∶3 的长宽比，宽屏幕为 16∶9 的长宽比。

操作步骤：

制作视频时一般选择 DV-PAL 制式中宽屏幕、48 kHz 的音频采样频率作为参数。在项目面板中，右击空白区域，在快捷菜单中选择"新建项目"→"序列"，在弹出的对话框中设置序列的名称，"视频格式"为"DV-PAL"中的宽屏幕，48 kHz 等。

（3）导入素材剪辑

剪辑是指一部电影的原始素材，可以是一段电影、一幅静止图像或者一个声音文件。在 Premiere 中一段剪辑就是指向硬盘文件的指针，剪辑素材可以成为 Premiere 视频编辑中的原始素材，并通过编辑、剪接后制作合成输出为最终的影像节目。

操作步骤：打开 Adobe Premiere 软件，单击"文件"→"导入"素材。可以从计算机中选择文件，也可以直接将文件拖曳到 Premiere 的项目面板中。

（4）组装和编辑剪辑

将导入的视频素材拖曳到时间线面板中的序列上，或者选中素材后右击，在快捷菜单中选择"添加到序列"。

在时间线面板中，可以使用剪刀工具来剪辑视频。将播放头定位到需要剪辑的位置，单击剪刀工具，然后单击时间线上的视频轨道，将视频分割成多个片段。可以删除不需要的片段，或者将它们重新排列。

（5）添加"视频过渡"和"音频过渡"效果

Adobe Premiere 提供了多种过渡效果，在"窗口"→"效果控制"面板→"视频过渡"/"音频过渡"中可以找到各种过渡效果，将其拖曳到时间线上的视音频片段之间，可以使视音频片段之间的切换更加平滑。

（6）添加关键帧

在视频编辑和动画制作中，关键帧用于指定物体或角色在不同时间点的位置和属性，如位置、旋转、缩放、透明度等。通过设置关键帧，可以创建出平滑的动画效果。选中对应剪辑后，在"窗口"→"效果控制"面板中设置。

（7）添加"视频特效"和"音频特效"

Adobe Premiere 提供了丰富的视频调整功能，包括亮度、对比度、色彩饱和度等。在"窗口"→"效果控制"面板→"视频特效"/"音频特效"中可以找到这些调整选项，将其拖曳到对应的剪辑上，然后打开"效果控制"面板，通过调整参数来改变视音频剪辑的变化。

（8）添加字幕

Adobe Premiere 提供了字幕和标题的功能，可以在视频中添加文字信息。在"标题"面板中可以选择不同的字幕和标题样式，并将其拖曳到时间线面板中的视频轨道上。单击"窗口"→"文本"→"创建新字幕轨"或"转录序列"或"从文件导入说明性文字"。

（9）输出电影剪辑

完成视频剪辑后，单击"文件"→"导出"来导出最终的视频文件。在弹出的对话框中，设置输出格式、分辨率和保存位置等参数。单击"导出"按钮开始导出视频。特别提醒：记得在剪辑过程中保存项目，以便随时进行修改和导出。

例 5-9　"欢度春节"视频制作。

（1）建立项目文件。打开 Adobe Premiere，指定文件存储位置。

（2）创建时间序列。在"项目面板"中右击，选择快捷菜单中的"新建项目"，打开"序列"对话框，选择"DV-PAL 制式"→"标准 48 kHz"选项。

（3）导入素材。在"项目面板"中右击，选择快捷菜单中的"导入"，导入"素材"文件夹中的"欢度春节 .gif""标题飞入声音 .mp3""烟花爆竹声音 .mp3"。

（4）组装剪辑。将"欢度春节 .gif"拖曳到时间线 V1 轨道起始位置处，将"标题飞入声音 .mp3"拖曳到时间线 A1 轨道起始位置，将"烟花爆竹声音 .mp3"拖曳到时间线 A1 轨道中，连接第一段音频素材。

（5）调整图片素材导入轨道的持续时间。单击"编辑"→"首选项"→"时间轴"→"静止图像默认持续时间"为 1 s。注意：调整后再导入图片素材，持续时间都只有 1 s。

（6）导入图片素材并拖入时间线轨道。在"项目面板"中右击，选择快捷菜单中的"导入"，导入"素材"文件夹中的 10 张图片素材，把 10 张图片拖曳到时间线"序列 01 的 V1 轨道"中并放在"烟花爆竹声音 .mp3"素材上面。

（7）添加图片之间的视频过渡效果。单击"窗口"→"效果"，打开"效果"控制面板→"视频过渡"→"溶解"→"交叉溶解"，拖曳"交叉溶解"到图片之间。

（8）添加字幕。单击"窗口"→"文本"，打开"文本"控制面板→"创建新字幕轨"，设置"格式"为"副标题"，此时时间线上出现了"副标题"字幕轨道。把时间线定位在"00：00：05：07"处，单击"文本"控制面板中的"字幕"选项卡，单击添加字幕按钮 ⊕，输入字幕，然后再到时间线字幕轨道中调整字幕持续时间即可。字幕内容放在"字幕 .txt"文件中。时间线如图 5–26 所示。

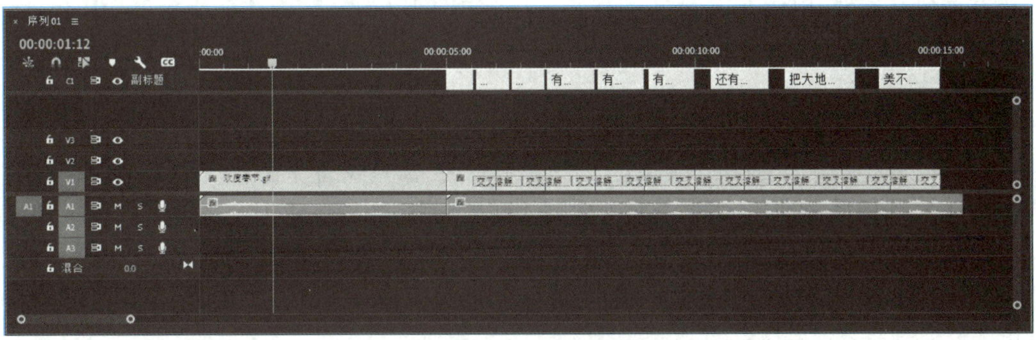

图 5–26　时间线

（9）导出视频。单击"文件"→"导出"→"媒体"，设置文件名、导出位置，指定格式为"H.264"，即 MP4 格式。

5.5　动画素材的处理

5.5.1　动画数字化处理概述

动画是利用人的视觉暂留特性制作的动态影像，通过播放连续的画面给用户造成变化效果。通过动画可以把抽象的内容形象化，使内容变得生动有趣。计算机动画是借助计算机软件生成一系列连续动画的技术，是一种集合了绘画、音乐、数字媒体、影视、文学等于一体的表现形式。动画分为二维动画和三维动画。

动画数字化处理需要对原始的模拟动画信号进行扫描和数字化转换，将其变为计算机能够识别的数字信息。动画数字化处理是一个综合性的过程，它结合了图像处理、计算机图形学、动画设计等多个领域的技术和方法，以创造出丰富多样的动画效果。

处理动画素材的软件有很多种，常用的软件有 Adobe Animate（前称 Adobe Flash Professional）、3ds Max、MAYA、Synfig Studio、Adobe After Effects、Toon Boom Animate。这些软件各有特点，选择哪一款取决于用户的具体需求和熟练程度。对于初学者来说，Adobe Animate 和 Toon Boom Animate 可能是较好的选择，而对于专业动画师和工作室来说，Toon Boom Harmony 可能更适合。

5.5.2　常用的动画文件格式

1. GIF 格式

GIF（graphics interchange format）一种广泛应用于网络传输和简单图像处理的图形交换格

式,GIF 文件的数据是经过压缩的,采用了可变长度等压缩算法,通常用于展示动画和简单的动态效果。GIF 格式并不适合再现具有连续颜色的彩色照片和其他图像。

2. FLV 格式

FLV(flash video)是一种流行的视频动画格式,其编码方式采用了 H.263 视频编码标准以及 AAC 音频编码标准。由于其形成的文件小、加载速度快,主要用于流媒体、网络视频和在线视频广告。由于 FLV 格式是基于 Adobe Flash 技术的,因此在一些不支持 Flash 的设备或平台上可能无法正常播放。此外,由于 FLV 格式的视频文件采用了压缩算法,因此在压缩过程中可能会造成一定的图像质量损失。

3. SWF 格式

SWF(shock wave flash)格式是动画设计软件 Flash 的专用格式。SWF 格式文件通常也被称为 Flash 文件,它使用了一种基于矢量的图形表示方式,这意味着无论放大或缩小,图形都能保持清晰。SWF 文件可以使用 Adobe Flash Player 打开,该插件广泛应用于各种浏览器中,使得用户可以在网页上观看 Flash 动画。由于 SWF 格式的文件小、加载速度快,且支持交互性,因此被广泛应用于网络广告、网站导航、电子贺卡、在线游戏等领域。需要注意的是,使用 SWF 格式的文件可能会遇到兼容性问题。

4. FLA 格式

FLA 是一种基于 Flash 技术的源文件格式,通常用于保存 Flash 动画的原始素材和编辑信息。FLA 文件可以使用 Flash 专业版或 Animate 软件打开和编辑,其中包含了矢量图形、位图图像、音频、视频、文本以及 ActionScript 脚本等多媒体元素。由于 FLA 文件包含了 Flash 动画的全部原始信息,因此体积通常较大,但它们对于保护原始素材和方便后续编辑非常重要。用户可以将 FLA 文件导出为 SWF 格式,以便在网页或其他平台上发布和播放 Flash 动画。

5.5.3 利用 Adobe Animate 处理动画素材

1. Adobe Animate 软件简介

Adobe Animate 简称 AN,它提供了一套强大的工具,让用户能够创建各种类型的动画和交互式内容,包括传统的手绘动画、矢量动画、HTML5 Canvas 和 WebGL 游戏等。此外,它还支持位图图像、文本、音频和视频嵌入以及 ActionScript 脚本制作。Adobe Animate 还具有广泛的导出选项,允许用户将动画导出到如 Photoshop、After Effects 和 Premiere 等应用程序中。它还支持多种输入方式,包括绘图板、触摸屏、鼠标和键盘等。

2. 利用 Adobe Animate 软件处理动画素材的基本步骤

(1)打开 Adobe Animate 软件,并创建一个新项目或打开一个现有项目。

(2)导入所需的动画素材。可以将图像、音频、视频等各种类型的文件导入软件。单击"文件"→"导入"选项导入这些素材。

(3)将导入的素材放置到舞台上。使用鼠标将这些素材拖动到舞台上的适当位置,并调整它们的大小和位置。

(4)对素材进行编辑和修改。使用提供的各种工具和功能编辑和修改这些素材,例如使用绘图工具进行手绘动画的绘制,使用时间轴制作帧动画等。

(5)添加交互性和动画效果。使用交互性工具和动画效果来增强动画,例如添加按钮、滑块等交互元素,以及制作淡入淡出、移动、旋转等动画效果。

（6）预览和测试动画。完成编辑和修改后,可以使用预览功能查看动画效果,并进行必要的调整和优化。

（7）导出动画。导出功能将动画导出为所需的格式,例如 SWF、HTML5、SVG 等,以便在网页或其他平台上发布和播放。

例 5-10 利用逐帧动画的技巧制作"小狗"动画。

微视频:
例 5-10

例 5-10 素材

（1）启动 Adobe Animate 并创建新项目。打开 Adobe Animate,单击"文件"→"新建",设置舞台大小为"200×128",帧速率为"15",平台类型为"ActionScript 3.0"。

注意: 如果制作画面太小,按住 Ctrl+= 或 Ctrl+- 快捷键进行缩放。

（2）将素材"小狗-1.png"和"小狗-2.png"导入库。单击"文件"→"导入"→"导入到库"。

（3）单击"库"面板,把"小狗-1.png"拖曳到舞台内调整好位置,此时第1帧中将放置图片。

（4）在时间轴的"图层1"中选中第2帧,右击,在快捷菜单中选择"插入空白关键帧",然后从"库"面板中把"小狗-2.png"拖入舞台,此时第2帧中放置了另一张图片。

（5）选中第1帧,按住 Shift 键后单击第2帧,同时选中2帧,右击,在快捷菜单中选择"复制帧",选中第3帧和第4帧,右击,在快捷菜单中选择"粘贴帧"。同理,再粘贴到第5帧和第6帧上。此时时间轴如图5-27所示。

（6）将动画源文件存储为"小狗.fla"。

（7）单击"控制"→"测试影片"→"在 Animate 中"观看动画效果,此时将在"小狗跑动.fla"存储位置输出电影文件"小狗.swf"。

图 5-27　"小狗"动画时间轴

例 5-11 利用形状补间动画的技巧制作"苹果熟了"动画。

微视频:
例 5-11

（1）启动 Adobe Animate 并创建新项目。打开 Adobe Animate,单击"文件"→"新建",设置舞台大小为"640×480",帧速率为"12",平台类型为"ActionScript 3.0"。

（2）打开"颜色"面板,将笔触设置为无色,填充色设置为"径向渐变",颜色从绿色（#00FF00）渐变到黑色（#000000）。

（3）在工具箱中选择"椭圆工具",在时间轴的"图层1"中选中第1帧,使用椭圆工具在舞台左侧绘制一个圆形,代表绿苹果。

（4）在时间轴图层1的第25帧上右击,在快捷菜单中选择"插入关键帧",选中第25帧后使用工具箱中"选择工具"将图形移动到舞台右侧,单击舞台空白区域后再次将光标移到圆形的边缘线的顶部和底部,此时光标旁出现一条弧线,按住 Ctrl 键不放向下拖移,改变椭圆局部形状。

（5）选中第25帧,在舞台中单击调整后的图形,打开"颜色"面板,将笔触设置为无色,填充色设置为"径向渐变",颜色从红色（#FF0000）渐变到黑色（#000000）,此时代表红苹果。如图5-28所示。

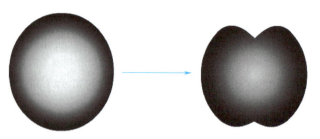

图 5-28　绿苹果变红苹果

（6）选择第 1 帧到第 25 帧之间的任何一帧后右击，在快捷菜单中选择"创建补间形状"，时间轴如图 5-29 所示。

图 5-29　"苹果熟了"时间轴

（7）将动画源文件存储为"苹果熟了 .fla"。

（8）单击"控制"→"测试影片"→"在 Animate 中"观看动画效果，此时将在"苹果熟了 .fla"存储位置输出电影文件"苹果熟了 .swf"。

习　题

1. 常用的文本、图像、音频、视频和动画文件格式有哪些（每种至少 3 例）？
2. 多媒体素材（文本、图像、音频、视频、动画）处理软件有哪些（每种至少 1 例）？
3. 视频数字化处理需经过哪 3 个步骤？

第 6 章　智能办公

学习目标：

1. 掌握人工智能核心概念与基本原理。
2. 了解人工智能发展历程及关键技术。
3. 知晓人工智能应用领域与发展趋势。
4. 熟练使用 AI 写作助手辅助文本创作。
5. 借助 AI 提升写作效率与质量水平。
6. 学会结合 AI 发挥自身创作的特性。
7. 运用 AI 阅读助手高效筛选信息内容。
8. 通过 AI 拓展阅读深度与知识广度。
9. 借助 AI 培养批判性阅读思维能力。

课程思政：

1. 人工智能基础铸科技强国梦：在人工智能基础学习中，明晰我国在该领域的发展战略与优势，感受科技力量。激发学生勇攀科技高峰，以创新之姿投身科技建设，助力科技强国梦的实现。

2. AI 写作助手育诚信创作之风：借助 AI 写作时，学生应秉持诚信，不依赖其抄袭造假。将 AI 作为提升工具，坚持原创，在创作中锤炼品德，培养严谨、求真的学术与创作态度。

3. AI 阅读助手启理性思辨之光：利用 AI 阅读助手，学生面对海量信息要理性分析、去伪存真，且通过阅读拓展视野，培养批判性思维，以理性之光照亮求知之路，提升综合素养。

4. AI 设计助手促协作创新之举：在 AI 设计助手辅助下，学生要大胆创新，突破思维定式。同时注重团队协作，发挥各自优势，在协作中激发创新活力，为社会创造优质设计成果。

　　智能办公是一种利用人工智能技术优化和自动化日常办公任务的先进工作方式。通过集成自然语言处理、机器学习等技术，智能办公系统能够高效处理文档、安排日程、提供数据分析等，从而大幅提高工作效率和决策质量。智能办公不仅能够减轻用户的重复性工作，还能通过智能分析和预测，优化资源配置，实现生产力的显著提升。人工智能的应用使得办公环境变得更加高效、智能化，工作流程更加流畅，员工能更专注创新与决策，整体提升工作效能和质量。本章以 WPS Office 中提供的人工智能功能为例，介绍智能办公的一些典型应用。

6.1　人工智能基础

在这个日新月异的时代,人工智能正在深刻影响着人们的生活和工作,它不仅推动了科技行业的发展,还广泛应用于医疗、金融、教育等各个领域。随着自动化和智能化的普及,许多传统职业正在被重塑,新兴职业不断涌现。本章将从人工智能的定义开始,探讨它在日常生活中的应用,了解人工智能的特点,并比较人工智能与人类智能的异同。通过这些内容的学习,你将对人工智能有一个全面的了解,为后续的深入学习打下坚实的基础。

6.1.1　理解人工智能:基本概念

本小节的思维导图如图 6-1 所示。

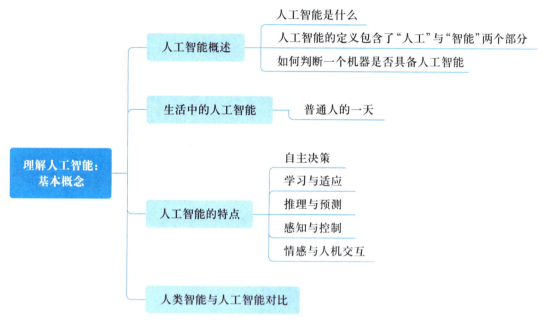

图 6-1　理解人工智能:基本概念的思维导图

1. 人工智能概述

(1)人工智能定义

人工智能(artificial intelligence,AI)是一门研究和开发用于模拟、延伸和扩展人类智能的理论、方法、技术及应用系统的科学。它试图了解智能的实质,并生产出能以类似人类智能方式做出反应的智能机器。就像给机器装"大脑",让计算机能像人类一样思考、学习和解决问题。例如扫地机器人能自动规划路线,手机语音助手能理解指令等。

(2)如何判断一个机器是否具备人工智能

科学家们尝试从不同的角度来探讨。1950 年,艾伦·图灵提出图灵测试,用于判断机器是否具备智能。其核心思想是如果机器能在测试中让足够多人无法区分它与人类,那么该机器就通过了测试,并被认为具有智能。图灵测试为人工智能的概念提供了重要的支撑。

2. 生活中的人工智能

人工智能已经应用于人们生活中的方方面面,下面通过一个普通人的一天,来展示人工智能的应用。

在一个阳光明媚的早晨,小李的一天开始了。他的生活中充满了人工智能技术的便利。

早晨:小李的智能闹钟通过分析他的睡眠模式,在他最容易醒来的时刻轻柔地唤醒了他。起床时,智能家居系统自动调节了室内的温度和灯光,营造出一个舒适的起床环境。

上班途中:出门前,小李使用智能手机上的导航应用,利用实时交通数据为他推荐一条避开拥堵的最佳路线。

上午工作:到达办公室后,小李的邮件客户端已经自动分类了他的邮件,将重要的工作邮件放在最前面。他用语音助手安排了一天的日程,并搜索了需要的资料。工作间隙,他还通过自动办公软件快速生成了一份报告摘要。

午餐时间:小李的手机应用根据他的饮食偏好推荐了一家评价很好的餐厅。吃完午饭后,他通过智能支付人脸识别系统快速完成了支付。

下午工作:小李使用客户服务聊天机器人回答了一些客户的咨询。他还通过个性化学习平台学习了一些新的工作技能。

下班:下班后,小李的智能家居系统在他到家时自动解锁了门锁,同时家中的灯光和温度也调整到了他最喜欢的设置。

晚上:小李坐在沙发上,智能电视根据他的观看历史推荐了几部他可能感兴趣的电影。在玩游戏时,他体验到了由人工智能对手带来的挑战和乐趣。

睡前:睡觉前,小李的智能床垫开始监测他的睡眠质量。智能家居系统在他入睡后自动调暗了灯光,并调节了室内温度。

紧急情况:深夜如果家中发生紧急情况,比如火灾或入侵,智能家居系统会立即通知小李,并自动联系紧急服务。

3. 人工智能的特点

随着人们对人工智能的探索愈发深入,我们逐渐认识到它不仅是一项技术革新,更是一种强大的能力。它通过计算机系统模拟了人类的思考、学习、推理和决策过程,这些能力的综合体现构成了人工智能的几个核心特点。

(1)自主决策

人工智能的核心在于其能够独立分析输入的数据,并运用先进的计算方法来自主做出决策。这种自主决策的能力使得人工智能系统能够在各种复杂环境中灵活应对,做出既迅速又精确的选择。它们能够根据实时数据和预设规则,主动进行判断和行动,而不再是被动执行命令的工具。

回顾之前小李的一天,上班途中使用到智能交通系统实时分析交通数据,以适应不断变化的交通流量,从而优化交通路线,减少拥堵。

小李家中的紧急响应系统在检测到异常情况时,能够迅速自动通知用户和紧急服务部门,提供及时的援助。相比之下,普通的安全系统可能仅限于提供基本的警报功能,缺乏智能化的应急处理能力。

（2）学习与适应

人工智能具有学习与适应的能力。通过不断地训练和学习，人工智能能够不断地提高自己的智能水平，实现对环境的适应。

例如，AI 闹钟能够分析用户的睡眠周期，选择最佳时间唤醒用户，而普通闹钟通常只按固定时间响铃。邮件分类应用使用机器学习算法自动识别和过滤垃圾邮件，而普通邮件系统可能没有这种智能过滤功能。

（3）推理与预测

人工智能具有推理的能力。通过大量数据和历史知识的分析，人工智能能够进行推理和判断，实现对未知领域的探索。

小李在学习的过程中用到了智能推荐系统和个性化学习平台，它们能够根据用户的行为和需求预测并推荐服务。

（4）感知与控制

人工智能具有感知与控制的能力。通过传感器和执行器的结合，人工智能能够感知环境的变化，并实现对环境的控制。

例如，在智能家居系统中，人工智能能够通过感知和控制，实现家庭环境的智能化管理，自动调节室内环境，如温度和灯光，而普通家居系统需要用户手动调节。智能床垫和可穿戴设备能够监控用户的健康状况并提供反馈，而普通床垫和设备通常没有这种监控功能。

（5）情感与人机交互

人工智能具有一定的情感和人机交互的能力。通过语音识别和自然语言处理，人工智能能够理解人类的情感需求，实现与人类的情感交流。

例如，在智能客服中，人工智能能够通过语音识别和自然语言处理，实现对用户需求的快速理解和响应。语音助手能够理解和执行用户的语音指令，而普通设备可能只响应简单的按钮操作。客户服务聊天机器人能够与用户进行交互，自动回答咨询，而普通客服可能需要人工介入。

4. 人类智能与人工智能对比

人类智能与人工智能的对比如表 6-1 所示。

表 6-1　人的智能与人工智能的对比

特点	人类智能	人工智能
自主决策	基于综合感知和理解，灵活做出决策；依赖个体的经验、情感和道德判断	基于数据分析和算法，预设规则自主决策；在特定领域内表现出色，但缺乏人类的情感和道德判断
学习与适应	积累经验和反思，逐步改进行为和决策；能够灵活应对不同的环境和情境	通过计算方法从数据中学习并优化；能够处理复杂的信息和环境变化，但需要大量训练数据

续表

特点	人类智能	人工智能
推理与预测	逻辑推理和直觉,从已有信息中推断未知结果;利用抽象思维和创造性解决问题	统计分析和模型预测未来趋势和结果;在特定任务上能够高效推理和决策,但对新情况适应性有限
感知与控制	多感官感知环境变化,并主动调整行为控制环境;实现复杂的身体动作和技能表达	通过传感器和执行器实现环境感知和控制;依赖大量的传感器和数据处理技术来进行感知和控制
情感与人机交互	理解和表达复杂情感状态和社交需求;通过语言、姿态和面部表情进行有效的人机交互	语音识别、自然语言处理实现基本的人机交互;能够执行指令和提供信息反馈,但缺乏真实的情感理解和复杂的互动能力

6.1.2 人工智能的发展历程:历史与里程碑

本小节的思维导图如图 6-2 所示。

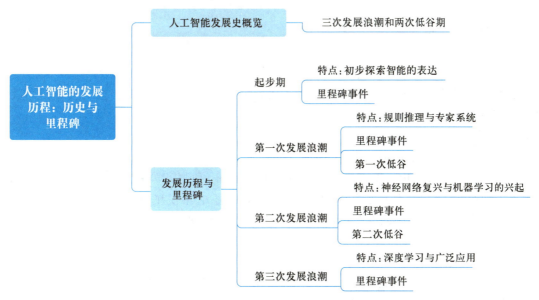

图 6-2 人工智能的发展历程:历史与里程碑的思维导图

虽然人工智能已经渗透人们生活的方方面面,但它的成就并非一蹴而就,而是经历了长期的历史演变。本节将介绍人工智能的发展历程,通过了解其发展轨迹,我们才能更好地把握未来的发展方向。

1. 人工智能发展史概览

人工智能的发展并不是一帆风顺的,大致可以分为 3 次浪潮和两次低谷期,如图 6-3 所示。

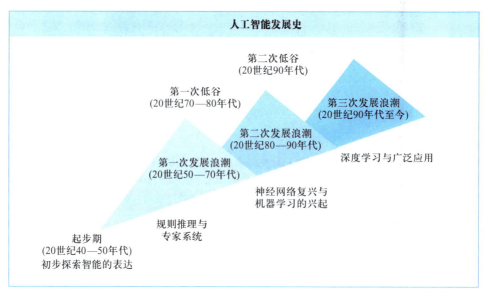

图 6-3　人工智能发展史

2. 发展历程与里程碑

（1）起步期（20 世纪 40-50 年代）

① 特点:初步探索智能的表达

随着神经科学的发展,科学家逐步理解了大脑神经元细胞的结构和功能,并开始使用数学、电路、计算机等研究人类智能。

② 里程碑事件

事件 1:人工神经元的数学模型（1943 年）

美国神经科学家沃伦·麦卡洛克（Warren McCulloch）和逻辑学家沃特·皮茨（Water Pitts）提出人工神经元,为后续人工神经网络的发展奠定了基础,它不仅在理论上证明了单个神经元能执行逻辑功能,而且在实际的电路设计中也有所应用。这是现代人工智能学科的奠基石之一,但是这个早期模型不具备学习能力。

事件 2:图灵测试（1950 年）

艾伦·图灵（Alan Turing）提出了图灵测试,作为判断机器是否具备智能的标准。

事件 3:计算机象棋博弈（1950 年）

克劳德·香农（Claude Shannon）发表了一篇文章,解释了如何让计算机与人类下棋。他提出了让计算机下棋的规则和方法,并展示了计算机在复杂决策和策略制定方面的潜力。这项研究为后来的高级棋类计算机程序（如深蓝和 AlphaGo）奠定了基础。

事件 4:达特茅斯会议（1956 年）

约翰·麦卡锡（John McCarthy）在达特茅斯会议上正式提出了"人工智能"这个词。这次会议汇集了各领域的专家,讨论如何用机器模拟人类智能,包括语言处理、学习和推理等,开启了人工智能研究的新纪元。

事件 5：感知机（perceptron）（1957 年）

弗兰克·罗森布拉特（Frank Rosenblatt）发明了一种称为"感知机"的系统（图 6-4），可以通过学习来识别简单的图形，如三角形和正方形。这是人工神经网络研究的开端。

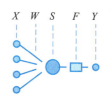

图 6-4　感知机模型

在感知机模型中，其中 X 代表输入，w 代表权重，S 代表输入总和，F 代表激活函数，Y 代表输出。

事件 6：逻辑理论家（logic theorist）（1957 年）

赫伯特·西蒙（Herbert Simon）和艾伦·纽厄尔（Allen Newell）开发了一个名为"逻辑理论家"的程序，可以自动证明数学定理，展示了计算机模拟人类逻辑推理的能力。

（2）第一次发展浪潮（20 世纪 50–70 年代）

① 特点：规则推理与专家系统

研究者们试图通过编写一系列规则和逻辑推理程序来模拟人类的智能行为，探索知识表示和推理方法，推动了早期专家系统的发展。

② 里程碑事件

事件 1：人机对话（1966 年）

约瑟夫·维森鲍姆（Joseph Weizenbaum）开发了 ELIZA，这是一个早期的聊天机器人，可以模仿心理医生与人对话。这是最早的自然语言处理程序之一。

事件 2：专家系统 DENTRAL（1968 年）

爱德华·费根鲍姆（Edward Feigenbaum）开发了 DENDRAL，这是一个帮助化学家推断分子结构的系统。这种专家系统后来被应用于医学诊断和地质勘探等领域，提高了专业决策的质量和效率。

（3）第一次低谷（20 世纪 70–80 年代）

尽管早期的研究取得了一些成果，但实际应用的效果却并不理想。研究者们很快发现，基于规则和符号的系统在处理复杂和动态问题时存在很大局限。这些系统难以处理模糊信息和不确定性，且需要大量的计算资源，而当时计算机硬件水平限制及理论的匮乏使得不切实际目标的落空。例如，语音识别研究遭到挫折，感知机研究受硬件限制无法处理复杂问题。20 世纪 70 年代中后期，人工智能研究停滞，投入减少，研究走入低谷。这一时期被称为第一次人工智能冬天，标志着人们对人工智能技术的过高期望与实际能力之间的巨大落差。

第一次发展浪潮主要集中在规则和逻辑推理的研究，奠定了 AI 理论和技术的基础，但由于计算能力和技术限制，实际应用效果有限，导致出现了第一次低谷。

（4）第二次发展浪潮（20 世纪 80–90 年代）

① 特点：神经网络复兴与机器学习的兴起

机器学习不通过编写规则而是让计算机通过学习数据来提高自身性能。这个时期的机器学习可谓是百花齐放，百家争鸣。

② 里程碑事件

事件 1：第一届机器学习国际研讨会（1980 年）

第一届机器学习国际研讨会于 1980 年召开，标志着机器学习研究的兴起。这次会议促进了机器学习成为人工智能研究的重要领域,并推动了国际合作和系统化研究。

事件 2:计算机视觉(1982 年)

大卫·马尔(David Marr)出版了《视觉计算理论》一书,提出了计算机视觉的概念,并建立了系统的视觉理论。这为机器识别图像和视频奠定了基础。

事件 3:多层神经网络和反向传播(1986 年)

杰弗里·辛顿(Geoffrey Hinton)等人提出了将多层感知机与反向传播结合的方法,解决了单层神经网络无法处理复杂问题的难题。这一突破推动了神经网络研究的新一轮热潮。

(5)第二次低谷(20 世纪 90 年代)

当时计算机的处理能力无法应对大规模数据和复杂模式识别任务,使得这些系统在实际应用中表现不佳,影响了人工智能技术的发展和研究。

第二次发展浪潮的核心是机器学习,特别是神经网络的重新兴起。尽管取得了一些成功,但技术的局限性和高昂的成本再次导致出现了低谷期。

(6)第三次发展浪潮(20 世纪 90 年代至今)

① 特点:深度学习与广泛应用

深度学习技术的突破和大规模数据处理能力的提升。通过创新的算法和模型,人工智能在模式识别、自然语言处理和复杂决策等领域取得了显著进展。大规模数据的利用和强大的计算能力使得这些技术能够解决复杂问题,实现了以前无法想象的智能应用,推动了人工智能在实际应用中的广泛普及。

② 里程碑事件

事件 1:深蓝战胜国际象棋世界冠军(1997 年)

这一事件标志着计算机在复杂决策和策略游戏中的突破,体现了第三次发展浪潮中计算能力和优化技术的显著进步。

事件 2:深度学习(2006 年)

杰弗里·辛顿领导的团队提出深度学习,开启了这一领域的新纪元,标志着深度神经网络技术的成熟和对复杂模式识别问题的解决,成为第三次发展浪潮的核心特征。

事件 3:AlexNet 在 ImageNet 竞赛中获胜(2012 年)

AlexNet 是深度学习领域中的一个里程碑模型,它在 ImageNet 大规模视觉识别挑战赛中取得了显著的成绩,将错误率大幅度降低,这一成就震惊了计算机视觉领域,并标志着深度学习技术在图像识别任务上的巨大潜力。它的成功应用展示了深度学习在大规模数据集上的卓越性能,引发了对深度学习的广泛关注和研究,标志着深度学习的实际应用和普及。

事件 4:AlphaGo 战胜围棋世界冠军李世石(2016 年)

AlphaGo 的胜利展示了人工智能在复杂和动态环境中的强大能力(图 6-5),标志着第三次发展浪潮中智能系统在实际应用中的突破。

事件 5:OpenAI 发布 GPT-3(2020 年)

GPT-3 的发布展示了超大规模语言模型的能力,能够生成高质量的自然语言文本,显著推动了自然语言处理技术的发展。

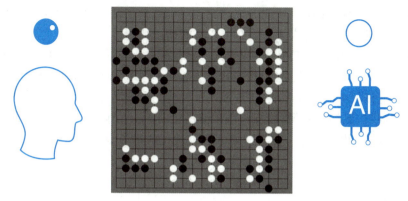

图 6-5　人与机器的围棋博弈

　　第三次发展浪潮以深度学习和大数据驱动的 AI 技术为主导,广泛应用于实际生活中,展示了 AI 的强大潜力。然而,未来的挑战在于如何解决伦理和安全问题,以实现更可持续的发展。

6.1.3　人工智能分类及相关概念

　　本小节思维导图如图 6-6 所示。

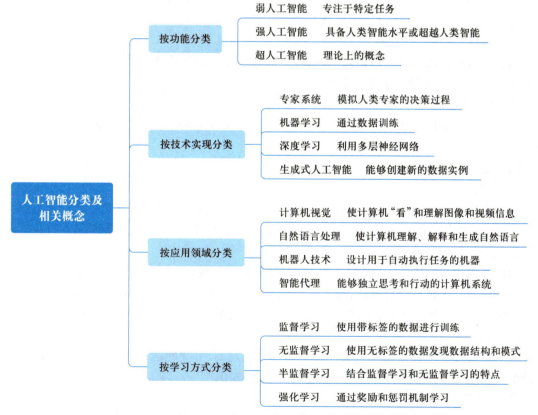

图 6-6　人工智能分类及相关概念的思维导图

在前两节中,我们深入探讨了人工智能的基本概念,并了解了其发展历程和重要里程碑事件。通过这些内容,我们已经对人工智能有了初步的认识和理解。

本节将进一步深入探索人工智能的不同分类和相关概念。人工智能的分类不仅能帮助人们更好地理解人工智能的多样性,还能指导人们在实际应用中选择合适的技术和方法。无论是弱人工智能在特定任务中的高效表现,还是强人工智能的未来潜力,以及各种技术实现方式和应用领域的差异,这些知识都将为我们打开一扇更加全面地深入了解人工智能的大门。

通过下面的学习,我们将进一步加深对人工智能的理解和认知,为未来的学习和实践打下坚实的基础。

1. 按功能分类

（1）弱人工智能

① 定义

弱人工智能(weak AI 或 narrow AI)是指专门设计来执行特定任务或解决特定问题的人工智能系统。这些系统依靠大数据和算法在指定领域内模拟人类智能行为,通常在特定领域内表现出色,但它们缺乏通用智能,不能进行跨领域的推理或学习。它们擅长单一任务,如围棋程序等。

② 示例

语音识别系统(将语音转换成文本)、图像识别软件(识别图像中的物体、场景或人脸)、推荐系统(如 Netflix)、AlphaGo(专注于围棋游戏)等。

③ 特点

弱人工智能系统通常使用机器学习算法,通过大量数据训练来提高性能,但它们不能理解任务之外的概念,也不能自主学习新任务。

④ 类比理解

弱人工智能可以类比为一个非常专业的工具,比如一把瑞士军刀,它在特定的情况下非常有用,但并不适用于所有任务。

（2）强人工智能

① 定义

强人工智能(strong AI 或 general AI)是指具有人类智能水平或超越人类智能的人工智能系统。这些系统能够理解、学习和应用知识,进行复杂的推理,解决多种问题,甚至具有自我意识。

② 示例

目前强人工智能还处于理论研究和科幻阶段,尚未实现。电影和文学作品中经常出现具有自主意识的机器人或虚拟智能体,如电影《终结者》中的 Skynet 或《2001：太空漫游》中的 HAL 9000。国际上普遍认为这个阶段要到 2050 年前后才能实现。

③ 特点

强人工智能系统将能够像人类一样思考、学习、规划、解决问题,并具有情感和创造力。它们能够自主地学习新任务,并在多个领域内灵活应用知识。

④ 类比理解

强人工智能可以类比为一个全才,它不仅能够在数学、文学、艺术等多个领域有深入的理解和创造,还能够进行复杂的情感交流和社会互动。

　　图6-7是一幅对比"弱人工智能"和"强人工智能"特点的图。左侧展示的是"弱人工智能"，它在执行单一任务，如机器人吸尘器清洁房间或简单的AI助手回答查询。右侧则展示了"强人工智能"管理着多项复杂任务，操作各种高科技设备，如机器人、全息显示器和先进的数据分析工具。

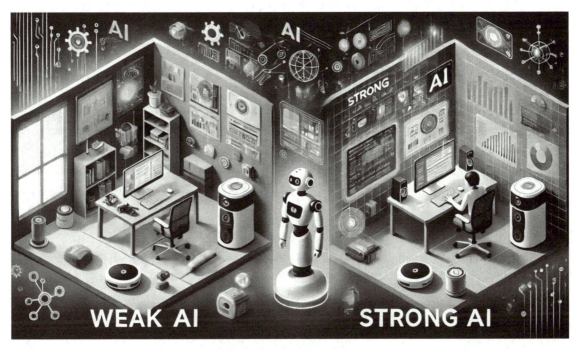

图6-7　弱人工智能和强人工智能的对比

　　（3）超人工智能

　　超人工智能（super AI）是一个理论概念，还没有实现，它指的是在所有领域，如创造力、问题解决、情感智能和社交能力等方面，都远远超越人类最聪明、最有能力的人工智能系统，能够进行我们无法预见的复杂思维和决策。在强人工智能之后可能实现，超越人类所有能力（理论阶段）。

　　2. 按技术实现分类

　　（1）专家系统

　　① 定义

　　专家系统（expert system）是人工智能的一个重要分支，它模拟人类专家的决策过程，在特定领域中提供高效、可靠的解决方案。

　　② 特点

　　专家系统基于规则和知识库，通过推理引擎解决特定领域的问题。

　　③ 类比理解

　　专家系统可以类比为一个经验丰富的顾问，他根据自己的专业知识和经验为用户提供建议。就像你可能会向医生咨询健康问题一样，你也可以向专家系统咨询特定领域的问题。

④ 示例

医疗诊断系统、故障诊断系统等。

（2）机器学习

① 定义

让计算机不依赖明确的编程规则也可以具备学习能力的技术。机器学习（machine learning）并不是一个被完全设计好的程序，而是一种特殊的、能够自我提升的计算方法，让计算机自己从数据中学习并由此具备解决问题的能力。计算机通过"吃数据"获得能力的过程，就像人类通过练习掌握技能。例如，利用 Python 中的简单线性回归理论来预测房价。

② 主要类型

监督学习（supervised learning）：从标记的训练数据中学习，预测或决定未见过的数据。

无监督学习（unsupervised learning）：处理未标记的数据，尝试发现数据中的结构或模式。

半监督学习（semi-supervised learning）：结合了监督学习和无监督学习的特点，使用少量标记数据和大量未标记数据。

强化学习（reinforcement learning）：通过与环境交互来学习最佳行为或策略，以获得最大的累积奖励。

③ 类比理解

机器学习可以类比为训练宠物。你不需要告诉宠物每一个具体的行动，而是通过奖励和惩罚让它学习行为模式。

④ 示例

垃圾邮件过滤器、推荐系统等。

（3）深度学习

① 定义

深度学习（deep learning）是一种利用多层神经网络来模拟人脑处理信息方式的技术，它能够自动从大量数据中提取特征和模式。

② 特点

层次化特征学习即深度学习模型能够自动学习数据的多层次特征，无需手动特征工程。

③ 大量参数

深度学习模型通常包含大量的参数，需要大量的数据来训练。

④ 示例

自动驾驶汽车的视觉系统、语音识别系统、大语言模型等。

（4）生成式人工智能

① 定义

生成式人工智能（generative AI）是人工智能领域的一个分支，它基于大数据和概率模型原理及深度学习，让计算机能够创建新的、以前未见过的数据实例，这些数据在结构和内容上与真实数据相似。

② 应用领域

图像生成：生成新的图像或风格，如艺术创作或游戏设计。

文本生成：自动撰写文章、诗歌或聊天机器人的对话。

音频生成：创作新的音乐作品或生成逼真的语音。

视频生成：制作电影特效或生成新的视频内容。

③ 类比理解

生成式人工智能可以类比为一个艺术家，它不仅能够模仿生成现有的艺术作品，还能够创作出全新的作品。

（5）神经网络

① 定义

神经网络（neural network）是一种受生物神经网络启发的计算模型，由大量相互连接的处理单元（神经元）组成。这些网络能够通过学习数据的内在规律来进行模式识别、预测、控制等任务。它模拟人脑处理信息的方式，模仿人脑神经元的工作方式，特别擅长处理图像和语音。就像用多层滤网逐步提取特征，主要过程包括输入层 → 隐藏层 → 输出层（图片像素）→ 边缘检测 → 物体识别 → 结论。

② 类型

前馈神经网络（feedforward neural network）：信息在网络中只向一个方向流动，从输入层到隐藏层，最后到输出层。

卷积神经网络（convolutional neural network, CNN）：特别适用于图像处理，使用卷积层来提取图像特征。

递归神经网络（recurrent neural network, RNN）：具有循环连接，可以处理序列数据，如时间序列分析或自然语言处理。

深度神经网络（deep neural network）：包含多个隐藏层的神经网络，能够学习更复杂的数据表示。

3. 按应用领域分类

（1）计算机视觉

① 定义

计算机视觉（computer vision）是一门研究如何使计算机能够"看"和理解图像和视频中的视觉信息的科学，类似于人类的视觉系统。

② 主要任务

图像分类：将图像分配给特定的类别或标签。

目标检测：确定图像中的对象位置和类别。

图像分割：将图像分割成多个部分或区域，通常基于内容或语义。

目标跟踪：在视频中跟踪移动的对象。

三维重建：从图像中恢复三维立体结构。

图像处理：包括图像增强、变换等基本操作，以改善图像质量或提取信息。

③ 示例

面部识别、自动驾驶汽车的视觉系统等。

（2）自然语言处理

① 定义

自然语言处理（natural language processing, NLP）是人工智能的一个分支，专注于计算机能够理解、解释和生成人类语言。它涉及使计算机能够理解、解释和生成人类语言的能力。

② 主要任务

语音识别：将语音转换为文本。

自然语言理解：理解自然语言的意图、情感和语境。

机器翻译：将一种语言的文本翻译成另一种语言。

文本挖掘：从文本中提取有用信息和模式。

文本生成：自动生成文本，如新闻文章、诗歌或代码、扩写、续写等。

③ 示例

语音助手、自动翻译（如 Google Translate）、聊天机器人、大语言模型（如 ChatGPT）等。

大语言模型（large language Model, LLM）是自然语言处理领域的一个术语，指的是那些通过在大量文本数据上进行训练，以学习和理解语言的复杂模式和结构的人工智能模型。大语言模型采用深度学习技术，它们在大量的文本数据上进行训练，以掌握语言的理解。

LLM 的主要特点如下：

• 大规模数据训练（使用数以亿计的单词或更大的数据集进行训练）。

• 深度神经网络（通常采用深层的神经网络结构）。

多模态大语言模型（multimodal large language Model）是能够处理和理解多种类型数据（例如文本、图像、声音和视频）的深度学习模型，它们通常结合了自然语言处理和其他领域的技术，如计算机视觉和语音识别。

多模态大语言模型的主要特点如下：

• 跨模态理解（模型能够理解和关联不同模态之间的信息，例如将文本描述与图像内容相匹配）。

• 深度学习架构（通常采用深度神经网络，能够处理复杂的数据结构）。

• 大规模数据训练（需要大量的多模态数据集进行训练，以学习不同模态之间的关联）。

（3）机器人技术

① 定义

机器人（robot）是设计用于自动执行任务的机器，它们可以是简单的自动化设备，也可以是复杂的、具有一定智能的系统。

② 关键技术

传感器：使机器人能够感知周围环境，如视觉、声音、触觉和位置。

执行器：使机器人能够执行物理动作，如移动、抓取和操纵。

控制系统：协调传感器输入和执行器输出，使机器人能够根据预定程序或实时数据做出反应。

人工智能：使机器人能够学习和适应，执行更复杂的任务，如自主导航和决策。

③ 示例

工业机器人、服务机器人、扫地机器人等。

（4）智能代理

① 定义

智能代理（intelligent agent）也称为智能体，是一种能够观察和理解其环境，并在此基础上采取行动以最大化成功可能性的计算机系统,它们可以在没有人类干预的情况下执行复杂任务。

② 主要特征

自治性(autonomy):能够在没有外部指令的情况下控制其行为和内部状态。

社会能力(social ability):一些智能代理能够与其他代理(包括人类)交流和协作。

反应性(reactivity):能够感知环境变化并快速做出反应。

主动性(pro-activity):不仅对环境变化能够做出反应,还能主动采取行动来实现其设计目标。

③ 类比理解

智能代理可以类比为一个能够独立思考和行动的个体,它可以感知周围世界,并根据自己的目标和计划采取行动。

④ 示例

虚拟助手、自动客户服务机器人、股票交易机器人等。

4. 按学习方式分类

(1)监督学习

① 特点

监督学习使用带标签的数据进行训练,预测输出。

② 示例

图像分类、语音识别等。

③ 类比理解

监督学习可以类比为学习一门技能,有一个老师(训练数据)告诉你正确的做法,你通过模仿和练习来学习这门技能。

(2)无监督学习

① 特点

无监督学习使用无标签的数据进行训练,发现数据结构和模式。

② 示例

图片聚类(相似的照片分组)、客户分群(根据顾客的购买习惯将顾客分成不同的组)等。

③ 类比理解

无监督学习可以类比为探索一个未知的领域,没有地图或指南,你需要自己发现地形、资源和潜在的危险。

(3)强化学习

① 特点

强化学习通过奖励和惩罚机制学习最佳策略。与监督学习不同的是,强化学习不需要带标签的输入输出对,同时也无须对非最优解的精确纠正。

② 示例

游戏 AI、自动驾驶策略优化等。

③ 类比理解

强化学习可以类比为训练宠物,宠物通过尝试不同的行为(行动)来获得食物(奖励),逐渐学会如何以最佳方式行动来获得更多的食物。

6.1.4　人工智能对职业发展影响及伦理

本小节思维导图如图 6-8 所示。

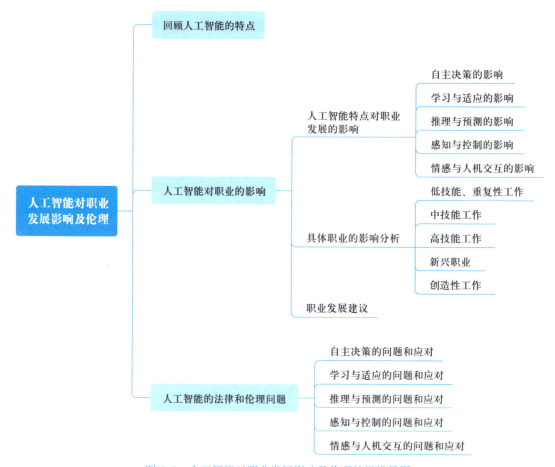

图 6-8　人工智能对职业发展影响及伦理的思维导图

1. 回顾人工智能的特点

AI 拥有 5 个主要特点:自主决策、学习与适应、推理与预测、感知与控制、情感与人机交互,这些特点和能力对职业发展有着深远的影响。

(1)自主决策:AI 系统能够根据数据和算法,独立做出决策,并执行相应的任务。

(2)学习与适应:通过机器学习和深度学习,AI 能够从数据中学习,适应新的情况并不断提高性能。

(3)推理与预测:AI 可以分析复杂的数据,推理出新的结论,并预测未来的趋势。

(4)感知与控制:通过传感器和控制系统,AI 能够感知环境并做出相应的控制决策。

(5)情感与人机交互:AI 可以通过自然语言处理和情感计算,与人类进行自然交流和互动。

2. 人工智能对职业的影响

在各大招聘网站上搜索人工智能相关岗位时,我们会发现主要集中在标注、算法、开发等技术岗位。那么，人工智能仅仅影响这些技术岗位吗？如果我们不从事这些技术岗位，人工智能对我们的职业会产生什么样的影响呢？通过回顾人工智能的特点，我们将分析未来职业如何受到影响。

（1）人工智能特点对职业发展的影响

① 自主决策的影响

低技能、重复性工作：许多重复性和低技能的任务，如数据输入、简单客服等，将被 AI 自动化系统取代。

中技能工作：部分中技能工作，如行政助理和销售人员，将受到 AI 辅助，可提高工作效率，但复杂任务仍需人来完成。

高技能工作：高技能岗位将利用 AI 进行辅助决策和任务执行，可提高效率和精度，如医生利用 AI 辅助诊断，金融分析师利用 AI 进行市场预测等。

② 学习与适应的影响

持续学习与技能提升：AI 将推动终身学习的需要，人们需不断提升技能以适应新的工作环境。

知识工作者的辅助：AI 将在医疗、法律、科研等领域提供强有力的支持，帮助专业人员更快、更准确地完成任务。

创新和研发：AI 的学习和适应能力将推动创新，产生新的产品和服务，促进研发工作。

③ 推理与预测的影响

数据驱动决策：AI 将使数据驱动决策更普及，如在营销和供应链管理中，通过分析数据，提供更精准的决策支持。

市场和行业分析：市场分析师和金融分析师需掌握 AI 工具进行深度数据分析和预测，从而提升专业技能。

新职业的诞生：随着 AI 的发展，数据科学家、AI 建模师、预测分析师等新职业将不断涌现，需求会增加。

④ 感知与控制的影响

自动化生产和操作：制造业、农业、物流等领域的自动化程度将提高，许多体力劳动岗位可能被取代。

新技能需求：操作和维护自动化设备的技能需求增加，如机器人操作员、自动化系统工程师等。

安全和监控：AI 在安全和监控领域的应用将创造新的就业机会，如无人机操作员、智能监控系统管理员等。

⑤ 情感与人机交互的影响

服务行业的变革：客服、销售、教育等服务行业将因 AI 的情感与人机交互能力发生重大变革，需提供个性化和情感化的服务。

人机协作：人类和 AI 协同工作的模式将成为常态。

新兴职业：情感计算专家、人机交互设计师、用户体验专家等职业将越来越重要。

（2）具体职业的影响分析

① 低技能、重复性工作

许多低技能、重复性工作将被 AI 和自动化系统取代,员工需要提升技能以适应新的岗位需求。

② 中技能工作

中技能工作将更多地与 AI 工具协同工作,员工需学习如何利用 AI 辅助提高工作效率和质量。

③ 高技能工作

高技能岗位将利用 AI 进行辅助决策和任务执行,员工需不断学习 AI 相关知识,保持竞争力。

④ 新兴职业

数据科学家、AI 工程师、机器人操作员等新兴职业将蓬勃发展,对跨学科知识和创新能力的需求增加。

⑤ 创造性工作

AI 将辅助完成创造性工作,提高工作效率,但人类的独特视角和情感仍具有无法替代的价值。

（3）职业发展建议

随着人工智能技术的不断发展,各行各业将面临新的挑战和机遇。为了在 AI 时代保持竞争力,可以考虑以下几个方面的建议:

持续学习和技能提升:职业人士应不断学习 AI 相关知识和技能,了解最新的技术发展趋势。参加培训课程、获取相关认证和参与行业交流都是提升自身竞争力的有效途径。

跨学科知识融合:AI 的发展要求职业人士具备多学科的知识背景。例如,数据科学家需要理解统计学、计算机科学和业务领域的知识。跨学科的知识融合将有助于职业人士更好地应对复杂的工作任务。

创新和创造力:AI 虽然能自动化许多任务,但无法完全替代人类的创新和创造力。职业人士应专注培养自己的创新思维,探索新的解决方案和工作方法。

人机协作:AI 与人类的协作将成为未来工作的主流。职业人士应学会使用 AI 工具提高工作效率,同时发挥自身的判断力和决策力,与 AI 形成有效的协同作用。

职业转型和新机会:AI 的发展将创造许多新的职业机会。职业人士应关注行业动态,适时调整职业方向,抓住新的就业和发展机会。

3. 人工智能的法律和伦理问题

随着人工智能技术的迅速发展,许多法律和伦理问题也逐渐浮现。我们可以基于人工智能的 5 个主要特点探讨这些问题。

（1）自主决策的问题和应对

① 法律方面

责任归属:责任和归属是法律体系的重要部分。当 AI 系统自主做出决策时,出现错误或事故,责任应该由谁承担? 是开发者、用户还是 AI 系统本身? 需要制定法律明确规定 AI 系统出现问题时的责任归属（图 6-9）。

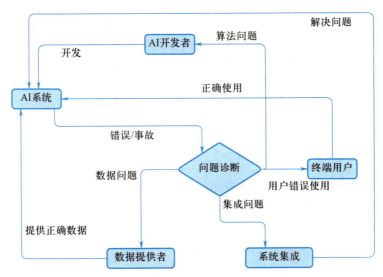

图 6-9　AI 系统出现问题时的责任归属图

合法性：AI 系统的决策过程可能是黑箱操作，缺乏透明性，使得人们难以理解和信任这些决策。AI 系统需具备可解释性，让用户理解决策过程。AI 系统的决策过程必须符合现有的法律和法规，包括隐私保护、数据使用和决策透明度等方面。

② 伦理方面

决策公正性：自主决策的 AI 系统可能基于有偏见的数据进行决策，导致社会不公正。AI 决策需确保公正性和无偏性，符合人类对公平和正义的追求。

人类监督：在社会价值观中，人类应对技术保持控制。AI 自主决策可能削弱人类的监督角色，因此需要确保 AI 系统在可控和监督的框架内运作。

（2）学习与适应的问题和应对

① 法律方面

数据隐私：AI 系统需要大量数据进行学习和适应，这涉及个人数据的隐私保护。法律需要保障数据收集、使用和存储的合法性和透明度，确保个人隐私不受侵犯。

知识产权：AI 系统通过学习获取的知识和技能，如何进行知识产权保护？这是一个新的法律挑战，需要法律框架来保护 AI 生成的内容和技术。

② 伦理方面

数据偏见：AI 系统的学习过程可能受到数据偏见的影响，导致不公平的决策结果。AI 系统在设计和训练过程中需尽量避免和纠正数据偏见，确保决策的公平性。

持续学习的伦理：AI 系统的自适应能力可能导致其行为的不可预测性。社会价值观要求技术应对人类有益，需要在伦理框架内进行限制和规范。

（3）推理与预测的问题和应对

① 法律方面

预测准确性及其法律责任：金融分析师、市场研究员等职业通过 AI 进行更精准的预测和分析，从而提升工作效率。AI 系统的预测结果可能影响个人和公司的重大决策，但是其预测和推理能力依赖算法和数据质量,如果出现误判可能导致严重后果。因此,需要对 AI 算法进行严格的审查和测试,确保其准确性和可靠性。法律需要确保预测的准确性和可靠性,防止因错误预测导致的法律纠纷。基于 AI 预测结果做出的决策出现错误时,法律责任如何划分? 需明确相关法律责任和处罚机制,确保决策者承担相应的法律责任。

② 伦理方面

隐私泄露:AI 系统在进行预测时可能会泄露个人隐私信息,需确保预测过程中的数据安全,符合社会对隐私保护的期望。

伦理偏见:AI 系统可能基于不完整或有偏见的数据进行推理和预测,导致伦理偏见。建立 AI 伦理规范,社会需要确保 AI 系统在推理和预测过程中考虑伦理问题,避免歧视和偏见。

（4）感知与控制的问题和应对

① 法律方面

安全标准:AI 系统在感知和控制环境时可能存在安全隐患,如无人驾驶汽车和医疗机器人。需制定严格的安全标准和法律规范,确保 AI 系统的操作不会对人类和社会造成威胁。

隐私保护:AI 系统在感知和监控环境时,可能侵犯个人隐私,比如语音识别、人脸识别、身份信息等。法律需要保障隐私权,加强对监控和感知设备的监管,防止过度监控和数据滥用。

② 伦理方面

监控伦理:AI 系统的感知和监控功能可能引发伦理争议,如过度监控、侵犯隐私等。社会需要在伦理框架内进行规范,确保监控行为符合人类价值观和伦理标准。

自主控制的伦理:AI 系统在进行环境控制时,需确保其行为的伦理性和可控性,防止出现不可预测的行为,符合人类对安全和控制的需求。

（5）情感与人机交互的问题和应对

① 法律方面

身份识别:AI 系统在进行情感交互时,需明确其非人类身份,防止用户误以为是人类,从而避免法律纠纷。

数据保护:AI 系统在情感交互过程中收集的用户数据需进行保护,防止泄露和滥用,确保用户数据的安全和隐私。

② 伦理方面

心理依赖:用户可能对 AI 系统产生过度依赖,影响心理健康。需要在设计 AI 系统时考虑用户心理健康,避免技术对人类心理的负面影响。

欺骗性:AI 系统能够模拟人类情感,可能误导用户,造成伦理问题。需要确保 AI 在交互过程中明确其非人类身份,防止情感欺骗和误导。

人工智能的职业变更带来的法律与伦理问题涉及社会和人类价值观的多方面考量。自主决策带来的责任归属问题、学习与适应中的数据隐私和知识产权保护、推理与预测中的准确性和偏见、感知与控制中的安全标准和隐私保护、情感与人机交互中的心理依赖和欺骗性,都是 AI 技术应用过程中需要面对和解决的关键问题。确保 AI 在法律和伦理框架内运行,才能真正造福社会,促进职业发展,维护人类价值观和社会公正。

6.1.5　文档处理

在文档处理领域中,智能办公带来了前所未有的变革。以往需要人工手动输入文字、排版以及校对纠错等工作需要耗费大量时间和精力,如今 AI 文档处理极大地方便了这些任务的处理。

例如,生成式文本。通过对大量文本数据的学习,AI 能够根据用户提供的提示词、主题或简单描述,快速生成内容完整、逻辑连贯的文档初稿。无论是新闻稿件、公告通知还是学术论文,都能借助这一功能节省撰写时间。例如,市场调研公司在需要撰写季度报告时,AI 可以迅速整合数据和市场趋势信息,生成报告框架与初步内容,供使用者进一步完善。

又如,文档智能排版。AI 能够自动识别文档内容的结构,如标题、段落、列表等,并根据用户预设的格式模板进行快速排版。这不仅提高了排版效率,还确保了文档格式的一致性和规范性。对于需要处理大量文档的办公人员来说,这一功能大大减轻了工作负担。

6.1.6　数据分析

数据分析是办公中的重要环节。传统的数据分析需要人工进行数据收集、清洗、分析和可视化,过程烦琐且容易出错。借助人工智能技术,这些工作可以更加高效、精准地完成。

通过大模型算法,AI 能够从海量数据中发现潜在的模式、趋势和关联关系。例如,电商企业可以利用 AI 分析用户的购买行为、浏览记录和搜索关键词,挖掘出用户的潜在需求和消费偏好,从而制定精准的营销策略。

自动数据可视化功能让数据分析结果的呈现更加直观、清晰。AI 能够根据数据分析结果自动生成各种类型的图表和图形,如柱状图、折线图、饼图等,并进行合理的布局和配色。办公人员无需花费大量时间手动制作图表,就能快速将数据转换为易于理解的可视化信息,为决策提供有力支持。

6.1.7　演示设计

演示设计(即 PPT 制作)是向他人传递信息和观点的重要手段,智能办公为演示设计带来了全新的思路和方法。AI 可以根据用户提供的文字内容,自动提取关键信息,并将其填充到演示模板和相应位置,同时,AI 还能根据内容的逻辑关系进行合理排版和布局,使演示文稿的结构更加清晰。

例如,智能模板推荐可根据用户输入的主题和内容,从大量的模板库中筛选出合适的演示模板,这些模板不仅样式精美,而且与主题高度契合。例如,当用户需要制作一份关于新产品发布的演示文稿时,AI 可以推荐具有科技感和现代感的模板,节省用户寻找合适模板的时间。

此外,在日常办公领域中,AI 还可以帮助用户执行一些重复性的任务,如数据输入、文件分类、邮件筛选等;还可担任用户的智能助手,如安排会议、提醒任务、优化工作日程等;或者给客户提供服务,如快速响应客户的询问、提高客户服务的响应速度和质量,以及进行个性化推荐,如根据客户的需求和行为预测并推荐合适的产品或服务等。

6.2　AI 写作助手

6.2.1　WPS AI 帮我写

输入主题,让 WPS AI 帮你快速起草文章内容,使写作效率飞升。无论是工作周报、策划方案、通知证明,还是公文报告……WPS AI 都能助你一臂之力,让创作更轻松。

功能入口:WPS 文字→ WPS AI →帮我写

1. 输入主题生成大纲 / 全文

(1)单击菜单"WPS AI"→帮我写→输入主题,即可迅速生成大纲或全文。

(2)在文档内还可以双击 Ctrl 键,快速打开 WPS AI 对话框,如图 6-10 所示。输入主题后单击右侧优化指令图标按钮,此时需求即刻转化为专业指令,生成符合内容的预期效果。

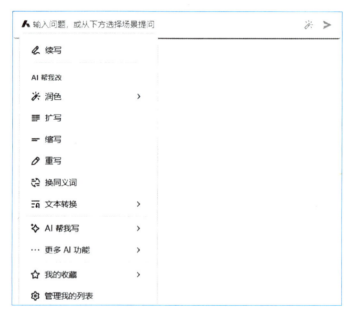

图 6-10　WPS AI 对话框

2. AI 灵感市集,创作更快捷

单击菜单"WPS AI"→灵感市集,打开如图 6-11 所示的对话框。选择自己想要的模版,按照提示简单填写,让 WPS AI 的创作更符合你的心意。

图 6-11　灵感市集

6.2.2　WPS AI 帮我改

帮我改可以快速润色、修正语病,为文档锦上添花。帮我改还可以根据用户的需求,一键切换文章风格或调节文章字数,在原文语意的前提下丰富细节或凝练语言。

功能入口:WPS 文字→ WPS AI →帮我改

1. 一键润色,秒换风格

若对文章内容措辞不满意时,WPS AI 帮我改可快速润色,而且 WPS AI 帮我改还可以根据用户的需求,将文本风格进行调整。

2. 自由调控文章长度

文档内容简短或过长时,可以进一步改写,使用 WPS AI 一键扩写或缩写功能,根据需求调整文档长短。由词扩句、由句扩段、由段生文等功能可使文章细节丰富。

6.2.3　WPS AI 伴写

卡在嘴边的句子写不出来,可让 WPS AI 伴写来完成。WPS AI 伴写自动理解前文,毫秒级响应,丝滑接续你的写作思路。另外,还可设定职业角色,在更细分的写作场景中,让 WPS AI 伴写轻松获取更多灵感。

功能入口:WPS 文字→ WPS AI →伴写

1. 实时理解前文,自动续写

WPS AI 伴写可自动理解前文,用浅灰色文字实时提供内容写作建议。按 Tab 键或鼠标单击即可采纳满意的内容,丝滑接续你的写作思路。若对续写不满意,无须切换页面,按 Alt+ ↓ 键即可查看更多建议,获取更多灵感。

2. 多角色辅助不同领域创作

选用通用角色可轻松辅助日常写作,而在更细分的写作场景中,可使用其他专业角色。

6.3　AI 设计助手

6.3.1　WPS AI 排版

无论是学术论文、合同、报告,还是党政公文、行政通知,有了 WPS AI,就可一键全文排版。另外,WPS AI 还能自行上传模板,实现个性化排版需求。

功能入口:WPS 文字→ WPS AI → AI 排版

1. 多种文档类型,AI 帮你排

选择进入 WPS AI 排版窗口(图 6–12),再选择对应的文档类型,即可完成排版。无论是通用文档、学位论文、合同协议,还是党政公文、行政通知,WPS AI 都能给你一份清晰有序的文档。

图 6–12　WPS AI 排版窗口

2. 自行上传范文,匹配排版

实现个性化智能排版,WPS AI 排版还支持自行上传范文,智能识别格式。排版完成后,文档会生成排版前后效果对比预览,方便快速定位,进行自定义调整优化。

(1)案例:学术论文

打开"学术论文 –AI 排版 .docx"文件。

单击 WPS 文字→ WPS AI → AI 排版→论文排版→右侧选择需要使用的模板。

(2)案例:党政公文

打开"党政公文 –AI 排版 .docx"文件。

单击 WPS 文字→ WPS AI → AI 排版→公文排版。

(3)案例:合同协议

打开"合同协议 –AI 排版 .docx"文件。

单击 WPS 文字→ WPS AI → AI 排版→公文排版。

(4)案例:通用排版

打开"通用排版 –AI 排版 .docx"文件。

单击 WPS 文字→ WPS AI → AI 排版→通用文档排版。

6.3.2　WPS AI 条件格式

条件格式可一键达成,无须复杂的设置,只要描述想要的条件格式效果,WPS AI 就会调用表格指令,自动完成表格格式操作,简单一句指令让数据呈现更直观。

功能入口:WPS 表格→ WPS AI → AI 条件格式

案例:AI 条件格式

打开"AI 条件格式 .xlsx"文件。

单击 WPS 表格→ WPS AI → AI 条件格式→输入"使用浅粉色填充标记出学历为'高中'的数据",如图 6–13 所示。

图 6–13　WPS AI 条件格式

6.3.3　WPS AI 生成 PPT

输入一句话主题,也可以上传文档或粘贴内容,让 WPS AI 智能构建 PPT 大纲,匹配喜欢的模板,轻松生成排版精美、内容完整的整套幻灯片。

功能入口：WPS 演示→ WPS AI → AI 生成 PPT →主题生成 PPT/ 文档生成 PPT/ 大纲生成 PPT

1. 输入主题、文档或大纲，生成整套 PPT

告诉 WPS AI 主题，可自动构建大纲，挑选喜欢的 PPT 模板，轻松生成排版精美、内容完整的整套幻灯片。也可以上传整篇文档或粘贴内容要点，WPS AI 能自动理解提炼内容生成 PPT 大纲。

2. 细节调优，PPT 呈现更专业

生成的大纲不满意时，可单击大纲右侧按钮即可编辑修改或层级升降调整，生成的幻灯片效果更加符合需求。WPS AI 还能够根据单页主题进行内容扩写，自由生成单页幻灯片（图 6-14），助你轻松完善演示文稿。

图 6-14   AI 生成单页

案例：WPS AI 文档转 PPT

（1）打开 "WPS AI 文档转 PPT.docx" 文件。

（2）单击 WPS 演示→ WPS AI →文档生成 PPT。

（3）单击大纲右侧按钮即可编辑修改幻灯片。

6.4   AI 阅读助手

6.4.1   WPS AI 全文总结

快速提炼文档要点：几百页的超长文档，WPS AI 能一键全文总结，精准提炼内容纲要，核心信息分点概括，快速掌握文章主旨和核心观点，减轻阅读负担。

功能入口：WPS 文字→ WPS AI →全文总结

6.4.2   WPS AI 文档问答

通过问答深度解读文章：面对细节繁杂的合同等文档，WPS AI 可呈上准确的答案。无须担心 AI 回答无中生有，每一次回答都贴心标注引用页数，单击更可直达原文出处。还可单击 WPS AI 的智能推荐问题，迅速 "吃透" 文章。

功能入口：WPS 文字→ WPS AI →文档问答

1. 随心问答,获取信息

对文章有疑问,通过 WPS AI 文档问答发起询问(图 6–15),助你在信息海洋中快速找到想要了解的内容。通过 WPS AI 智能推荐的相关问题可深入理解知识点,让你速读也能"吃透"文章。

图 6–15　AI 文档问答

2. 文档溯源，有根有据

无须担心 WPS AI 回答的内容无中生有，每一次回答都基于文件自身。贴心标注引用的原文出处，单击可直接跳转对应页面，继续深入阅读原文。

6.4.3 WPS AI 划词解释和翻译

轻松扫除阅读障碍：对于专业术语，WPS AI 可提供划词释义；对于外文刊物，WPS AI 也能结合上下文语境进行意译，让你的办公、学习效率更进一步。

功能入口：WPS 文字 / 演示 / 表格→选中目标词汇或句子→ WPS AI → AI 解释 /AI 翻译

1. 专业术语，准确释义

遇到不理解的专业术语，直接鼠标划取让 WPS AI 解释，即时提供整体释义，以及重点词句解析。对于需要加强记忆的内容，可一键采纳生成批注，下次查阅一目了然。

2. 结合语境，一键翻译

阅读外文刊物时，有不懂的生词和句子也可直接选中让 WPS AI 翻译。WPS AI 将结合文档的具体语境进行准确意译，帮你轻松扫除阅读障碍。

6.4.4 WPS 灵犀 +DeepSeek

1. WPS 灵犀 +DeepSeek 编程实现 PDF 文档拆分，目的是通过 DeepSeek 创建一个 PDF 的拆分程序

（1）在 WPS 协作教育版中新建话题。

（2）写提示词"帮我写一个提示词：帮我写一个 PDF 的拆分程序，要求在网页端运行。"

（3）再写提示词"将以上提示词生成可以在网页端运行的程序。"

（4）复制生成的代码。

（5）新建文本文档，并粘贴代码，生成"PDF 文档拆分 .txt"，并把扩展名 txt 更改为 html。

（6）运行"PDF 文档拆分 .html"。

2. WPS 灵犀 +DeepSeek 编程实现数据合并，目的是实现多个工作簿的合并

（1）在 WPS 协作教育版中新键话题。

（2）写提示词"帮我写一个提示词：我有几十个工作簿文件需要合并，要求在网页端运行，合并后只保留一行字段名称行，即标题行不重复。"

（3）再写提示词"根据提示词生成可以在网页端运行的程序。"

（4）复制生成的代码。

（5）新建文本文档，并粘贴代码，生成"多个工作簿合并 .txt"，并把扩展名 txt 更改为 html。

（6）运行"多个工作簿合并 .html"。

3. WPS 灵犀 +DeepSeek 文档检查，目的是纠正文件

方法一：

（1）在 WPS 协作教育版中新建话题。

（2）选择"读文档"→本地文件→选择需要检查的文件。

（3）写提示词"帮我把上面的文档检查错别字、语法、病句等"。

方法二：

（1）单击 WPS AI → AI 写作助手→全文润色。

（2）单击审阅→显示标记→使用批注框→去除显示审阅者，这样就可以作为你修改的论文。

（3）单击审阅→接受→接受对文档所作的所有修订，这样就可以去掉所有修订的痕迹。

4. 使用 WPS 灵犀 +DeepSeek 编程实现各种小游戏

（1）在 WPS 协作教育版中新建话题。

（2）写提示词"帮我写一个提示词：写一个俄罗斯方块程序，要求在网页端运行，通过键盘控制。"

（3）再写提示词"将以上提示词生成可以在网页端运行的程序。"

（4）复制生成的代码。

（5）新建文本文档，并粘贴代码，生成"俄罗斯方块 .txt"，并把扩展名 txt 更改为 html。

（6）运行"俄罗斯方块 .html"。

6.5　AI 数据助手

无须记函数公式和各种表格操作技巧，只需简单描述需求，就能让 WPS AI 来处理繁杂的数据。

6.5.1　WPS AI 写公式

首先，复杂公式可通过 WPS AI 帮你写以文字描述的方式智能生成。即使使用者不会提问也没关系，WPS AI 会自动识别表格数据，提供相关提问示例。其次，公式解释可边用边学，对于不理解的公式，可通过鼠标单击公式中不理解的地方，WPS AI 将自动定位多层嵌套函数，进行相应解释。再复杂的公式也能帮你轻松理解。

功能入口：WPS 表格→ WPS AI → AI 写公式

1. 案例：条件判断

打开"条件判断 –AI 写公式 .xlsx"文件，对应输入提示词。

（1）单击"判断 –1"工作表

提示词：语文成绩大于或等于 60，及格，不及格。

（2）单击"判断 –2"工作表

提示词：90 分以上为优秀，80 分以上为良好，60 分以上为及格，其余为不及格。

（3）单击"判断 –3"工作表

提示词：语文、数学、英语大于或等于 60，及格，不及格。

2. 案例：提取信息

打开"提取信息 –AI 写公式 .xlsx"文件，对应输入提示词。

（1）提取"出生日期"

提示词：从身份证号码中提取出生日期。

（2）提取"性别"

提示词：从身份证号码中提取性别。

（3）提取"年龄"

提示词：从身份证号码中提取年龄。

3. 案例：提取文本

打开"提取文本 –AI 写公式 .xlsx"文件，对应输入提示词。

（1）提取"编号"

提示词：从 A 列中提取数字。

（2）提取"名称"

提示词：从 A 列中提取中文（文本）。

4. 案例：文本处理

打开"文本处理 –AI 写公式 .xlsx"文件，对应输入提示词。

（1）提取用户名

提示词：从 A 列中提取用户名。

（2）提取邮箱后缀

提示词：从 A 列中提取邮箱后缀。

5. 案例：查找函数

打开"查找函数 –AI 写公式 .xlsx"文件，对应输入提示词。

（1）查找"基本工资"

提示词：利用 H2 中的姓名在 A1:E10 中查找基本工资。

（2）查找"奖金"

提示词：利用 H2 中的姓名在 A1:E10 中查找奖金。

（3）查找"补贴"

提示词：利用 H2 中的姓名在 A1:E10 中查找补贴。

（4）查找"职务加给"

提示词：利用 H2 中的姓名在 A1:E10 中查找职务加给。

6. WPS AI 类函数

（1）自定义 AI 指令函数

打开"自定义 AI 指令函数 –WPSAI"工作表，在单元格内输入以下信息：

"=WPSAI(A3,"计算总重量")"，即把 A3 单元格中的复杂文本按计算重量进行计算。

"=WPSAI(A10,"拼音")"，即把 A10 单元格中的文本按拼音写出。

（2）标签分类

打开"标签分类 –WPSAI.CLASSIFY"工作表，在单元格内输入以下信息：

"=WPSAI.CLASSIFY(A3,ARRAYTOTEXT($H$1:$H$3))"，即把 A3 单元格中的产品按 H1:H3 中的内容进行分类。

说明：ARRAYTOTEXT() 函数是把一列中的内容转换到一个单元格内。

（3）内容总结

打开"内容总结 –WPSAI.SUMMARIZE"工作表，在单元格内输入以下信息：

"=WPSAI.SUMMARIZE(A3,50)"，即把 A3 单元格中的内容总结为 50 个字。

（4）情感分析

打开"情感分析 –WPSAI.SENTIANALYSIS"工作表,在单元格内输入以下信息:

"=WPSAI.SENTIANALYSIS(A3,ARRAYTOTEXT($K$3:$K$8))",即把 A3 单元格中的内容按 K3:K8 中的情感分析进行分类。

（5）中英文互译

打开"中英文互译 –WPSAI.TRANSLATE"工作表,在单元格内输入以下信息:

"=WPSAI.TRANSLATE(A3,＂ 英文 ＂)",即把 A3 单元格中的内容翻译成英文。

"=WPSAI.TRANSLATE(A8,＂ 中文 ＂)",即把 A8 单元格中的内容翻译成中文。

（6）内容提取

打开"内容提取 –WPSAI.EXTRACT"工作表,在单元格内输入以下信息:

"=WPSAI.EXTRACT($A3,B$2)",即从 A3 单元格中提取身份证号码、手机号码、籍贯、婚姻状况。

6.5.2　WPS AI 数据分析

无论是销售报告、市场研究还是用户行为数据,交给 WPS AI 数据问答,都可通过简单对话,快速进行数据检查、数据洞察、预测分析。

功能入口: WPS 表格→ WPS AI → AI 数据分析

1. 利用数据透视表手动进行数据分析 2006 年销售最好的 10 个产品,时间以到货日期为准

（1）打开"数据分析实战案例 .xlsx",全选数据→插入→数据透视表。

（2）在"创建数据透视表"对话框中,设置"请选择放置数据透视表的位置"选项为"新工作表"。

（3）设置"数据透视表"对话框,把"到货日期"拖入"行"中,并在任何一个日期上右击→组合→选择"年",再把"到货日期"拖入筛选器中后选择"2006"年。把"产品名称"拖入"行"中,把"总价"拖入"值"中。

（4）在生成的"数据透视表"中的任何一个产品名称上右击→筛选→前 10 个;在任何一个总价上右击→排序→降序。

2. 利用 WPS AI 中的"AI 数据分析"功能统计 2006 年销售最好的 10 个产品,时间以到货日期为准

（1）打开"数据分析实战案例 .xlsx"。

（2）单击 WPS AI → WPS AI 数据助手→ AI 数据分析。

（3）提示词"统计 2006 年销售最好的 10 个产品,时间以到货日期为准。"

习　　题

1. 假如想要让 WPS AI 撰写一篇以人工智能为主题的文章,请给出一个合理可行的提示词。(文章要求:1 000 字以上,包含标题、摘要、关键词和正文。)

2. 请阐述如何在空白文档中显示唤起 WPS AI 提示文案。

3. 请阐述如何使用 WPS AI 快速生成一份产品采购合同。

4. 若想使一篇文章的文风更加正式,请阐述如何使用 WPS AI 进行优化。

5. 请阐述如何使用 WPS AI 将文中的部分词语替换成同义词。

6. 请举例说明 AI 帮我写、AI 帮我改和 AI 伴写的区别。

7. 请发挥想象,谈谈未来 WPS AI 写作助手还可能有哪些新功能。

8. 谈一谈除了目前已有的排版场景(学位论文、党政公文、合同协议、招投标文书、通用文档)外,还有哪些场景可以使用 AI 排版功能。

9. 若想要将一份按照姓名排序的成绩数据表中总分排名前 30 的行标记出来,请说明如何使用 AI 标注和手工标注,给出完整的操作步骤。

10. 请尝试使用 WPS AI 基于一篇论文生成演示文稿。

11. WPS AI 现已支持"文档脑图",请自行选择一篇完整的论文使用该功能生成思维导图。

12. 请从教务系统中下载自己的成绩数据,并使用 WPS AI 进行分析,将分析结果使用 WPS AI 辅助完善,生成一份完整的报告。

第 7 章　数据库基础

学习目标：

1. 了解数据库管理技术的发展历程。
2. 熟悉数据模型、关系数据库的术语和数据库设计的原则。
3. 掌握数据库设计的流程。
4. 掌握创建和管理数据库的方法。
5. 熟悉插入、修改和删除数据的方法。
6. 掌握数据查询技术。
7. 了解数据的管理与维护。

课堂思政：

1. 通过数据库的教学，学生可以深入理解数据库技术的科学原理和应用价值，同时培养精益求精、持续创新的科学精神和工匠精神。
2. 通过项目式学习，让学生在完成具体数据库设计任务的过程中，体验团队合作，提升创新思维和解决问题的能力。
3. 通过案例学习，引导学生掌握数据库技术的应用场景和解决方案，培养学生分析问题和解决问题的能力，为未来的职业发展打下坚实的基础。
4. 让学生认识到数据库技术在国家信息化建设中的重要作用，激发他们的爱国情怀和社会责任感，为国家的科技进步和社会发展贡献力量。

数据库技术是计算机科学的重要分支，当前大数据、云计算、人工智能等技术应用都建立在数据库之上，数据库技术已成为各种计算系统的核心技术。人们在日常的学习和生活中，都要和数据库系统打交道，如在学校的教务管理系统选课、网上购物和预订车票或机票等。当今社会，信息资源已成为组织或个人的重要财富和资源，建立一个满足不同对象需要的信息系统已成为必要，而各种各样的信息系统绝大多数是以数据库为基础和核心的，因此掌握数据库技术与应用是当今大学生信息素养的重要组成部分。

7.1　数据库概述

7.1.1　数据库的基本概念

1. 数据

数据是数据库中存储的基本对象。数据在大多数人的头脑中第一反应就是数字。其实数字只是最简单的一种数据，它只是对数据的一种狭义的理解。从广义上讲，数据的种类很多，包括数字、文字、图形、图像和声音等。

例如，在学生档案中，关注的是学生的姓名、性别、出生日期、高考总分和照片等信息，那么可以这样描述一个学生的信息，如图 7-1 所示。

这样的描述就是一个学生特征的记录,这个由学生信息所构成的记录就是数据。数据有多种表现形式,它们都可以通过数字化后存入计算机。

图 7-1　学生信息的描述

2. 数据库

数据库(database,DB)是长期存储在计算机外存上的、有结构的、可共享的数据集合。数据库中的数据按照一定的数据模型描述、组织和存储,具有较小的冗余度、较高的数据独立性和可扩展性,并为不同的用户共享。

例如,在学生档案管理中,要管理许多学生的信息,常用一个学生名册将他们的信息记录下来,这样,要查找某个学生的情况就很方便了。这个"学生名册"就是一个最简单的"数据库"。我们可以在学生名册中添加新同学的信息,也可修改学生的信息或删除退学学生的信息。

3. 数据库应用系统

数据库应用系统(database application system,DBAS)是指系统开发人员利用数据库系统资源开发的面向某一类实际应用的软件系统。例如,选课系统、财务管理系统、图书管理系统等。它们都是以数据库为基础和核心的计算机应用系统。

4. 数据管理系统

数据库管理系统(database management system,DBMS)是指数据库系统中对数据库进行管理的软件系统,是数据库系统的核心组成部分。数据库的一切操作,如查询、更新、插入、删除以及各种控制,都是通过 DBMS 进行的。

目前常用的数据库管理系统有 Access、SQL Server、MySQL、Oracle 等。

5. 数据库系统

数据库系统(database system,DBS)是指引入数据库技术后的计算机系统,是实现有组织地、动态地存储大量相关数据,提供数据处理和信息资源共享的便利手段。数据库系统是一个由硬件、操作系统、数据库管理系统及相关软件、数据库管理员(DBA)和用户构成的人机系统。图7-2描述了数据库系统层次结构示意图。

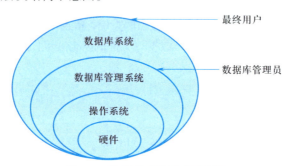

图 7-2　数据库系统层次示意图

7.1.2　数据库管理技术的发展历程

数据库管理技术的发展大致经过了以下 3 个阶段。

1. 人工管理阶段

20 世纪 50 年代中期以前,计算机主要用于数值计算。从硬件来看,外存只有纸带、卡片、磁带等,没有直接存取设备;从软件来看,没有操作系统以及管理数据的软件;从数据来看,数据量小,数据无结构,由用户直接管理,且数据间缺乏逻辑组织,数据依赖特定的应用程序,缺乏独立性。

2. 文件系统阶段

从 20 世纪 50 年代后期到 60 年代中期,计算机硬件和软件都有了很大的发展,磁盘、磁鼓等直接存取设备开始普及。这个时期,数据组织成独立的数据文件,按文件名访问,按记录进行存取,由文件系统提供文件打开、关闭、读写和存取等操作。但在这个阶段,不同的应用程序不能共享同样的数据文件,数据之间的联系必须通过程序结构来实现,因此数据共享性、冗余度、独立性和完整性都存在一定的问题。

3. 数据库系统阶段

20 世纪 60 年代后期开始,随着数据规模的不断扩大和数据处理需求的日益复杂,出现了数据库这种大规模、复杂的数据管理技术。数据库系统的特点是数据不再只针对某一特定应用,而是面向全组织,具有整体的结构性,共享性高,冗余度小,具有一定的程序与数据间的独立性,并且实现了对数据进行统一的控制。数据库系统的发展还涌现出了层次数据库、网状数据库以及最经典的关系数据库。

以上 3 个阶段的发展,反映了数据库管理技术随着计算机硬件和软件的进步而不断进步的过程。同时,也体现了人们对数据管理需求的不断提高和深化。

7.1.3　数据模型

数据模型(data model)是数据库管理的教学形式框架,是数据库系统中用来提供信息表示和操作手段的形式架构。它是对现实世界数据特征的模拟和抽象,是数据库系统的核心和基础。

1. 数据模型的构成

数据模型主要由三部分构成。

(1)数据结构

描述了数据的类型、内容、性质以及数据间的联系等,是数据模型的基础。

(2)数据操作

描述了在相应的数据结构上的操作类型和操作方式。

(3)数据约束

描述了数据结构内数据间的语法、词义联系、它们之间的制约和依存关系,以及数据动态变化的规则,以保证数据的正确、有效和相容。

2. 数据模型的类型

数据模型可以进一步分为两类:概念模型和逻辑模型。概念模型也称为信息模型,按用户的观点来对数据和信息建模,主要用于数据库设计。逻辑模型是按照计算机系统的观点来对数据建模,主要用于数据库管理系统的实现。

3. 概念模型

(1)实体描述

现实世界中存在各种事物,事物与事物之间存在着联系。这种联系是客观存在的,是由事物本身的性质所决定的。例如,在教务管理系统中有教师、学生和课程,教师为学生授课,学生选修课程,通过考试取得成绩。如果管理的对象较多或者比较复杂,事物之间的联系就可能较为复杂。

① 实体(entity)。

实体是客观存在并相互区别的事物。实体可以是实际的事物,也可以是抽象的事物。例如,学生、课程是属于实际的事物,而学生选课则是比较抽象的事物。

② 属性(attribute)。

实体的属性就是描述实体的特性。例如,学生实体用学号、姓名等属性来描述;课程实体用课程号、课程名、学分等属性来描述。

（2）联系(relationship)

实体之间的对应关系称为联系,它反映现实世界事物之间的相互关联。例如,一个学生可以选修多门课程,同一门课程可以由多名教师讲授。

两个实体间的联系可归结为 3 种类型。

① 一对一联系。

对于班级和班长这两个实体,如果一个班级只能有一个班长,一个班长只能被分配在一个班级中,在这种情况下,班级与班长之间存在一对一联系。这种联系记为 1∶1。

② 一对多联系。

对于班级和学生这两个实体,一个班级可以有多个学生,而一个学生只能属于一个班级。班和学生之间存在一对多联系。这种联系记为 $1∶n$。

③ 多对多联系。

对于学生和课程这两个实体,一个学生可以选修多门课程,一门课程可以被多名学生选修。因此学生和课程间存在多对多联系。这种联系记为 $m∶n$。

（3）概念模型的表示方法——E-R 图

E-R 图（实体联系图）主要用于描述系统中各个实体（如学生、课程、成绩等）之间的关系。在 E-R 图中,通常使用矩形来表示实体集,使用椭圆来表示属性,使用菱形来表示关系,使用直线将它们连接起来。建议使用专业的绘图工具,如 Visio、draw.io 等来绘制 E-R 图。图 7-3 为一个简易的教务管理系统的 E-R 图。

图 7-3　教务管理系统 E-R 图

4. 逻辑模型

逻辑模型是数据库数据的存储方式,是数据库系统的核心和基础。常见的逻辑模型有层次模型、网状模型和关系模型 3 种。目前应用最为广泛的是关系模型。近年来又出现了面向对象数据模型、关系数据模型和半结构化数据模型等。

7.1.4　关系数据库

自 20 世纪 80 年代以来,新推出的数据库管理系统几乎都支持关系数据模型,MySQL 就是一种关系数据库管理系统,下面结合 MySQL 来介绍关系数据库系统的基本概念。

1. 关系数据模型

一个关系的逻辑结构就是一张二维表。用二维表的形式表示实体、实体间联系的数据模型称为关系模型。

2. 关系术语

（1）关系

一个关系就是一张二维表,每个关系有一个关系名。在 MySQL 中,一个关系存储为一个表,具有一个表名。

对关系的描述称为关系模式,一个关系模式对应一个关系的结构。其格式为:

关系名（属性名 1,属性名 2, …,属性名 n）

在 MySQL 中,关系表示为如下表结构:

表名（字段名 1,字段名 2, …,字段名 n）

（2）元组

在一个二维表中,水平方向的行称为元组,每一行是一个元组。元组对应表中的一条具体记录。例如,学生表包括多条记录或多个元组。

（3）属性

二维表中垂直方向的列称为属性,每一列有一个属性名,与前面讲的实体属性相同,在 MySQL 中表示为字段名。每个字段的数据类型、宽度等在创建表的结构时规定。例如,学生表中的学号、姓名、性别、出生日期等字段名及其相应的数据类型组成表的结构。

（4）域

域是属性的取值范围,即不同元组对同一个属性的取值所限定的范围。例如,性别的取值范围只能是"男"或"女"两个值,成绩的值只能是 0~100 的数。

（5）关键字

关键字可以是一个属性也可以是多个属性的组合,它能唯一地标识一个元组。在 MySQL 中,关键字可以表示为字段或字段组合,一个关系可以有多个关键字,但在实际应用中只能选中一个,这就是主关键字,简称主键。在学生表中,"学号"可以作为标识一条记录的关键字;而由于可能有同名的学生存在,所以"姓名"字段不能作为关键字。一个关系中,主键只能有一个,候选关键字可以有多个。

（6）外键

如果关系中的一个属性不是该关系的主键,而是另外一个关系的主键或候选关键字,这个属性就称为外键。

7.1.5 数据库设计

数据库设计是根据一个给定的应用环境,构造最优的数据模型,利用数据库管理系统,建立一个实际的应用系统,使之能够有效地存储数据,满足用户对信息的使用要求。

1. 数据库设计要求

数据库应用系统与其他计算机应用系统相比,一般具有数据量比较大、数据间联系比较复杂、数据保存时间长、用户要求多样化等特点。设计数据库的目的就是按照应用要求,确定一个合理的数据模型。具体实施时表现为数据库和表的结构合理：能正确反映客观事物及事物间的联系,减少和避免数据冗余,维护数据完整性。数据完整性是保证数据库存储数据的正确性。例如,在成绩表中出现的学生必须是在学生信息表中有对应记录的学生。

2. 数据库设计原则

为了合理组织数据,应遵从以下基本设计原则。

（1）关系数据库的设计应遵循"一事一地"的原则

一个表描述一个实体或实体间的联系,避免设计大而杂的表。首先分离那些要作为单个主题而独立保存的信息,然后确定这些主题之间有何联系,以便在需要时将正确的信息组合在一起。通过将不同的信息分散在不同的表中,可以使数据的组织工作和维护工作更简单,同时也可以保证建立的应用程序具有较高性能。

例如,将描述学生基本情况的数据,如学号、姓名、出生日期、性别等保存到学生表中,而学生选修课程的成绩放到成绩表中,而不要将这些信息都放在学生表中。

（2）避免在表之间出现重复的字段

除了保证表中有反映与其他表之间存在联系的外部关键字之外,应尽量避免在表之间出现重复字段。这样做的目的是使数据冗余尽量小,防止在表中插入、删除和更新数据时造成数据的不一致。

例如,在课程表中有课程名字段,在成绩表中就不应该有课程名字段,需要时可以通过课程号将课程表与成绩表建立对应关系从而找到课程名称。

（3）表中的字段必须是原始数据和基本数据元素

表中不应包括通过计算可以得到的数据或多项数据的组合。例如,在学生表中应当使用出生日期字段,而不使用年龄字段。当需要查询年龄时,可以通过简单计算得到准确年龄。

在特殊情况下可以保留计算字段,但是必须保证数据的同步更新。例如,在描述某单位职工的工资信息表中会出现应发工资、扣除工资、实发工资等计算字段,应发工资字段的值可以通过基本工资 + 津贴等计算出来,扣除工资可以通过各扣除项之和计算得到,实发工资通过应发工资 − 扣除工资计算得到,因此每个月更新基本工资等基本字段的数据时,都必须重新计算应发工资、扣除工资、实发工资项才能得到正确的结果。

（4）用外部关键字保证有关联的表之间的联系

外部关键字能建立表之间的关联,反映实体之间存在的联系。例如,课程号字段就可以建立课程表和成绩表之间的联系,在成绩表中通过课程号字段就可以到课程表中找到某个同学所选修的课程名称。

3. 数据库设计过程

设计数据库一般可按以下几个阶段进行。

（1）需求分析

需求分析的工作就是详细准确地了解数据库应用系统的运行环境和用户要求。

例如,教务管理系统开发目的是什么,用户需要从数据库中得到哪些数据信息,输出这些信息采用什么方式等。

（2）确定需要的表

将需求分析所得到的信息划分成各个独立的实体,每个实体都可以设计为数据库的一个表。

例如,从教务管理系统的需求分析信息中可以划分出学生、教师、课程等实体,将每个实体作为教务管理系统数据库中的一个表。

（3）确定所属字段

确定在每个表中要保存哪些字段，确定关键字，确定字段中要保存数据的数据类型和数据的长度。通过对这些字段的显示或计算应能够得到所有需求信息。

例如，对学生实体可以确定有学号、姓名、性别、出生日期、专业、照片等字段，其中学号字段作为关键字。

（4）确定联系

对每个表进行分析，确定一个表中的数据和其他表中的数据有何联系。必要时可在表中加入一个字段或创建一个新表来明确联系。

例如，可以建立成绩表来明确学生与课程两个实体间的联系。

（5）设计求精

对设计进一步分析，查找其中的错误；创建表，在表中加入几个示例数据记录，考查能否从表中得到想要的结果。必要时可调整设计。

在初始设计时，难免会因考虑不周而出现遗漏或错误，因此要对设计方案进行不断修改和完善。MySQL 很容易在创建数据库时对原设计方案进行修改，但在数据库载入了大量数据或报表之后，再对表进行修改就比较困难了。

通过以上分析，可在教务管理系统数据库中建立以下 3 张表，各表结构如表 7–1、表 7–2、表 7–3 所示。

表 7–1　学生表结构

学号	姓名	性别	出生日期	民族	专业号

表 7–2　课程表结构

课程号	课程名称	课程类别	学分

表 7–3　成绩表结构

学号	课程号	成绩

7.2　MySQL 的安装与配置

MySQL 是一个跨平台的开源关系数据库管理系统，广泛应用在 Internet 上的中小型网站开发中。相比其他关系数据库，因其体积小、速度快、成本低的特点，是目前世界上非常受欢迎的开放源代码数据库之一。

7.2.1　下载 MySQL 安装包

MySQL 版本包括 MySQL Community Server（社区版）和 MySQL Enterprise Server（企业版服务器版）两种。社区版完全免费，但是官方不提供技术支持，用户可以自由下载使用；企业版服务器版为企业提供数据库应用，支持 ACID 事务处理，提供完整的提交、回滚、崩溃恢复和行政锁定功能,需要付费使用,官方提供技术支持。

Windows 操作系统中,MySQL 数据库的安装包分为图形化界面安装和免安装两种。这里以图形化界面安装为例。

(1)打开 MySQL 官网的下载页面。

(2)选择 MySQL 的版本号和安装适配的操作系统,本书安装的版本是 MySQL Community Server 8.3.0,操作系统是 Windows,如图 7-4 所示。

图 7-4　选择 MySQL 版本号操作系统

(3)下载 Windows 操作系统图形化 MySQL 安装包(Windows(x86,64-bit),MSI Installer)。然后单击底部 "No thanks, just start my download." 即可开始下载。

7.2.2　安装与配置 MySQL

1. MySQL 的安装

(1)双击 MySQL 安装文件,进入 MySQL 安装界面,如图 7-5 所示,选择安装类型。这里选典型(Typical)安装类型,单击 Next 按钮。

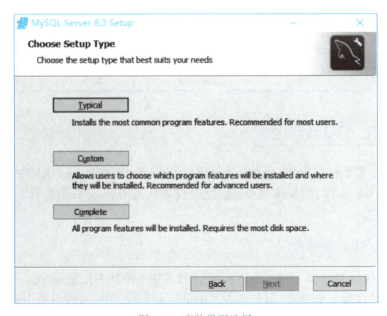

图 7-5　安装类型选择

（2）进入 "Ready to install MySQL Server 8.3" 窗口,如图 7-6 所示。然后单击 Install 按钮进入下一步。

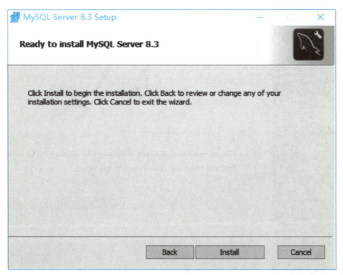

图 7-6　"Ready to install MySQL Server 8.3" 窗口

（3）进入安装界面,单击 Execute 按钮,开始 MySQL 各个产品的安装。

（4）安装 MySQL 文件,安装完成后单击 Finish 按钮,如图 7-7 所示。

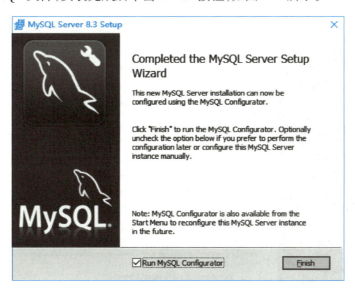

图 7-7　MySQL 安装完成

2. MySQL 配置

（1）在安装的最后一步中,单击 Finish 按钮进入服务器配置窗口,进行配置信息的确认,如图 7-8 所示,确认后单击 Next 按钮。

（2）进入服务器类型和网络配置窗口,如图 7-9 所示。网络连接一般使用 TCP/IP 模式,默认端口为 3306。单击 Next 按钮进入下一步。

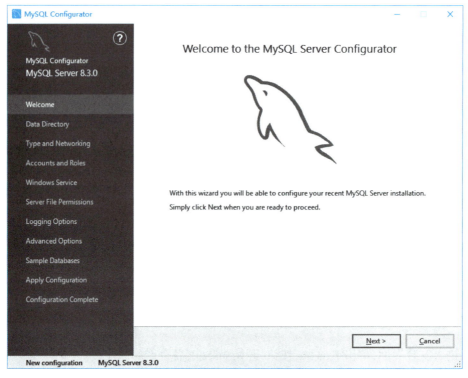

图 7-8 服务器配置信息确认

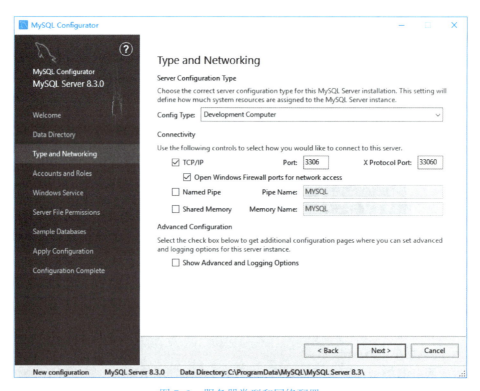

图 7-9 服务器类型和网络配置

（3）进入认证方式，选择使用强密码认证还是使用已有认证方式。初次使用，可保持默认设置。单击 Next 按钮进入下一步。

（4）配置管理员账号和密码，如图 7-10 所示。输入管理员账号的密码，记住该密码以便配置完成后进行登录。单击 Next 按钮进入下一步。

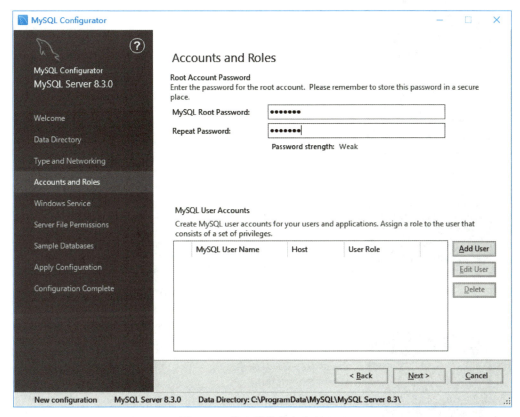

图 7-10　管理员账号和密码配置

（5）配置 MySQL 服务的实例名称以及是否在系统启动后自动运行，如图 7-11 所示。可使用默认设置，单击 Next 按钮进入下一步。

（6）根据上述设置进入应用配置窗口，如图 7-12 所示，单击 Execute 按钮完成 MySQL 的各项配置。

（7）检测都通过后，继续单击 Finish 按钮安装就可配置完成了。MySQL 配置完成的界面如图 7-13 所示。

7.2.3　MySQL 图形化工具

为了方便操作，可以使用一些图形化的客户端工具，如 SQLyog、Navicat 和 MySQL Workbench 等。本书主要介绍 SQLyog。SQLyog 是一款简洁高效、功能强大的图形化数据库管理工具，使用 SQLyog 可以快速直观地在任何地点通过网络来维护远端的数据库。

图 7-11　服务的实例名称及自动运行配置

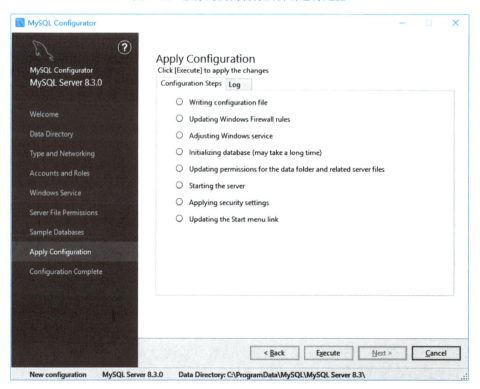

图 7-12　应用配置窗口

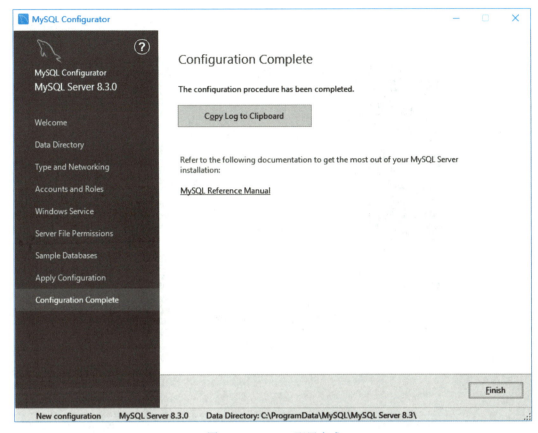

图 7-13　MySQL 配置完成

打开 SQLyog 的官网,根据操作系统选择相应的版本下载并进行安装。

安装完成之后,启动 SQLyog,弹出如图 7-14 所示窗口。单击"新建",在弹出的"New Connection"对话框中输入数据库服务器的名称,由于连接的是本机,所以名称输入 localhost 或 127.0.0.1,单击"确定"按钮。

在弹出的对话框中输入数据库服务器的连接信息,包括用户名、密码和端口号。用户名为 root,密码输安装 MySQL 时为用户 root 设置的密码,端口号是 3306,可以单击"测试连接"按钮,测试连接成功后单击"连接"按钮,如图 7-15 所示。

连接成功后,弹出如图 7-16 所示的窗口。左侧是导航栏,显示数据库服务器中的所有数据库和表。单击相应的数据库和表,可以查看和编辑表的结构和数据。右侧上面的查询编辑器中可以输入 SQL 语句,右侧下面查看 SQL 语句运行结果。

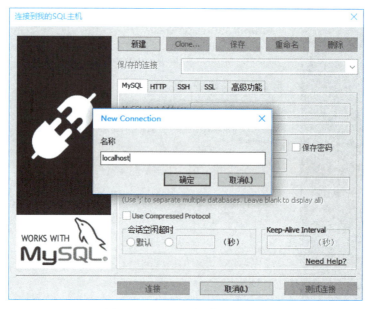

图 7-14　SQLyog 新建连接设置

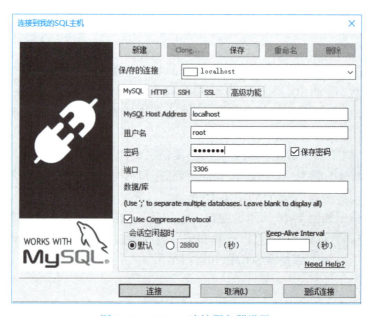

图 7-15　SQLyog 连接服务器设置

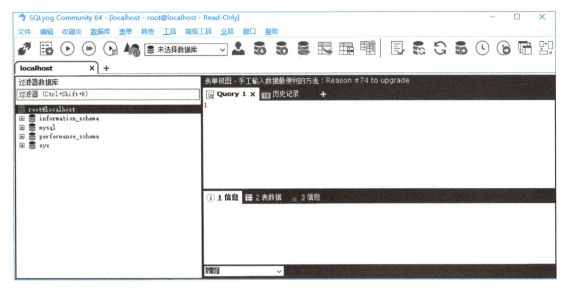

图 7-16　SQLyog 主界面

7.3　数据定义

1. SQL 语言概述

SQL（structured query language）是结构化查询语言，它是一种在关系数据库中定义和操纵数据的标准语言，是用户与数据库之间进行交流的接口。

SQL 语言风格统一，可以独立完成数据库生命周期中的全部活动。SQL 进行数据操作，只要提出"做什么"，而无须指明"怎么做"，因此无须了解存储路径。存储路径的选择以及 SQL 的操作过程由系统自动完成。这样可以减轻用户的负担，也提高了数据独立性。SQL 既是独立的语言，又是嵌入式语言。作为独立的语言，用户可以在终端键盘上直接输入 SQL 命令，对数据库进行操作；作为嵌入式语言，SQL 语言可以被嵌入到高级语言程序中，供程序员设计程序时使用。SQL 语言的结构、语法、词汇等本质上都是英语的结构、语法和词汇，容易学习和使用。

2. SQL 语言的组成

（1）数据定义语言（DDL）

DDL 用来定义（CREATE）、修改（ALTER）、删除（DROP）数据库中的各种对象。

（2）数据操纵语言（DML）

DML 的命令用来查询（SELECT）、插入（INSERT）、修改（UPDATE）、删除（DELETE）数据库中的数据。

（3）数据控制语言（DCL）

DCL 用于事务控制、并发控制、完整性和安全性控制等。

7.3.1　创建和管理数据库

MySQL 安装时会自动创建 4 个系统数据库，用于存储 MySQL 运行和管理需要的系统信息。

可以使用 SHOW DATABASES 命令查看 MySQL 服务器当前已有的数据库。

4 个系统数据库的主要内容如下。

① information_schema：元数据，保存了 MySQL 服务器所有数据库的信息，比如数据库名、数据库的表、访问权限、数据库表的数据类型，数据库索引的信息等。

② mysql：主要存储数据库的用户、权限设置、关键字等 MySQL 自己需要使用的控制和管理信息。

③ performance_schema：存储数据库服务器的性能参数，可用于监控服务器在运行过程中的资源消耗、资源等待等情况。

④ sys：库中所有的数据源来自 performance_schema，目标是把 performance_schema 的复杂度降低，让 DBA 能更好地阅读这个库里的内容，让 DBA 更快地了解 DB 的运行情况。

例 7-1   查看 MySQL 服务器所有的数据库。

在 MySQL 命令行客户端输入命令：

  SHOW DATABASES;

结果如图 7-17 所示。

1. 创建数据库

数据库是存放数据的容器，要想在 MySQL 服务器上存放数据，必须要先创建数据库。

（1）使用图形化工具创建数据库

单击"数据库"→"创建数据库"命令，在"数据库名称"编辑框中输入新建数据库的名称，选择默认字符集等后单击"创建"按钮，如图 7-18 所示。

图 7-17　显示服务器数据库信息

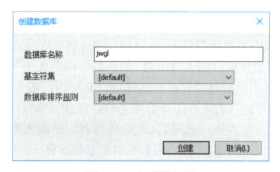

图 7-18　创建数据库

（2）使用命令创建数据库

语法格式：

  CREATE {DATABASE | SCHEMA}［IF NOT EXISTS］db_name

  ［［DEFAULT］ CHARACTER SET［=］charset_name］

  ［［DEFAULT］ COLLATE［=］collation_name］

  ［［DEFAULT］ ENCRYPTION［=］{'Y' | 'N'}］；

例 7-2   创建名称为 jwgl 的数据库，字符集和排序规则采用系统默认。

  CREATE DATABASE jwgl;

说明：创建数据库后，会在存储数据文件夹 data 下生成一个与数据库同名的目录，将来创建的表数据保存在此文件夹中。

2. 选择数据库

MySQL 服务器中可以同时存在多个数据库，在做数据处理前，需要切换到指定数据库。使用 USE 语句选择数据库使其成为当前数据库，然后在数据库中对数据库对象进行操作。

语法格式：

    USE db_name;

例 7–3　选择 jwgl 数据库。

    USE jwgl;

3. 查看数据库

使用 SHOW DATABASES 语句查看 MySQL 服务器中所有的数据库。

使用 SHOW CREATE DATABASE 语句查看某一个数据库。

语法格式：

    SHOW CREATE DATABASE db_name;

例 7–4　查看 jwgl 数据库的定义。

    SHOW CREATE DATABASE jwgl;

4. 删除数据库

（1）使用图形化工具删除数据库

在左侧的导航栏中选中要删除的数据库名称，右击，在弹出的快捷菜单中选择"更多数据库操作"子菜单下的"删除数据库"命令。

（2）使用命令删除数据库

语法格式：

    DROP DATABASE［IF EXISTS］db_name;

例 7–5　删除 jwgl 数据库。

    DROP DATABASE jwgl;

7.3.2 创建和管理数据表

1. 表的概念

表（table）是关系数据库中最重要的数据库对象，用来存储数据库中的数据。一个数据库包含一个或多个表，表由行（row）和列（column）组成。

表中的一行称为一条记录（record），每张表包含若干条记录。列又称为字段（field），由数据类型、长度、默认值等组成，每列表示记录的一个属性。

一个完整的表包含表结构和表数据两部分内容，表的结构主要包括表的列名、数据类型、长度、是否允许空值、默认值以及约束等，表数据就是表中的记录。例如，教务管理系统数据库中的学生表的结构和部分数据如表 7–4 和表 7–5 所示。

2. MySQL 的数据类型

定义表时需要对表中的列进行属性设置，包括列的名称、数据类型、长度、默认值等，其中最重要的属性就是数据类型。数据类型是指存储在数据库中的数据的类型，决定了数据的存储格式和取值范围。

表 7-4 student 表结构

列名	数据类型	长度	允许空值	默认值	约束	说明
sno	char	11	否		主键	学号
sname	varchar	10	否			姓名
ssex	char	1	否	男	只能取"男"或"女"	性别
birthday	date		否			出生日期
nation	varchar	10	否			民族
spno	char	4	是		外键,参照 speciality 表的 spno 列	专业号

表 7-5 student 表数据

sno	sname	ssex	birthday	nation	spno
24010141001	陈倩	女	2005-6-12	汉族	0101
24010141002	刘航	男	2005-3-22	汉族	0101
24010241003	孙越	男	2004-7-19	壮族	0102
24010241004	李明	男	2006-1-18	汉族	0102
24020141005	万鸿宇	男	2005-4-13	汉族	0201
24020141006	熊晶	女	2005-2-20	白族	0201
24020241007	张婷	男	2005-7-18	彝族	0202
24000041008	王佳玲	女	2006-8-18	汉族	—

MySQL 中的数据类型主要包括数值类型、字符串类型、日期和时间类型、空间类型和 JSON 类型。本书主要介绍数值类型、字符串类型、日期和时间类型。

（1）数值类型

① 整数类型。

整数类型包括 TINYINT、INTEGER（或 INT）、SMALLINT、MEDIUMINT 和 BIGINT，如表 7-6 所示。

表 7-6 整 数 类 型

数据类型	存储字节数	无符号数取值范围	有符号数取值范围
TINYINT	1	0~255	−128~127
SMALLINT	2	0~65 535	−32 768~32 767
MEDIUMINT	3	0~16 777 215	−8 388 608~8 388 607
INTEGER（或 INT）	4	0~4 294 967 295	−2 147 483 648~2 147 483 647
BIGINT	8	$0~2^{64}-1$	$-2^{63}~2^{63}-1$

② 定点数类型。

定点数类型包括 DECIMAL 和 NUMERIC,用于存储精确的数值数据。在 MySQL 中,NUMERIC 被实现为 DECIMAL。

定点数类型的定义语法为 DECIMAL(M,D)或 NUMERIC(M,D),其中 M 是最大位数(精度),范围是 1~65,D 是小数点后的位数(小数位数),它的范围是 0~30,并且不能大于 M。如果 D 省略,则默认为 0,如果 M 省略,则默认为 10。

例如,定义 salary 列的数据类型为 DECIMAL(5,2),则该列能够存储具有 5 位数字和两位小数的任何值,因此 salary 列的取值范围为 −999.99~999.99。

③ 浮点数类型。

浮点数类型包括单精度 FLOAT 类型和双精度 DOUBLE 类型,代表近似的数据值。MySQL 对单精度值使用 4 字节存储,对双精度值使用 8 字节存储。

对于 FLOAT,MySQL 支持在关键字 FLOAT 之后指定可选的精度,但是 FLOAT(p)中的精度值仅用于确定存储大小,0~23 的精度将产生一个 4 字节的单精度浮点列,24~53 的精度将产生一个 8 字节的双精度浮点列。

由于浮点值是近似值,而不是存储为精确值,因此在比较中尝试将其视为精确值可能会导致问题。

(2)字符串类型

常用的字符串数据类型包括 CHAR、VARCHAR、BLOB、TEXT、ENUM 和 SET,如表 7-7 所示。

表 7-7　字符串类型

数据类型	说明	限制
CHAR(n)	固定长度字符串	0~255 字符
VARCHAR(n)	可变长度字符串	与字符集相关
BLOB	二进制长文本数据	$0 \sim 2^{16}-1$ 字符
TEXT	长文本数据	$0 \sim 2^{8}-1$ 字符
ENUM	枚举类型	取值列表最多 65 535 个值
SET	集合类型	取值列表最多 64 个值

① CHAR 和 VARCHAR 类型。

使用 CHAR 和 VARCHAR 定义列时需要声明长度,该长度表示要存储的最大字符数。例如,CHAR(30)最多可以容纳 30 个字符。

CHAR 列的长度固定为声明的长度,可以是 0~255 的任意值。存储时,会使用空格右填充到指定的长度。VARCHAR 列中的值是可变长度字符串,长度可以指定为 0~65 535 的值。VARCHAR 的有效最大长度取决于最大行大小(65 535 字节)和使用的字符集。VARCHAR 值在存储时不进行填充,在存储和检索值时保留尾随空格。对于 VARCHAR 列,超出列长度的尾随空格在插入之前被截断并生成警告。对于 CHAR 列,都会从插入的值中截断多余的尾随空格。

② BLOB 类型。

BLOB 是一个二进制大对象,可以容纳可变数量的数据。有 4 种 BLOB 类型:TINYBLOB、BLOB、MEDIUMBLOB 和 LONGBLOB,它们的区别仅在于保存的值的最大长度不同。

③ TEXT 类型。

TEXT 是长文本数据类型,有 4 种 TEXT 类型:TINYTEXT、TEXT、MEDIUMTEXT 和 LONGTEXT,它们对应于 4 种 BLOB 类型,并且具有相同的最大长度和存储要求。TEXT 值被视为非二进制字符串(字符串)。

对于 TEXT 和 BLOB 列,插入时不进行填充,检索时也不删除字节。另外,BLOB 和 TEXT 列不能有 DEFAULT 值。

④ ENUM 类型。

ENUM 类型又称为枚举类型,在创建表时,使用 ENUM('值 1','值 2', …,'值 n')的形式定义一个列,该列的值只能取列表中的某一个元素。

ENUM 类型的取值列表中最多只能包含 65 535 个值。例如,性别列的定义为:ssex ENUM ('男','女')NOT NULL,那么该列的值可以为"男"或者"女"。

⑤ SET 类型。

在创建表时,使用 SET('值 1','值 2', …,'值 n')的形式定义的列的值可以取列表中的一个元素或者多个元素的组合。取多个元素时,不同元素之间用逗号隔开。SET 类型的取值列表最多只能有 64 个元素。

例如,使用 SET('a','b')NOT NULL 定义的列,其值可以为以下几种情况:'a'、'b'、'a, b'。

（3）日期和时间类型

日期和时间数据类型包括 DATE、TIME、DATETIME、YEAR 和 TIMESTAMP,如表 7-8 所示。

表 7-8　日期和时间类型

数据类型	格式	取值范围
DATE	YYYY-MM-DD	1000-01-01~9999-12-31
TIME	hh:mm:ss	-838:59:59~838:59:59
YEAR	YYYY	1901~2155
DATETIME	YYYY-MM-DD hh:mm:ss	1000-01-01 00:00:00~ 9999-12-31 23:59:59
TIMESTAMP	YYYY-MM-DD hh:mm:ss	1970-01-01 00:00:01 UTC~ 2038-01-19 03:14:07 UTC

① DATE 类型。

DATE 类型用于包含日期部分但不包含时间部分的值。MySQL 以 YYYY-MM-DD 格式检索并显示日期值,支持的范围为 1000–01–01~9999–12–31。

② TIME 类型。

TIME 类型用于存储时间值,格式为 hh：mm：ss 或 hhh：mm：ss。其中的小时部分不仅可以表示一天中的某个时间(必须小于 24 小时),还可以表示经过的时间或两个事件之间的时间间隔(可能远远大于 24 小时,甚至为负值)。

③ YEAR 类型。

YEAR 类型用于存储年份值,接受 4 位字符串、4 位数字、1 位或 2 位字符串、1 位或 2 位数字等几种形式的输入值。

如果输入值为 4 位字符串或 4 位数字,有效范围为 1901~2155。如果输入值为 1 位或 2 位字符串,有效范围为 0~99,MySQL 将 0~69 转换为 2000~2069,将 70~99 转换为 1970~1999。

④ DATETIME 和 TIMESTAMP 类型。

DATETIME 和 TIMESTAMP 类型用于同时包含日期和时间部分的值。DATETIME 类型支持的范围为 1000–01–01 00：00：00~9999–12–31 23：59：59,TIMESTAMP 类型的范围为 1970–01–01 00：00：01 UTC~2038–01–19 03：14：07 UTC。MySQL 将 TIMESTAMP 类型值从当前时区转换为 UTC(世界统一时间)进行存储,并从 UTC 转换回当前时区进行检索。

3. 创建表

(1)使用图形化工具创建表

例 7–6　在 jwgl 数据库中创建 student 表。

在左侧导航栏展开 jwgl 数据库,右击"表"图标,在弹出的快捷菜单中选择"创建表"命令。在右侧的表设计窗格中,依次输入和设置每个字段的列名、数据类型、长度等属性,如图 7–19 所示。

图 7–19　图形化工具创建表

单击"保存"按钮,完成创建。

（2）使用 CREATE TABLE 语句创建表

语法格式:

> CREATE TABLE [IF NOT EXISTS]tbl_name
>
> (col_name data_type [(n [, m])] [NOT NULL | NULL] [DEFAULT {literal |(expr)}]
>
> [AUTO_INCREMENT] [COMMENT 'string'],
>
> …
>
> [index_definition],
>
> [constraint_definition]
>
>) [table_options]

说明:

- IF NOT EXISTS:该选项用于防止表存在时发生错误。

- tbl_name:要创建的表的名称,可以使用 db_name.tbl_name 的方式在指定的数据库中创建表。如果只有表的名称,则在当前数据库中创建表。

- col_name:列的名称。

- data_type:列的数据类型。

- NOT NULL | NULL:指定该列是否允许空值,默认为 NULL。

- DEFAULT {literal |(expr)}:指定列的默认值,默认值可以是常量,也可以是表达式。

- AUTO_INCREMENT:用于定义自增列,每个表只能有一个自增列,该列的数据类型必须是整型或浮点型,并且必须被索引,不能有默认值。自增序列从 1 开始。在自增列中插入 NULL（建议）或 0 值时,该列的值将设置为当前列的最大值 +1。

- COMMENT 'string':该选项指定列的注释,最长可达 1 024 个字符。

- index_definition:定义索引。

- constraint_definition:定义约束。

- table_options:表的选项。

例 7-7　使用 CREATE TABLE 语句创建例 7-6 中的 student 表。

> CREATE TABLE IF NOT EXISTS student（
>
> sno CHAR（11）PRIMARY KEY COMMENT '学号',
>
> sname VARCHAR（20）NOT NULL COMMENT '姓名',
>
> ssex CHAR（1）NOT NULL COMMENT '性别',
>
> birthday DATE NOT NULL COMMENT '出生日期',
>
> nation VARCHAR（10）NOT NULL COMMENT '民族',
>
> spno VARCHAR（4）COMMENT '专业号'
>
> ）;

可以在 SQLyog 中输入以上 SQL 语句并运行,方法是:

首先在左侧导航栏中单击 jwgl 数据库,然后在右侧的查询编辑器中输入以上创建表的 SQL 语句,最后单击工具栏上的"运行查询"按钮,如图 7-20 所示。

```
1  ┌─CREATE TABLE IF NOT EXISTS student(
2  │  sno CHAR(11)  PRIMARY KEY COMMENT '学号',
3  │  sname VARCHAR(20) NOT NULL COMMENT '姓名',
4  │  ssex CHAR(1) NOT NULL COMMENT '性别',
5  │  birthday DATE NOT NULL COMMENT '出生日期',
6  │  nation VARCHAR(10) NOT NULL COMMENT '民族',
7  │  spno VARCHAR(4) COMMENT '专业号'
8  └─);
```

图 7-20　图形化工具中编辑 SQL 语句

7.3.3　数据完整性约束

数据库的完整性是指保证数据库中数据的正确性、准确性和有效性,通过定义防止不合语义的数据进入数据库,因此维护数据库的完整性是非常重要的。

数据完整性一般包括实体完整性、参照完整性和用户定义的完整性。约束是实现数据完整性的一种重要手段。

1. 实体完整性

实体完整性要求表中每一行数据必须有唯一标识,不能重复。实体完整性可以通过定义主键约束或唯一性约束加非空约束实现。

例如,在 jwgl 数据库的 student 表中,将 sno 列定义为主键,sno 列不能取空值并且每一个 sno 值都是唯一的,每一个 sno 值可以唯一地标识表中的一条记录,从而保证 student 表的实体完整性。score 表中,将 sno 列和 cno 列的组合定义为主键,两列不能取空值且 sno 值和 cno 值的组合不允许重复,保证 score 表的实体完整性。

2. 参照完整性

参照完整性用于保证参照表和被参照表之间的数据一致性,可以在被参照表中定义主键,参照表中定义外键,通过主键和外键之间的对应关系来实现参照完整性。参照完整性要求参照表中外键的值或者为空值或者必须是被参照表中主键的值。

例如,将 student 表作为被参照表,表中的 sno 列定义为主键,score 表作为参照表,表中的 sno 列定义为外键,student 表和 score 表通过主键和外键之间的对应关系实现参照完整性,score 表中 sno 列的值只能取 student 表中 sno 列的值,从而保证两个表之间的数据一致性。

3. 用户定义的完整性

用户定义的完整性是指具体应用时,用户根据需要自己定义的数据必须满足的语义要求。用户定义的完整性可以通过定义默认值、非空约束和 CHECK 约束来实现。

例如,对于 student 表中的 ssex 列,规定其取值只能是“男”或“女”,score 表中的 grade 列,规定其取值为 0~100。完整性约束如表 7-9 所示。

例 7-8　在 jwgl 数据库中创建一个名称为 course 的数据表,保存课程信息。

CREATE TABLE course（

cno CHAR（3）PRIMARY KEY COMMENT '课程号',

cname VARCHAR（20）NOT NULL COMMENT '课程名称',

ctype VARCHAR（10）COMMENT '课程类型' default '必修',

表 7-9　完整性约束

完整性约束名	定义关键字	约束规则	违约处理
实体完整性约束	primary key	主键不能取重复值和空值	拒绝执行
参照完整性约束	foreign key	外键的值依赖主键的值或为空值	拒绝 / 级联删除 / 级联更新 / 置为空值
用户自定义完整性约束	check	满足表达的值	拒绝执行
非空约束	not null	不能取空值	拒绝执行
唯一性约束	unique	不能有重复值	拒绝执行
默认值约束	default	不指定值时取默认值	拒绝执行

```
ctime TINYINT COMMENT '学时',
credit DECIMAL(3,1)COMMENT '学分',
term TINYINT COMMENT '开课学期'
);
```

例 7-9　在 jwgl 数据库中创建一个名称为 score 的数据表,保存成绩信息。

```
CREATE TABLE score(
sno CHAR(11)NOT NULL COMMENT '学号',
cno CHAR(3)NOT NULL COMMENT '课程号',
grade DECIMAL(4,1)COMMENT '成绩' CHECK(grade>=0 AND grade<=100),
CONSTRAINT pk_sno_cno PRIMARY KEY(sno,cno),
CONSTRAINT fk_score_sno FOREIGN KEY(sno)REFERENCES student(sno),
CONSTRAINT fk_score_cno FOREIGN KEY(cno)REFERENCES course(cno)
);
```

7.4　数据操作

SQL 提供了以下数据操作功能:

(1) INSERT 插入数据。

(2) UPDATE 修改数据。

(3) DELETE 删除数据。

7.4.1　插入数据

语法格式:

```
INSERT INTO < 表名 >[(< 属性列 1>[,< 属性列 2>, …)]
VALUES(< 常量 1>[,< 常量 2>], …);
```

注意：

（1）INTO 子句属性列的顺序可与表定义中的顺序不一致。

（2）VALUES 子句提供的值必须与 INTO 子句匹配。

例 7-10 向 student 表中插入一条记录，所有字段都有值。

  INSERT INTO student

  VALUES（'24110141002','张涛','男','2005-01-22','汉族','1101'）；

例 7-11 向 student 表中插入一条记录，部分字段有值。

  INSERT INTO student（sno，sname，ssex，birthday，nation）

  VALUES（'24110141003','秦怡','女','2005-06-02','汉族'）；

7.4.2 修改数据

语法格式：

  UPDATE < 表名 > SET 列名 ={ 表达式 |（子查询)}［ ， … ］

  ［ WHERE < 条件表达式 > ］；

注意：

（1）如果不选 WHERE 子句，则表中所有的记录全被更新。

（2）如果选择了 WHERE 子句，则使 WHERE 中条件表达式为真的记录被更新。

例 7-12 把 course 表中所有课程的学分都加 1。

  UPDATE course SET credit=credit+1；

例 7-13 把 student 表中姓名为"刘航"的学生的专业代码改为"1101"。

  UPDATE student SET spno='1101'

  WHERE sname='刘航'；

7.4.3 删除数据

语法格式：

  DELETE FROM < 表名 >［ WHERE < 条件表达式 > ］；

注意：

（1）如果不选 WHERE 子句，则删除表中所有的记录，表的定义仍在字典中。

（2）如果选择了 WHERE 子句，则删除表中 WHERE 条件表达式为真的记录。

例 7-14 删除 1990-1-1 之前出生的学生信息。

  DELETE FROM student WHERE birthday<'1990-1-1'>；

截断基本表，从表中删除所有的记录，并且释放该表所使用的存储空间，可以使用 TRUNCATE TABLE 语句。

使用 TRUNCATE TABLE 语句时，不能回退已删除的行。

例 7-15 将表 student 删除，并释放其存储空间。

  TRUNCATE TABLE student；

7.5 数据查询

数据查询是指从数据库中获取所需的数据,是数据库中最常用也是最重要的操作。

7.5.1 数据查询语句

关系数据库管理系统使用 SELECT 语句从一个或多个表中查询数据。

语法格式:

SELECT〔 ALL｜DISTINCT 〕select_expr〔 , select_expr 〕…

〔 FROM tbl_name〔 , tbl_name, … 〕

〔 WHERE where_condition 〕

〔 GROUP BY {col_name }, …

〔 HAVING having_condition 〕

〔 ORDER BY {col_name }〔 ASC｜DESC 〕, … 〕

说明:

● SELECT 子句:指定查询语句返回的列或表达式。

● FROM 子句:指定查询数据的来源,可以是表、视图、查询结果。

● WHERE 子句:限定选择行必须满足的一个或多个条件。where_condition 是一个表达式,对于要选择的每一行,该表达式的计算结果为 true。如果没有 WHERE 子句,将选择所有行。

● GROUP BY 子句:指定用于分组的列或表达式。

● HAVING 子句:指定返回的分组结果必须满足的条件。

● ORDER BY 子句:指定查询结果的排序方式。

7.5.2 单表查询

1. 选择列

SELECT 子句可以指定从表中检索哪些列,关键字 SELECT 后可以是 *、字段列表、计算表达式。

（1）查询表中指定列

在 SELECT 子句中指定要查看的一个或多个列的名称,如果查看多个列,列名之间用英文逗号分隔。查询结果中列的显示顺序由 SELECT 子句指定,与表中的存储顺序无关。

例 7-16　查询所有学生的学号、姓名和性别。

　　SELECT sno, sname, ssex FROM student;

（2）查询表中所有的列

SELECT 子句中使用 * 可以获取表中所有列的值,而不需要指明各列的名称,通常在用户不清楚表中各列名称时使用,查询结果中各列按照创建表时列的顺序显示。

例 7-17　查询所有学生的基本信息。

　　SELECT * FROM student;

（3）使用计算表达式

实际应用中用户所需要的结果需要对表中的列进行计算才能获得,这时可以在 SELECT 子句中使用各种运算符、函数对表中的列进行计算获取所需结果。

例 7-18　查询所有学生的学号、姓名和年龄。

　　SELECT sno, sname, YEAR (SYSDATE ( )) – YEAR (birthday)

　　FROM student;

（4）改变列标题

查询结果中显示的各列的标题就是创建时定义的列名或者 SELECT 子句中使用的计算表达式。在 SELECT 子句中,可以给列或计算表达式指定别名作为查询结果中的显示标题。

例 7-19　查询所有学生的学号、姓名和年龄,改变列标题。

　　SELECT sno AS 学号, sname AS 姓名, YEAR (SYSDATE ( )) – YEAR (birthday) AS 年龄

　　FROM student;

（5）消除重复行

查询数据有时会获得重复的数据,尤其是在挑选表中的部分列时。可以在 SELECT 子句中使用 DISTINCT 从查询结果中删除重复的行,使查询结果更加简洁。

例 7-20　查询所有学生所属的专业代码。

　　SELECT DISTINCT spno FROM student;

2. 选择行

WHERE 子句用于过滤表中的数据,对 FROM 子句中指定表的行进行判断,只有满足 WHERE 子句中的筛选条件的行才会返回,不满足条件的行不会出现在查询结果中。

语法格式:

　　WHERE where_condition

其中, where_condition 指定从表中选择行的筛选条件,是由比较运算符、范围比较运算符、IN 运算符、空值判断运算符、字符串模式匹配运算符以及逻辑运算符连接而成的表达式,表达式的运算结果为逻辑值真或假。

（1）比较运算符

比较运算符用于比较两个表达式的值,WHERE 子句中常用的比较运算符有 =（等于）、<>（不等于）、!=（不等于）、<（小于）、!<（不小于）、<=（小于或等于）、>（大于）、!>（不大于）和 >=（大于或等于）。

例 7-21　查询所有女生的基本信息。

　　SELECT * FROM student WHERE ssex=' 女 ';

例 7-22　查询 2005-1-1 之后出生的学生。

　　SELECT * FROM student WHERE birthday>' 2005-1-1 ';

（2）范围比较运算符

范围比较运算符 BETWEEN…AND… 用于判断字段或表达式的值是否在 BETWEEN 和 AND 设定的范围内,该范围是一个连续的闭区间。如果表达式的值在指定的范围内,则返回该行,否则不返回。

语法格式:

　　col_name [NOT] BETWEEN value1 AND value2

例 7-23　查询成绩在 60~69 分（含 60 和 69）的学号、课程号和成绩。

SELECT sno, cno, grade FROM score WHERE grade BETWEEN 60 AND 69;

（3）IN 运算符

IN 运算符用于判断字段或表达式的值是否在指定的集合中，该集合是由逗号分隔的一些离散值构成，不是连续的范围。如果表达式的值在指定的集合中，则返回该行，否则不返回。语法格式为：

col_name［NOT］IN（value1，value2，…）

例 7-24　查询白族、傣族和彝族的学生信息。

SELECT * FROM student WHERE nation IN（'白族','傣族','彝族'）;

（4）空值判断运算符

NULL 表示"缺少的未知值"，它的处理方式与其他值有所不同，不能使用诸如 =、<、<>、!= 之类的比较运算符来测试空值，因为使用 NULL 进行任何比较的结果也是 NULL。判断字段或表达式的值是否为空值使用 IS NULL 或 IS NOT NULL。

语法格式：

col_name IS［NOT］NULL

例 7-25　查询未确定专业的学生。

SELECT * FROM student WHERE spno IS NULL;

（5）字符串模式匹配运算符

字符串模式匹配运算符是 LIKE，意为"像……样的"。

语法格式：

col_name［NOT］LIKE pat_string

其中，pat_string 是一个字符串，可以包含普通字符和通配符。

MySQL 中常用的通配符如下：

%：代表任意长度（长度可以为 0）字符串。

_（下画线）：代表任意单个字符。

例 7-26　查询姓王的学生信息。

SELECT * FROM student WHERE sname LIKE '王 %';

例 7-27　查询课程名称中含有"计算机"的课程信息。

SELECT * FROM course WHERE cname LIKE '% 计算机 %';

例 7-28　查询姓名至少是两个字符且第二个字符必须是汉字"佳"的学生信息。

SELECT * FROM student WHERE sname LIKE '_佳 %';

（6）逻辑运算符

WHERE 子句中可以使用逻辑运算符将多个查询条件组合起来实现复杂的筛选条件。常用的逻辑运算符有 AND（与）、OR（或）和 NOT（非），其中 NOT 的优先级最高，AND 次之，OR 的优先级最低。

例 7-29　查询 1101 专业的男生的信息。

SELECT * FROM student

WHERE ssex = ' 男 ' AND spno = ' 1101 ';

例 7-30　查询选修了课程号为"101"或"102"的学生的学号、课程号和成绩。

　　　　SELECT sno, cno, grade FROM score

　　　　WHERE cno=' 101 ' or cno=' 102 ';

（7）聚合函数

　　SQL 提供了聚合函数,用于对一组数据进行计数或统计,获得一个计算结果。常用的聚合函数如表 7-10 所示。

表 7-10　常用的聚合函数

函数名	语法格式	功能描述
COUNT	COUNT（＊）	返回 SELECT 语句检索到的行的个数
	COUNT（［DISTINCT］col_name）	返回 SELECT 语句检索到的行中指定列的非空值的个数,如果使用 DISTINCT,则只对不重复的值计数
SUM	SUM（col_name）	返回 SELECT 语句检索到的行中指定列的值的和,忽略空值
AVG	AVG（col_name）	返回 SELECT 语句检索到的行中指定列的值的平均值,忽略空值
MAX	MAX（col_name）	返回 SELECT 语句检索到的行中指定列的最大值,忽略空值
MIN	MIN（col_name）	返回 SELECT 语句检索到的行中指定列的最小值,忽略空值

例 7-31　查询 1101 专业的学生个数。

　　　　SELECT COUNT（＊）FROM student WHERE spno=' 1101 ';

例 7-32　查询 score 表中学号为 24060241001 的学生所选课程的总分、平均分、最高分和最低分。

　　　　SELECT SUM（grade）AS 总分, AVG（grade）AS 平均分, MAX（grade）AS 最高分, MIN（grade）AS 最低分 FROM score

　　　　WHERE sno=' 24060241001 ';

（8）排序查询

语法格式:

　　　　ORDER BY {col_name}［ASC | DESC］, ...

ASC 表示升序排序（默认值）,DESC 表示降序排序。可以选择多列进行排序。

例 7-33　查询选修了课程号为"101"或"102"学生的学号、课程号与成绩,结果按学号升序、课程号降序排序。

　　　　SELECT sno, cno, grade FROM score ORDER BY sno, grade DESC;

（9）分组查询

语法格式:

　　　　GROUP BY {col_name}［HAVING having_condition］

将查询结果表按某一列或多列值分组,值相等的为一组,当对多列进行分组时,所有的组函数统计都是对最后的分组列进行的,在包含 GROUP BY 子句的查询语句中,SELECT 子句后面的所有字段列表（除聚合函数外）均应该包含在 GROUP BY 子句中，即选项与分组应具有一致性。

例 7-34　统计男、女生的人数。

SELECT ssex, COUNT（*）as 人数 FROM student GROUP BY ssex;

如果分组后还要按一定的条件对这些分组进行筛选，只输出满足条件的组，则应该使用 HAVING 子句指定筛选条件。

例 7-35　查询平均成绩高于 80 分的学生学号和平均成绩。

SELECT sno, AVG（grade）AS 平均成绩

FROM score

GROUP BY sno

HAVING AVG（grade）>80;

WHERE 与 HAVING 的区别如下：

- WHERE 作用于基本表，从中选择满足条件的记录；
- HAVING 子句作用于分组，从中选择满足条件的分组。

7.5.3　多表连接查询

若一个查询同时涉及两个以上的关系，则称之为连接查询。连接查询是关系数据库中最主要的查询，包括交叉连接查询和连接查询。

1. 交叉连接查询

两个表的交叉连接的结果为两个表的笛卡儿积，即由第一个表的每一行与第二个表的每一行连接得到的结果集。结果集中的行数是两个表的行数的乘积，列数是两个表的列数的和。

例 7-36　求学生表 student 和课程表 course 的广义笛卡儿积。

SELECT * FROM student, course;

2. 连接查询

连接查询是通过设置连接条件限制两个表中相匹配（满足连接条件）的行，只有满足连接条件的记录才会出现在查询结果中。

例 7-37　查询学生选修课程的情况，显示结果包括学号、姓名、课程号、课程名和成绩。

SELECT student.sno, student.sname, course.cno, course.cname, score.grade

FROM student, course, score

WHERE student.sno=score.sno and course.cno=score.cno;

7.5.4　子查询

如果一个 SELECT 语句嵌套在另一个 SQL 语句（例如 SELECT 语句、INSERT 语句、UPDATE 语句、DELETE 语句）中，则该 SELECT 语句称为子查询（也称内层查询），包含子查询的 SQL 语句称为父查询（也称外层查询）。

子查询可以嵌套多层，即一个子查询中可以嵌套其他子查询，每层嵌套都需要用圆括号（）括起来。嵌套查询的处理过程由内向外，每个子查询在其上级查询处理之前执行。通过嵌套查询可以用一系列简单查询构成复杂查询，从而增强 SQL 语句的查询能力。

最常见的子查询是在 WHERE 子句中与 IN 运算符、比较运算符一起构成筛选条件。

1. 比较子查询

如果子查询返回的结果是一个单值,可以使用比较运算符将父查询和子查询进行连接,将某列的值和子查询的结果进行比较。

例 7-38　查询选修了"信息科学基础"课程的学生的学号。

SELECT sno FROM score WHERE cno=

（SELECT cno FROM course WHERE cname='信息科学基础'）;

2. IN 子查询

如果子查询返回的结果不是一个值而是一个集合时,就可以使用 IN 运算符在父查询和子查询之间进行连接,判断某列的值是否在子查询的结果中。

例 7-39　查询选修了"信息科学基础"课程的学生的学号。

SELECT sname FROM student WHERE sno IN

（SELECT sno FROM score WHERE cno=

（SELECT cno FROM course WHERE cname='信息科学基础'））;

7.6　数据管理与维护

在 MySQL 服务器运行时,客户端请求连接必须提供有效的身份认证,例如输入用户名和密码。MySQL 用户可以分为根（root）用户和普通用户。根用户是超级管理员,用户名为 root,拥有所有权限;普通用户只拥有被授予的权限。

在 MySQL 数据库中,为了防止非授权用户对数据库进行存取,管理员可以创建登录用户、修改用户信息和删除用户。当某用户执行数据库操作时,服务器将会验证该用户是否具有相应的权限。

7.6.1　用户和权限管理

1. 用户管理

（1）创建用户

语法格式:

CREATE USER 账户名［IDENTIFIED］［BY 密码］

例 7-40　创建新用户 user1,主机名为 localhost,密码为"123"。

CREATE USER user1@localhost IDENTIFIED BY '123';

（2）修改用户密码

语法格式:

SET PASSWORD FOR 用户 ='新密码';

例 7-41　修改用户账号 user1 的密码为"123456"。

SET PASSWORD FOR user1@localhost='123456';

（3）修改用户名

语法格式:

RENAME USER 旧用户名 TO 新用户名［,旧用户名 TO 新用户名］［，…］；

例 7-42　修改普通用户 user1 的用户名为 user2。

RENAME USER user1@localhost TO user2@localhost；

（4）删除用户

语法格式：

DROP USER 用户［，…］；

例 7-43　删除用户 user2。

DROP USER user2@localhost；

可以在图形化工具中对用户进行管理,方法如下：单击"工具"菜单下的"用户管理"命令,在弹出的对话框中可以设置用户管理,如图 7-21 所示。

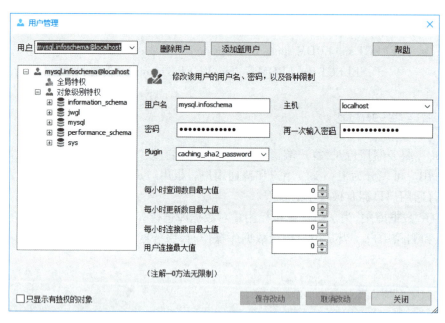

图 7-21　"用户管理"对话框

2. 权限管理

权限管理主要是对登录到 MySQL 服务器的数据库用户进行权限验证。所有用户的权限都存储在 MySQL 的权限表中,如 user 表、db 表、host 表等。合理的权限管理能够保证数据库系统的安全,权限管理主要包括两个内容：授予权限和撤销权限。

（1）授予权限

语法格式：

GRANT 权限名称（列名［,列名，…］）［,权限名称（列名［,列名，…］），…］

ON TABLE 数据库名 . 表名

TO 用户［,用户，…］；

例 7-44　把 student 表中 sno、sname 字段的查询权限授予用户 user1。

GRANT SELECT（sno，sname）ON jwgl.student TO user1@localhost；

（2）撤销权限

语法格式：

REVOKE 权限名称［（列名［,列名，…］）]［,权限名称［（列名［,列名，…］)]，…]

ON 数据库名 . 表名

FROM 用户［,用户，…］;

例 7-45 撤销用户 user1 对 student 表查询中 sno 字段的查询权限。

REVOKE SELECT（sno）ON jwgl.student FROM user1@localhost；

可以在图形化工具中对用户权限进行管理,方法如下：单击"工具"菜单下的"用户管理"命令,在弹出的对话框中的"用户"下拉列表框中选择指定用户,如 user1@localhost,在左侧的列表框中选择需设置权限的对象,如 jwgl 数据库中 student 表的 sname 字段,然后在右侧的列表框中授予或撤销权限,如图 7-22 所示。

图 7-22 权限管理

7.6.2 数据备份与数据恢复

1. 数据备份

数据备份是指定期将数据库复制到另一个磁盘或其他存储介质上保存起来的过程。备用的数据称为后备副本。当数据库遭到破坏后,可以将后备副本重新载入,使数据库恢复到备份时的正确状态。

（1）使用 mysqldump 命令备份数据

① 备份数据库。

语法格式：

mysqldump –u 用户名 –p 数据库名 > 备份文件名 .sql

例 7-46   使用 mysqldump 语句备份 jwgl 数据库,存于 d:\ backup 文件夹下,文件名为 jwgl_db.sql。

在 CMD 窗口输入以下命令,如图 7-23 所示。

mysqldump -u root -p jwgl>d:\backup\jwgl_db.sql

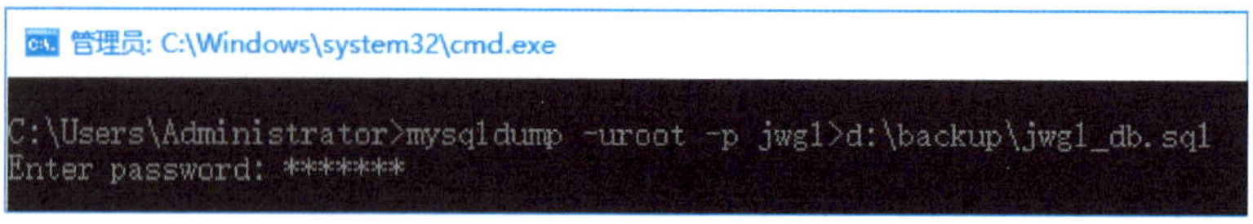

图 7-23   备份数据库命令

② 备份数据表。

语法格式:

mysqldump -u 用户名 -p 数据库名 表名［ 表名 … ］> 备份文件名 .sql

例 7-47   使用 mysqldump 语句备份 jwgl 数据库中的 student 表,存于 d:\ backup 文件夹下,文件名为 jwgl_student.sql。

在 CMD 窗口输入以下命令:

mysqldump -u root -p jwgl student>d:\backup\jwgl_student.sql

（2）使用图形化工具备份数据库

在 SQLyog 主界面中找到需要备份的数据库,右击,在弹出的快捷菜单中选择“备份 / 导出”→“备份数据库,转储到 SQL”。

2. 数据恢复

数据恢复就是让数据库根据备份的数据恢复到备份时的状态,也称为数据库还原。当数据库丢失或意外遭到破坏时,用户可以通过数据库还原功能将数据库还原,尽量减少数据丢失或意外破坏造成的损失。

（1）使用 mysql 命令恢复数据

语法格式:

mysql -u 用户名 -p［ 数据库名 ］< 备份文件名 .sql

例 7-48   使用 mysql 命令和备份文件 d:\backup\jwgl_db.sql 还原数据库。

在 CMD 窗口输入命令:

mysql -u root -p jwgl<d:\backup\jwgl_db.sql

例 7-49   使用 mysql 命令和备份文件 d:\backup\jwgl_student.sql 还原数据库。

在 CMD 窗口输入命令:

mysql -u root -p jwgl<d:\backup\jwgl_ student.sql

（2）使用图形化工具恢复数据库

SQLyog 工具支持 .sql 文件的导入,导入的文件中如果包含创建数据库语句,则需要先将表中存在的数据库删除,然后再执行导入操作。

习　题

1. 什么是数据库？数据库有哪些作用？
2. 什么是数据库管理系统？
3. 简述数据库系统的组成。
4. 简述数据库管理技术的几个发展阶段。
5. 数据模型包括哪几个部分？它们各自的作用是什么？
6. 数据库设计应遵循的原则是什么？
7. 简述数据库设计的步骤。
8. 写出表示 75~85（含 75 和 85）的两种表达式。
9. 简述 MySQL 中 CHAR 和 VARCHAR 的区别。
10. MySQL 支持的完整性约束有哪些？它们各自的作用是什么？
11. SQL 提供的数据操作功能有哪些？写出具体的命令语法格式。
12. 数据查询 SELECT 语句中的 WHERE 和 HAVING 子句的区别是什么？
13. 数据备份与数据恢复的作用分别是什么？

第 8 章 程序设计基础

学习目标:
1. 了解程序设计语言的发展。
2. 了解 Python 语言的发展、特点和开发环境。
3. 掌握程序的基本编写方法。
4. 熟悉基本数据类型。
5. 掌握数字类型的基本操作。
6. 掌握字符串类型的基本操作。
7. 熟悉程序的控制结构。

课堂思政:
1. 在讲授程序设计基础知识时,以程序设计在国家信息化建设中的重要作用为切入点,激发学生的爱国情怀和民族自豪感。
2. 通过项目实践,让学生在完成具体程序设计任务的过程中,体验团队合作,提升创新思维和解决问题的能力。
3. 通过具体的程序设计案例,引导学生分析其中的技术要点,培养他们的批判性思维和解决问题的能力。
4. 教师引导学生思考程序设计对社会发展的重要意义,培养他们的社会责任感和职业道德。

8.1 程序设计语言

程序设计语言是计算机能够理解和识别用户操作意图的一种交互体系,它按照特定规则组织计算机指令,使计算机能够自动进行各种运算处理。按照程序设计语言规则组织起来的一组计算机指令称为计算机程序。

8.1.1 程序设计语言概述

1. 机器语言

机器语言是由二进制 0、1 代码指令构成的,不同的 CPU 具有不同的指令系统。机器语言程序难编写、难修改、难维护,需要用户直接对存储空间进行分配,编程效率极低,这种语言已经被渐渐淘汰了。例如,执行数字 2 和 3 的加法,16 位计算机上的机器指令为: 11010010 00111011,不同计算机结构的机器指令不同。

2. 汇编语言

汇编语言指令是机器指令的符号化,与机器指令存在着直接的对应关系,所以汇编语言同样存在着难学难用、容易出错、维护困难等缺点。但是汇编语言也有自己的优点:可直接访问系统接口,汇编程序翻译成的机器语言程序的效率高。从软件工程角度来看,只有在高级语言不能满足设计要求,或不具备支持某种特定功能的技术性能(如特殊的输入输出)时,汇编语言才被使用。例如,执行数字 5 和 3 的加法,汇编语言指令为:add 5,3,result,运算结果写入 result。

3. 高级语言

高级语言是面向用户的、基本上独立于计算机种类和结构的语言。其最大的优点是:形式上接近算术语言和自然语言,概念上接近人们通常使用的概念。高级语言的一个命令可以代替几条、几十条甚至几百条汇编语言的指令。因此,高级语言易学易用,通用性强,应用广泛。高级语言种类繁多,可以从应用特点和对客观系统的描述两个方面对其进一步分类。

第一个广泛应用的高级语言是诞生于 1972 年的 C 语言。随后 50 多年来先后出现了 600 多种程序设计语言,但大多数语言由于使用领域较少而慢慢地被淘汰了。目前还在被经常使用的程序设计语言有 C、C++、C#、HTML、Java、JavaScript、PHP、Python、SQL 等。一般来说,通用编程语言要比只专用于某些领域的编程语言更具有生命力。

8.1.2　编译和解释

高级语言按照计算机执行方式的不同可分成两类:静态语言和脚本语言。

这里所说的执行方式指计算机执行一个程序的过程,静态语言采用编译执行,脚本语言采用解释执行。

编译是将源代码转换成目标代码的过程,通常源代码是高级语言代码,目标代码是机器语言代码,执行编译的计算机程序称为编译器,如图 8-1 所示。编译是一次性的翻译,一旦程序被编译,就不再需要编译程序或者源代码。对于相同源代码,编译所产生的目标代码执行速度更快。目标代码不需要编译器就可以运行,在同类型操作系统上使用灵活。

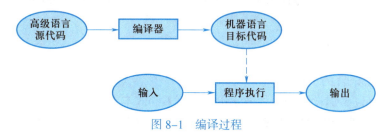

图 8-1　编译过程

解释是将源代码逐条转换成目标代码并逐条运行目标代码的过程。执行解释的计算机程序称为解释器。解释则在每次程序运行时都需要解释器和源代码,如图 8-2 所示。解释执行需要保留源代码,程序纠错和维护十分方便。只要存在解释器,源代码可以在任何操作系统上运行,可移植性好。

图 8-2　解释过程

采用编译执行的编程语言是静态语言,如 C、Java;采用解释执行的编程语言是脚本语言,如 JavaScript、PHP。Python 语言是目前在很多领域被经常使用的一种高级通用脚本编程语言。

8.1.3 计算机编程

计算思维是区别于以数学为代表的逻辑思维和以物理为代表的实证思维的第三种思维模式。

编程是一个求解问题的过程。首先需要分析问题,抽象内容之间的交互关系。然后设计利用计算机求解问题的确定性方法。进而通过编写和调试代码解决问题,这是从抽象问题到解决问题的完整过程。

编程语言就是我们和计算机之间的连接,通过编程语言就可以让计算机明白我们的想法,转化成一个可以被实现的程序。

8.2   Python 语言概述

Python 是一种面向对象的解释型计算机程序设计语言,由荷兰人 Guido van Rossum 于 1989 年发明,第一个公开发行版本发行于 1991 年。Python 是纯粹的自由软件,源代码和解释器 CPython 遵循 GNU 通用公共许可证(GNU general public license,GPL)。Python 语法简洁清晰,特色之一是强制用空白符作为语句缩进。

Python 具有丰富和强大的库。它常被昵称为胶水语言,能够把用其他语言制作的各种模块(尤其是 C/C++)很轻松地联结在一起。常见的一种应用情形是,使用 Python 快速生成程序的原型(有时甚至是程序的最终界面),然后对其中有特别要求的部分,用更合适的语言改写,比如 3D 游戏中的图形渲染模块,性能要求特别高,就可以用 C/C++ 重写,而后封装为 Python 可以调用的扩展类库。需要注意的是,在使用扩展类库时可能需要考虑平台问题,某些平台可能不提供跨平台的实现。

8.2.1 Python 语言的发展

Python 是 ABC 语言的一种继承。

ABC 是由 Guido 参加设计的一种教学语言。就 Guido 本人看来,ABC 这种语言非常优美和强大,是专门为非专业程序员设计的。但是 ABC 语言并没有成功,究其原因,Guido 认为是其非开放造成的。Guido 决心在 Python 中避免这一错误。同时,他还想实现在 ABC 中闪现过但未曾实现的东西。就这样,Python 在 Guido 手中诞生了。可以说,Python 是从 ABC 发展起来,主要受到了 Modula-3(另一种相当优美且强大的语言,为小型团体所设计)的影响,并且结合了 UNIX shell 和 C 的习惯。

Python 已经成为最受欢迎的程序设计语言之一。

由于 Python 语言的简洁性、易读性以及可扩展性,众多开源的科学计算软件包都提供了 Python 的调用接口,例如计算机视觉库 OpenCV、三维可视化库 VTK、医学图像处理库 ITK。而 Python 专用的科学计算扩展库就更多了,例如 NumPy、SciPy 和 matplotlib,它们分别为 Python 提供了快速数组处理、数值运算以及绘图功能。因此,Python 语言及其众多的扩展库所构成的开发环境十分适合工程技术、处理实验数据、制作图表,甚至开发科学计算应用程序。

8.2.2 Python 语言的特点

Python 语言的优点如下:

（1）语法简洁,实现相同功能,代码量仅相当于其他语言的 1/10 ~ 1/5。

（2）跨平台,可用于大部分操作系统、集群、服务器,甚至小设备。

（3）可扩展,可与其他编程语言集成,如 C、C++、Java 等。

（4）开放源码,Python 和大部分支持库及工具都是开源的。

（5）多用途,可用于快速、交互式代码开发,也可用于构建大型应用程序,如科学计算、数据处理、人工智能等。

（6）类库丰富,除了自身提供的几百个内置库外,开源社区还贡献了十几万个第三方库,拥有良好的编程生态。

Python 语言的缺点:代码不能加密、运行速度慢。

8.2.3　开发环境的配置及安装 Python 解释器

到 Python 主页下载并安装 Python 开发和运行环境,根据操作系统不同选择不同版本。

微视频:

下载与安装
Python 解释器

Python 解释器主网站下载页面如图 8-3 所示。

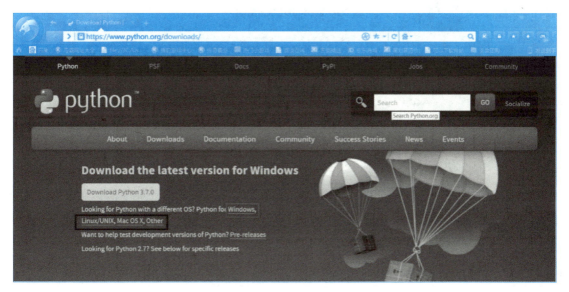

图 8-3　Python 解释器主网站下载页面

首先根据所用操作系统版本选择相应的安装程序(如 Python 3.7),如图 8-3 所示,单击 Download Python 3.7.0 按钮下载 Python 程序,网站中放置的是 Python 最新的稳定版本,随着 Python 语言的发展,此处会有更新的版本。

Python 最新的 3.x 系列解释器会逐步发展,对于初学 Python 的读者而言,建议采用 3.7 或之后的版本,可以不使用最新版本。如果所在系统无法安装 3.7 版本,则可使用 3.5.2 版本。双击所下载的程序安装 Python 解释器,然后将启动一个如图 8-4 所示的向导。在该页面中勾选 Add Python 3.7 to PATH 复选框。

安装成功后将显示如图 8-5 所示的页面。

图 8-4　解释器安装向导

图 8-5　解释器安装成功

Python 安装包将在系统中安装一批与 Python 开发和运行相关的程序,其中最重要的两个是 Python 命令行和 Python 集成开发环境(Python's Integrated Development Environment, IDLE)。

8.2.4　Python 文件的输入和运行

运行 Python 程序有两种方式:交互式和文件式。交互式指 Python 解释器即时响应用户输入的每条代码,给出输出结果。文件式也称批量式,指用户将 Python 程序写在一个或多个文件中,然后启动 Python 解释器批量执行文件中的代码。交互式一般用于调试少量代码,文件式则是最常用的编程方式。其他编程语言通常只有文件式执行方式。下面以 Windows 操作系统中运行 Hello 程序为例具体说明两种方式的启动和执行方法。

1. 交互式启动和运行方法

交互式有两种启动和运行方法。

(1)启动 Windows 操作系统命令行工具(执行 Windows 系统安装目录 \system32 \cmd.exe),

在控制台中输入"Python",在命令提示符 >>> 后输入如下程序代码：

```
print ( "Hello World" )
```

按 Enter 键后显示输出结果"Hello World",如图 8-6 所示。

图 8-6　交互式运行效果

在 >>> 提示符后输入 exit 或者 quit 可以退出 Python 运行环境。

（2）通过调用安装的 IDLE 来启动 Python 运行环境。IDLE 是 Python 软件包自带的集成开发环境，可以在 Windows "开始"菜单中搜索关键词"IDLE"，找到 IDLE 的快捷方式，图 8-7 展示了 IDLE 环境中运行 Hello World 程序的效果。

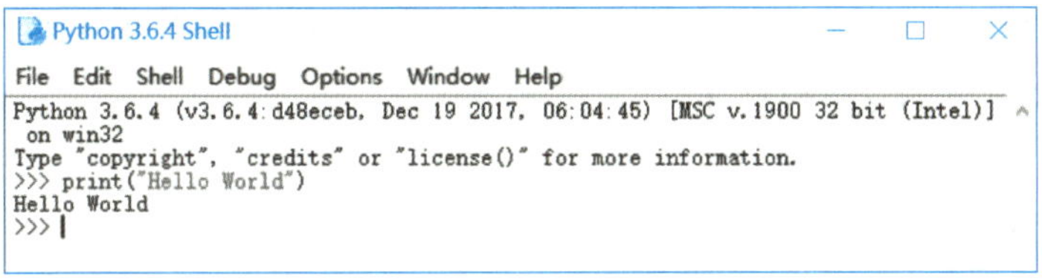

图 8-7　IDLE 运行效果

在交互式命令行内输入多行内容时，提示符由 >>> 变为…，提示可以接着上一行输入。注意…是提示符，不是代码的一部分。

在终端的命令行窗口中或者选择"开始"菜单→"运行"命令，在打开的"运行"对话框中输入 Python 命令都可以进入交互模式。

在交互模式下，可以输入多个 Python 命令，每个命令在按 Enter 键后都立即运行。只要不重新开启新的解释器，就会在同一个会话中运行，因此，前面定义的变量，后面的语句都可以使用。一旦关闭解释器，会话中的所有变量和输入的语句将不复存在。

交互模式的优点主要有以下几个方面：

（1）无须创建文件。

（2）立即看到运行结果。

（3）更适用于语句功能测试、简单数据计算的场景。

2. 文件式启动和运行方法

文件式也有两种运行方法，与交互式相对应。

在 Python 的交互模式下编写程序，好处是能立即得到结果；缺点是无法保存，下次想运行时还要重新输入一次代码。

因此实际开发软件时，总是使用一个文本编辑器来编写代码，将程序保存为文件，这样程序就可以反复运行了。Python 源代码文件就是普通的文本文件，只要是能编辑文本文件的编辑器都可以用来编写 Python 程序，如 Notepad、Word 等。

（1）按照 Python 的语法格式编写代码，并保存为 .py 形式的文件（以 Hello World 程序为例，将代码保存为文件 1.py），Python 代码可以在任意编辑器中编写，对于百行以内规模的代码建议使用 Python 安装包中的 IDLE 编辑器或第三方开源记事本增强工具 Notepad++，然后打开 Windows 的命令行，进入 1.py 文件所在目录，运行 Python 程序文件获得输出，如图 8-8 所示。

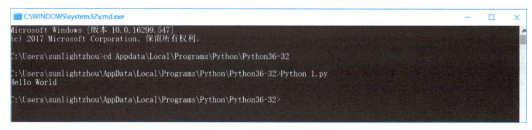

图 8-8　文件式运行结果

（2）打开 IDLE，按快捷键 Ctrl+N 打开一个新窗口，或单击 File → New File 命令。这个新窗口不是交互模式，它是一个具备 Python 语法高亮辅助的编辑器，可以进行代码编辑。在其中输入 Python 代码，例如，输入 Hello World 程序并保存为 1.py 文件，如图 8-9 所示，按快捷键 F5，或单击 Run → RunModule 命令运行该文件。

图 8-9　IDLE 运行方式

使用文件方式有以下优点：

（1）可反复运行。

（2）易于编辑。

（3）适用于编写大型程序。

3. 启动和运行方法推荐

交互式和文件式共有 4 种 Python 程序运行方法。其中最常用且最重要的是采用 IDLE 方法，无论交互式或文件式，它都有助于快速编写和调试代码，它是小规模 Python 软件项目的主要编写工具。本书所有程序都可以通过 IDLE 编写并运行。说明：对于单行代码或通过观察输出结果讲解少量代码的情况，本书采用 IDLE 交互式（由 >>> 开头）进行描述；对于讲解整段代码的情况，本书采用 IDLE 文件式。

8.2.5　Python 程序的组成

程序由一组指令集组成，按照输入的顺序逐条执行指令。部分指令可以组成一个模块存放在文件系统中。在 Python 解释器中导入该模块，通过执行模块中的指令来实现程序的运行。Python 程序的结构由以下部分组成。

1. 模块

当程序比较大时，可以将程序划分成多个模块编写，每个模块用一个文件保存，模块之间可以通过导入互相调用。

语法格式：

  import 模块名

如 import math 的功能就是导入 math（数学函数）模块。标准 Python 包带有 200 多个模块，除导入系统自带模块以外，还可以导入自定义的模块。

2. 表达式和语句

Python 的代码分为两类：表达式和语句。表达式是值和运算符的组合，如 a=1，b=2，c=3，"(a+b+c)/2"。

Python 默认将新行作为语句的结束标志，可以使用 "\" 将一个语句分为多行显示，同行的多条语句用分号分隔。

3. 缩进

Python 用逻辑行首的空白（空格和制表符）来决定逻辑行的缩进层次，从而确定语句的分组。对于需要组合在一起的语句或表达式，Python 用相同的缩进来区分。建议用 4 个空格或 Tab 键来实现缩进，同一语句块中的语句具有相同的缩进量。不要混合使用制表符和空格来缩进，因为这样在跨平台时无法正常工作，在编写程序时应统一风格。

Python 以垂直对齐的方式来组织程序代码，让程序更一致，并具有可读性，因而具备了重用性和可维护性。

4. 注释

"#" 符号后的内容在程序执行时将被忽略，起到注释的作用，可以对程序的功能、变量的含义等信息进行简要说明，有助于阅读和理解程序。

总之，Python 程序由模块构成，模块包含语句，语句包含表达式，表达式建立并处理对象。

概括来说，Python 程序语法有如下特点：

（1）动态语言特性，可在运行时改变对象本身（属性和方法等）。

（2）Python 使用缩进而不是一对花括号 {} 来划分语句块。

（3）多个语句在一行使用 "；" 分隔。

（4）如果一条语句的长度过长，可在前一行的末尾放置 "\" 指示续行。

（5）变量无须类型定义。

（6）表达式内或语句内的空白将被忽略，一行开始的空白意味缩进。

8.2.6　运行 Python 小程序

本节给出 3 个 5 行代码左右的 Python 小程序,供读者在 IDLE 文件方式下练习,这 3 个实例给出了文件式内容(即全部程序内容)。请读者暂时忽略这些实例中程序的具体语法含义,这是后面要学习的内容。当然,尝试理解语法也十分有益。请在 IDLE 交互环境或编辑器中编写并运行这些程序,确保它们可以输出正确结果,注意:在编辑器中输入代码时,# 及后面的文字是注释,仅用来帮助读者理解程序,不影响程序执行,可以不用输入。

例 8-1　圆面积的计算。

根据圆的半径计算圆的面积。文件式执行过程如图 8-10 所示。

```
File  Edit  Format  Run  Options  Window  Help

rad= 25
area = 3.1415 * rad * rad
print(area)
print("{:.2f}".format(area))
```

图 8-10　例 8-1 执行过程

例 8-2　简单的对话。

对用户输入的人名给出一些不同的输出。文件式执行过程如图 8-11 所示。

```
File  Edit  Format  Run  Options  Window  Help

name = input("输入姓名: ")
print("{}同学，前途无量！".format(name))
print("{}老师，身体健康！".format(name[0]))
print("{}同志，辛苦啦！".format(name[1:]))
```

图 8-11　例 8-2 执行过程

运行结果如图 8-12 所示。

```
File  Edit  Shell  Debug  Options  Window  Help
Python 3.6.4 (v3.6.4:d48eceb, Dec 19 2017, 06:04:45) [MSC v.1900 32 bit (Intel)]
 on win32
Type "copyright", "credits" or "license()" for more information.
>>>
================== RESTART: E:/2018版新教材/代码/EchoName.py ==================
输入姓名: 文刚刚
文刚刚同学，前途无量！
文老师，身体健康！
刚刚同志，辛苦啦！
>>>
```

图 8-12　例 8-2 执行结果

例 8-3　同切圆的绘制。

文件式执行过程如图 8-13 所示。运行结果如图 8-14 所示。

```
File  Edit  Format  Run  Options  Window  Help

import turtle
turtle.pensize(2)
turtle.circle(10)
turtle.circle(40)
turtle.circle(80)
```

图 8-13　例 8-3 执行过程

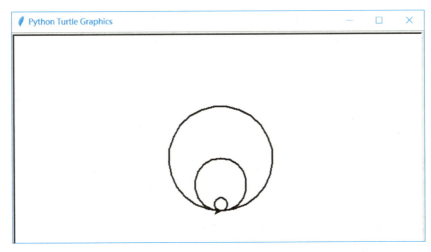

图 8-14 例 8-3 执行结果

8.3 程序的基本编写方法

8.3.1 IPO 程序编写方法

每个计算机程序都是用来解决特定问题的,较大规模的程序提供丰富的功能解决完整的问题,例如,控制航天飞机运行的程序、操作系统等;小型程序或程序片段可以为其他程序提供特定支持,作为解决更大问题的组成部分。无论程序规模如何,每个程序都有统一的运算模式,即输入数据、处理数据和输出数据。这种运算模式形成了程序的基本编写方法:IPO(Input,Process,Output)。

输入(Input)是一个程序的开始,程序要处理的数据有多种来源,因此形成了多种输入方式,包括文件输入、网络输入、控制台输入、交互界面输入、随机数据输入、内部参数输入等。

(1)文件输入:将文件作为程序输入来源。在获得文件控制权后,需要根据文件格式解析内部具体数据,例如,统计 Excel 文件数据的数量,需要首先获得 Excel 文件的控制权,打开文件后根据 Excel 中数据存储方式获得所需处理的数据,进而开展计算。

(2)网络输入:将互联网上的数据作为输入来源。使用网络数据需要明确网络协议和特定的网络接口。例如,捕获并处理互联网上的数据,需要使用 HTTP 协议并解析 HTML 格式。

(3)控制台输入:将程序使用者输入的信息作为输入来源。当程序与用户间存在交互时,程序需要有明确的用户提示,辅助用户正确输入数据。从程序语法来说这种提示不是必需的,但良好的提示设计有助于提高用户体验。

(4)交互界面输入:通过提供图形交互界面从用户处获得输入来源。此时鼠标移动或单/双击操作、文本框内的键盘操作等都为程序提供输入的方式。

(5)随机数据输入:将随机数作为程序输入,这需要使用特定的随机数生成器程序或调用相关函数。

（6）内部参数输入：以程序内部定义的初始化变量为输入，尽管程序看似没有从外部获得输入，但程序执行之前的初始化过程为程序赋予了执行所需的数据。

输出（Output）是程序展示运算结果的方式，程序的输出方式包括控制台输出、图形输出、文件输出、网络输出、操作系统内部变量输出等。

（1）控制台输出：以计算机屏幕为输出目标，通过程序运行环境中的命令行打印输出结果，这里"控制台"可以理解为启动程序的环境，例如，Windows 中的命令行工具、IDLE 工具等。

（2）图形输出：在计算机中启动独立的图形输出窗口，根据指令绘制运算结果。

（3）文件输出：以生成新的文件或修改已有文件方式输出运行结果，这是程序常用的输出方式。

（4）网络输出：以访问网络接口方式输出数据。

（5）操作系统内部变量输出：程序将运行结果输出到系统内部变量中，这类变量包括管道、线程、信号量等。

处理（Process）是程序对输入数据进行计算产生输出结果的过程。计算问题的处理方法统称为"算法"，它是程序最重要的组成部分。可以说，算法是一个程序的灵魂。

是否存在没有输入输出的程序呢？答案是存在的。例如，无限循环代码如下：

```
1       while ( True ):
2           a=1
```

这个无限循环程序包含两行语句，其中 while（）根据括号内部值的真假决定是否进入循环，当括号内值为真时，执行第 2 行语句，否则跳过，由于括号内值被设定为 True（即真），代码将一直执行下去。

无限循环程序尽管没有输入也没有输出，但它也有价值，通过不间断执行，可快速消耗 CPU 的计算资源，可以用来辅助测试 CPU 或系统性能。尽管如此，这类没有输入输出的程序在功能上十分有限，仅在特殊情况下使用。

IPO 不仅是程序设计的基本方法，也是描述计算问题的方式，以例 8-1 圆面积的计算为例，其 IPO 描述如下：

输入：圆半径 rad

处理：计算圆面积 area=π*rad*rad（π 取 3.141 5）

输出：圆面积 area

可以看出，问题的 IPO 描述实际上是对一个计算问题输入、输出和求解方式的自然语言描述，为了区别于其他描述方式，本书中所有 IPO 描述都包括"输入""处理"和"输出"3 个引导词。

IPO 描述能够帮助初学程序设计的读者理解程序设计的过程，即了解程序的运算模式，进而建立设计程序的基本概念，IPO 方法是非常基本的程序设计方法。

8.3.2 使用计算机解决问题的步骤

编写程序的目的是"使用计算机解决问题"。一般来说，"使用计算机解决问题"可以分为如下 6 个步骤。

（1）分析问题。分析问题首先必须明确，计算机只能解决计算问题，即解决一个问题的计算部分。清楚理解所需解决问题的计算部分十分重要，这是利用计算机解决问题的前提，对计算部分的不同理解会产生不一样的程序。

例如，本书每章后都有习题，如果本书被当作教材，教师们可能会根据这些习题布置课后作业，此时，一些读者可能会思考这样的问题：如何由计算机辅助求解习题答案并完成作业。对这个问题的分析和理解可以有多个角度。

① 对于作业中的数学计算，可以编写程序辅助完成，但利用哪些计算公式则由读者自己选择或设计，此时，该问题的计算部分表现为对某些数学公式的计算。

② 可以利用互联网搜索课后习题答案，根据搜索结果完成作业。为了降低网络答案错误的风险，可以通过计算机辅助获得多份答案，并选择结果一致数量最多的答案作为"正确"答案。此时，该问题的计算部分表现为在网络上自动搜索多份结果并输出最可能的正确结果的过程。

③ 计算机是否可以直接理解课后习题并给出答案呢？ 如果从这个角度出发，该问题的计算部分就表现为计算机对习题的理解和人工智能求解。

（2）划分边界。划分问题的功能边界，即计算机只能完成确定性的计算功能，因此，在分析问题计算部分的基础上，需要精确定义或描述问题的功能边界，即明确问题的输入、输出和对处理的要求。可以利用 IPO 方法辅助分析问题的计算部分，给出问题的 IPO 描述。这个步骤只关心功能需求，无须关心功能的具体实现方法，需要明确程序的输入、输出以及输入输出之间的总体功能关系。

（3）设计算法。设计问题的求解算法，即在明确处理功能的基础上实现程序。这需要设计问题的求解算法。简单的程序功能中输入和输出间关系比较直观，程序结构比较简单，直接选择或设计算法即可。对于复杂的程序功能，需要利用程序设计方法将"大功能"划分成"小功能"，或者将功能中相对独立的部分封装成具备属性和操作的类，并在各功能或类之间设计处理流程。对于"小功能"或类中的操作，可以将它们看成一个新的计算问题，按照本节讲述的步骤逐级设计和实现，更多有关程序设计方法的内容将在以后介绍。

（4）编写程序。编写问题的程序，即选择一门编程语言，将程序结构和算法设计用编程语言来实现。原则上任何通用编程语言都可以用来解决计算问题，在正确性上没有区别。然而不同编程语言在程序的运行性能、可读性、可维护性、开发周期和调试等方面有很大不同。Python语言相比 C 语言在运行性能上略有逊色，不适合性能要求十分苛刻的特殊计算任务；但 Python程序在可读性、可维护性和开发周期等方面比 C 语言有更大优势。

（5）调试测试。调试和测试程序，即运行程序，通过单元测试和集成测试评估程序运行结果的正确性。一般来说，程序错误（通常称为 bug）与程序规模成正比，即使经验丰富的程序员编写的程序也会存在错误。为此，找到并排除程序错误十分必要，这个过程称为调试（通常称为debug）。

程序运行后，可以采用更多测试发现程序在各种情况下的问题，例如，压力测试能够获得程序运行速度的最大值和稳定运行的性能边界，安全性测试能够分析程序漏洞，界定程序安全边界，进而指导程序在合理的范围内使用。

（6）升级维护。适应问题的升级维护，即任何一个程序都有它的历史使命，在这个使命结束之前,随着功能需求、计算需求和应用需求的不断变化,程序将不断地升级维护,以适应这些变化。

综上所述,解决计算问题包括6个步骤:分析问题、划分边界、设计算法、编写程序、调试测试和升级维护。其中,与程序设计语言和具体语法有关的步骤是编写程序和调试测试。可见,在解决计算问题过程中,编写程序只是一个环节,在此之前,分析问题、划分边界和设计算法都是重要步骤。经过这些步骤,一个计算问题已经能够在设计方案中被解决了,这个过程可以看作是计算思维的创造过程;编写程序和调试测试则是对解决方案的计算机实现,属于技术实现过程。

8.3.3 Python 程序的语法体系

程序设计的6个步骤是利用计算机解决问题的方法,程序设计语言则是解决问题的实现载体。本节介绍 Python 程序的各组成部分,即语法元素的基本含义,使读者对 Python 程序有一个基本的理解。

1. 程序的格式框架

Python 语言采用严格的"缩进"来表明程序的格式。缩进指每一行代码开始前的空白区域,用来表示代码之间的包含和层次关系。不需要缩进的代码顶行编写,不留空白。代码编写中,缩进可以用 Tab 键实现,也可以用多个空格(一般是4个空格)实现,但两者不混用。建议采用4个空格方式书写代码。严格的缩进可以约束程序结构,有利于维护代码结构的可读性。图 8-15(a)给出了实例代码的单层缩进关系。除了单层缩进外,一个程序的缩进还可"嵌套",从而形成多层缩进,如图 8-15(b)所示。Python 语言对语句之间的层次关系没有限制,可以"无限制"嵌套使用。

```python
#汇率转换.py
ECRstr = input("请输入带有符号的货币值: ")
if ECRstr[-1] in ['U','u']:
    rmb = (eval(ECRstr[0:-1])*6.8)
    print("转换后的货币是{:.2f}RMB".format(rmb))
elif ECRstr[-1] in ['R','r']:
    usd= (eval(ECRstr[0:-1])/6.8)
    print("转换后的货币是{:.2f}USD".format(usd))
else:
    print("输入格式错误")
```

(a)单层缩进

```python
computer=randint(1,3)
if my_choose=="石头":
    if computer==1:
        print('平手',coin)
    elif computer==2:
        coin+=5
        print("赢了",coin)
    else:
        coin-=5
        print("输了",coin)
        if coin<=0:
            game_over=True
```

(b)多层缩进

图 8-15　单层和多层缩进

缩进表达了所属关系。单层缩进代码属于之前最邻近的一行非缩进代码,多层缩进代码根据缩进关系决定所属范围。一般来说,判断、循环、函数、类等语法形式能够通过缩进包含一批代码,进而表达对应的语义。

2. 注释

注释是程序员在代码中加入的一行或多行信息,用来对语句、函数、数据结构或方法等进行说明,提升代码的可读性。注释是辅助性文字,会被编译或解释器略去,不被计算机执行。例如,图 8-15(a)中第 1 行 # 汇率转换 .py 就是一个注释。

Python 语言有两种注释方法:单行注释和多行注释。单行注释以 # 开头,多行注释以 '''(3 个单引号)开头和结束。

Python 程序中的非注释语句将按顺序执行,而注释语句则被解释器过滤掉,不被执行。本书中完整实例程序的首行都会有一个注释行,用来说明该程序保存为文件时建议采用的名字。注释主要有 3 个用途:第一,标明作者和版权信息。在每个源代码文件开始前增加注释,标记编写代码的作者、日期、用途、版权声明等信息,可以采用单行或多行注释。第二,解释代码原理或用途。在程序关键代码附近增加注释,解释关键代码作用,增加程序的可读性。由于程序本身已经表达了功能意图,为了不影响程序阅读连贯性,程序中的注释一般采用单行注释,标记在关键代码同行。对于一段关键代码,可以在其附近采用一个多行注释或多个单行注释给出代码设计原理等信息。第三,辅助程序调试。在调试程序时,可以通过单行或多行注释临时"去掉"行或连续多行与当前调试无关的代码,辅助程序员找到程序发生问题的可能位置。

3. 命名与保留字

与数学概念类似,Python 程序采用"变量"来保存和表示具体的数据值。为了更好地使用变量等其他程序元素,需要给它们关联一个标识符(名字),关联标识符的过程称为命名。命名用于保证程序元素的唯一性。例如,图 8-15(a)中,ECRstr 是一个接收输入字符串的变量名。

Python 语言允许采用大写字母、小写字母、数字、下画线和汉字等给变量命名。

注意: 标识符对大小写敏感,python 和 Python 是两个不同的名字。

一般来说,程序员可以为程序元素选择任意喜欢的名字,但这些名字不能与 Python 的保留字相同。Python 3.x 版本共有 33 个保留字,如表 8-1 所示。与其他标识符一样,Python 的保留字也对大小写敏感。例如,for 是保留字,而 For 则不是,程序员可以定义其为变量。

保留字(keyword)也称为关键字,指被编程语言内部定义并保留使用的标识符。程序员编写程序时不能定义与保留字相同的变量。每种程序设计语言都有一套保留字,保留字一般用来构成程序整体框架、表达关键值和具有结构性的复杂语义等。掌握一门编程语言首先要熟记其所对应的保留字。

Python 3.x 系列可以采用中文等非英语语言字符对变量命名。由于存在输入法切换、平台编码支持、跨平台兼容等问题,从编程习惯和兼容性角度考虑,一般不建议采用中文等非英语语言字符对变量命名。本书所有程序的变量命名都采用英文字符,由于注释内容不被解释器执行,本书注释内容采用中文描述。

表 8–1　Python 3.x 的保留字列表

False	def	if	raise
None	del	import	return
True	elif	in	try
and	else	is	while
As	except	lambda	with
assert	finally	nonlocal	yield
break	for	not	
Class	form	or	
continue	global	pass	

4. 字符串

存储和处理文本信息在计算机应用中十分常见。文本在程序中用字符串（string）类型来表示。Python 语言中，字符串是用双引号（" "）或者单引号（' '）括起来的一个或多个字符。字符串是字符的序列，可以按照单个字符或字符片段进行索引。字符串包括两种序号体系：正向递增序号和反向递减序号，如图 8–16 所示。如果字符串长度为 L，正向递增以最左侧字符序号为 0，向右依次递增，最右侧字符序号为 $L-1$；反向递减序号以最右侧字符序号为 -1，向左依次递减，最左侧字符序号为 $-L$。这两种索引字符的方法可以同时使用。图 8–15（a）中第 3 行 ECRstr[–1] 表示字符串 ECRstr 变量的最后一个字符。

图 8–16　Python 字符串的序号体系

Python 字符串也提供区间访问方式，采用[N：M]格式，表示字符串中从 N 到 M（不包含 M）的子字符串，其中，N 和 M 为字符串的索引序号，可以混合使用正向递增序号和反向递减序号。图 8–15（a）中第 3、6 行的 RCRstr[0：–1]表示字符串 ECRstr 变量第 0 个字符开始到最后一个字符（但不包含最后一个字符）的子串。Python 语言有丰富的字符串处理方法，8.7 节将详细介绍。这里以温度转换实例中的语句为例，假如用户输入的字符串是"100U"，字符串提取操作命令及结果如图 8–17 所示。

```
>>> ECRstr="100U"
>>> print(ECRstr[-1])
U
>>> print(ECRstr[0:-1])
100
>>>
```

图 8–17　字符串提取命令及结果

5. 赋值语句

程序中产生或计算新数据值的代码称为表达式，类似数学中的计算公式。表达式以表达单一功能为目的,运算后产生运算结果,运算结果的类型由操作符或运算符决定。Python 语言中,"="表示"赋值",即将等号右侧的计算结果赋给左侧变量,包含等号(=)的语句称为赋值语句。此外,还有一种同步赋值语句可以同时给多个变量赋值,基本格式如下:

<变量 1>,…,< 变量 n>=< 表达式 1>,…,< 表达式 n>

同步赋值并非等同于简单地将多个单一赋值语句进行组合。因为 Python 在处理同步赋值时首先运算右侧的 N 个表达式,同时将表达式的结果赋值给左侧 N 个变量。例如,互换变量 A 和 B 的值,如果采用单一语句,需要一个额外变量辅助,代码如下:

>>>S=A

>>>A=B

>>>B=S

如果采用同步赋值,方法如下:

>>>A, B=B, A

同步赋值语句可以使赋值过程变得更简洁,通过减少变量使语句简化,增强程序的可读性。但是,应尽量避免将多个无关的单一赋值语句组合成同步赋值语句;否则会降低程序可读性。那么,如何判断多个单一赋值语句是否相关呢? 一般来说,如果多个单一赋值语句在功能上表达了相同或相关的含义,或者在程序中属于相同的功能,都可以采用同步赋值语句。

6. input( )函数

图 8-15(a)中的第 2 行使用了一个 input( )函数从控制台获得用户输入,无论用户在控制台输入什么内容,input( )函数都以字符串类型返回结果。

在获得用户输入之前,input( )函数可以包含一些提示性文字,使用方法如下:

<变量 >= input(< 提示性文字 >)

注意:无论用户输入的是字符或是数字,input( )函数统一按照字符串类型输出。在图 8-18 例子中,当用户输入数字 123.456 时,input( )函数以字符串形式输出。

7. eval( )函数

图 8-15(a)中第 4、7 行包含了 eval( )函数。

eval(< 字符串 >)函数是 Python 语言中一个十分重要的函数,它能够以 Python 表达式的方式解析并执行字符串,并将返回结果输出。eval(< 字符串 >)的作用是将输入的字符串转换成表达式,并返回表达式的值。图 8-15(a)使用 eval( )函数将用户的部分输入由字符串转换成数字,假设用户输入"100U",经过 eval( )函数处理后,将变成 Python 内部可进行数学运算的数值 100,例如图 8-19。

```
>>> input("请输入:")
请输入:computer
'computer'
>>> input("请输入:")
请输入:123.456
'123.456'
>>>
```

图 8-18 input( )函数的使用

```
>>> ECRstr = "100U"
>>> eval(ECRstr[0:-1])
100
>>>
```

图 8-19 eval( )函数的使用

Python 支持 +、-、*、/ 和 *（幂）5 种基本算术运算。Python 语法允许在表达式内部标记之间增加空格，这些空格将被解释器去掉。下面这个语句与图 8-15（a）第 4 行语句功能一致：

rmb ＝（eval（ECRstr［0：-1］）* 6.8）

适度增加空格有助于提高代码可读性，但要注意不能改变与缩进相关的空格数量，也不能在变量名中间增加空格。Python 语言的括号与数学运算中的括号一样，用来表示分组和优先级。不使用括号时，优先级按照运算符自身优先级来确定，多余括号将被编译程序去掉，不影响程序正确运行。下面语句与图 8-15（a）第 4 行语句功能一致：

rmb ＝（eval（ECRstr［0：-1］）*（6.8））

8. print（）函数

print（< 待输出字符串 >）函数输出字符信息，结果也能以字符形式输出变量。当输出纯字符信息时，可以直接将待输出内容传递给 print（）函数。当输出变量值时，需要采用格式化输出方式，通过 format（）方法将待输出变量转换成期望输出的格式。

例如：

print（" 转换后的货币是 {:.2f}RMB ".format（rmb））

print（" 转换后的货币是 {:.2f}USD ".format（usd））

print（" 输入格式错误 "）"

具体来说，print（）函数用槽格式和 format（）方法将变量和字符串结合到一起输出。例如图 8-15（a）第 5 行，输出的字符串是 " 转换后的货币是 {:.2f}RMB"，其中花括号 {} 表示一个槽位置，这个括号中的内容由字符串后面紧跟的 format（）方法中的参数填充。花括号 {:.2f} 中的内容表示变量输出的格式，具体表示输出数值取两位小数，读者可以暂时不用深究，8.7.5 节将详细介绍字符串格式化输出方法。

8.4　Python 语言的版本更迭

Python 2.x 已经过去，Python 3.x 是这个语言的现在和未来。

8.4.1　版本之间的区别

2010 年，Python 2.x 系列发布了最后一个版本，其主版本号为 2.7，同时，Python 维护者们声称不在 2.x 系列中继续进行主版本号升级。Python 2.x 系列已经完成了它的使命，逐步退出历史舞台。

2008 年，Python 3.x 第一个主版本发布，其主版本号为 3.0，并作为 Python 语言持续维护的主要系列，该系列在 2012 年推出 3.3 版本，2014 年推出 3.4 版本，2015 年推出 3.5 版本，2016 年推出 3.6 版本，2018 年推出 3.7 版本。目前，主要的 Python 标准库更新只针对 3.x 系列。

Python 3.x 是 Python 语言的一次重大升级，它不完全向下兼容 2.x 系列。在语法层面，3.x 系列继承了 2.x 系列绝大多数的语法表达，只是移除了部分混淆的表达方式。对于程序设计初学者来说，两者的差别很小，学会 3.x 系列也能看懂 2.x 系列语法。

学习 Python 语言不免会看到一些 2.x 系列的程序，为了让读者能看懂 2.x 系列程序代码，这里仅列出两个系列语法的一些区别。

8.4.2 版本的选择建议

学习者该学习哪个 Python 版本呢？除了一些特殊情况外，请学习 Python 3.x 版本。

对于初次接触 Python 语言的读者，请学习 Python 3.x 系列版本，Python 版本更新已达 8 年以上。目前，全部的标准库和绝大多数第三方库都很好地支持 Python 3.x 系列，并在该系列基础上升级更新。

尽管现在大多数 Linux 和 mac OS 系统在发布中仍然默认集成 Python 2.x 系列版本，但 Python 3.x 系列已经非常成熟和稳定，部分 Linux 和 mac OS 系统通过 Python 3 命令同时提供对 Python 3.x 系列的支持。

但是，在遇到以下问题时，请考虑使用 Python 2.x 版本。

（1）所面对的开发环境已经部署好，并且采用 Python 2.x，在无法选择开发环境的情况下，可使用 Python 2.x 版本。

（2）如果希望使用一个特定的第三方库，且这个库不提供 Python 3.x 版本，可使用 Python 2.x 版本。

总的来说，如果可以自主选择版本且所使用的库或已有代码支持 Python 3.x，请选择 Python 3.x 版本。基于上述考虑，本书以 Python 3.x 为教学内容，也请读者选择 Python 3.x 版本。

8.5 基本数据类型

8.5.1 数据类型概述

数字是自然界计数活动的抽象，更是数学运算和推理表示的基础，计算机对数字的识别和处理有两个基本要求：确定性和高效性。

确定性是指程序能够正确且无歧义地解读数据所代表的类型含义。例如，输入 1010，计算机需要明确地知道这个输入是可以用来进行数学计算的数字 1010，还是类似房间门牌号一样的字符串 "1010"。这两者用处不同、操作不同且在计算机内部存储方式不同，即便 1010 是数字，还需要进一步明确这个数字是十进制、二进制还是其他进制类型。

高效性是指程序能够为数字运算提供较高的计算速度，同时具备较小的存储空间代价。整数和带有小数的数字分别由计算机中央处理器中不同的硬件逻辑操作，对于相同数据类型的操作，如整数加法和小数加法，前者比后者的速度一般快 5 ~ 20 倍。为了尽可能提高运行速度，需要区分不同数据类型。

表示数字或数值的数据类型称为数字类型。Python 语言提供 3 种数字类型：整数、浮点数和复数，分别对应数学中的整数、实数和复数。例如，1010 表示一个整数，"1010" 表示一个字符串。

8.5.2 整数类型

整数类型与数学中整数的概念一致，下面是整数类型的例子：

　　　1010, 99, −217, 0x9a

整数类型共有 4 种进制表示：十进制、二进制、八进制和十六进制。默认情况下，整数采用十进制，其他进制需要增加引导符号，如表 8-2 所示。

表 8-2   整数类型的 4 种进制表示

进制种类	引导符号	说明
十进制	无	如 101、-45
二进制	0B 或 0b	由字符 0、1 组成，如 0B110、0b110
八进制	0O 或 0o	由字符 0~7 组成，如 0O211、0o211
十六进制	0X 或 0x	由字符 0~9、字母 A~F、a~f 组成，如 0xAB

整数类型理论上的取值范围是 $(-\infty, \infty)$，实际上的取值范围受限于运行 Python 程序的计算机内存大小。除极大数的运算外，一般认为整数类型没有取值范围限制。

pow(x, y)函数是 Python 语言的一个内置函数，用来计算 x^y，这里用 pow( )函数测试一下整数类型的取值范围，如图 8-20 所示。

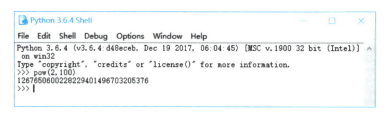

图 8-20   pow( )函数测试结果

8.5.3　浮点数类型

浮点数类型与数学中实数的概念一致，表示带有小数的数值。Python 语言要求所有浮点数必须带有小数部分。小数部分可以是 0，这种设计可以区分浮点数和整数类型。浮点数有两种表示方法：十进制表示和科学记数法表示。下面是浮点数类型的例子：

　　　　0.0，-77.，-2.17，3.1416，96e4，4.3e-3，9.6E5

4.3e-3 值为 0.004 3；9.6E5 也可以表示为 9.6E+5，其值为 960 000.0。

科学记数法使用字母 e 或 E 作为幂的符号，以 10 为基数，表示形式：

　　　　<a>e<b>=a*10^b

浮点数类型与整数类型由计算机的不同硬件单元执行，处理方法不同。需要注意的是，尽管浮点数 0.0 与整数 0 值相同，但它们在计算机内部表示不同。

Python 浮点数的数值范围和小数精度受不同计算机系统的限制，sys.float_info 详细列出了 Python 解释器所运行系统的浮点数的各项参数，如图 8-21 所示。

图 8-21 输出给出浮点数类型所能表示的最大值（max）、最小值（min），科学记数法表示最大值的幂（max_10_exp）、最小值的幂（min_10_exp），基数（radix）为 2 时最大值的幂（max_exp）、最小值的幂（min_exp），科学记数法表示系数（<a>）的最大精度（mant_dig），计算机所能分辨

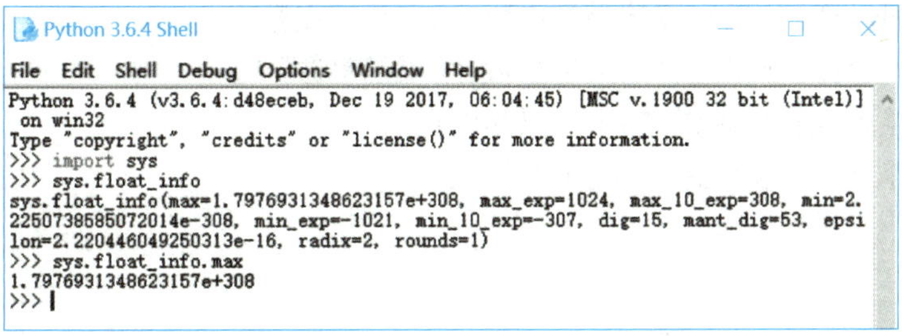

图 8-21 浮点数的各项参数

的两个相邻浮点数的最小差值(epsilon),能准确计算的浮点数的最大个数(dig)。

浮点数类型直接表示或科学记数法表示的系数(<a>)最长可输出 16 个数字,浮点数运算结果最长可输出 17 个数字。然而,根据 sys.float_info 结果显示,计算机只能够提供 15 个数字(dig)的准确性,最后一位由计算机根据二进制计算结果确定,存在误差,如图 8-22。

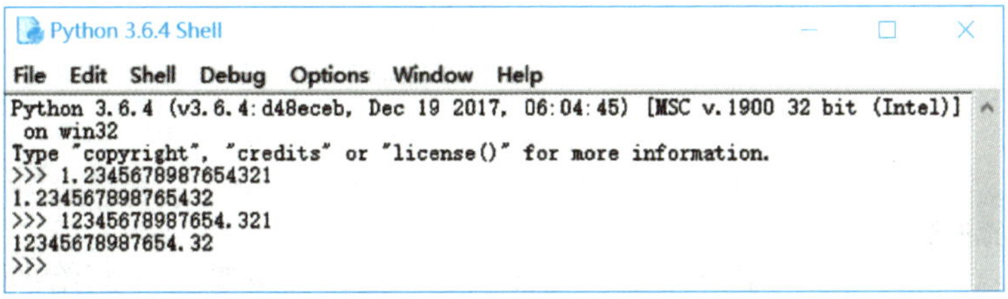

图 8-22 浮点数误差例

浮点数在超过 15 位数字计算产生的误差与计算机内部采用二进制运算有关,使用浮点数无法进行极高精度的数学运算。

由于 Python 语言能够支持无限制且准确的整数计算,因此,如果希望获得精度更高的计算结果,往往采用整数而不直接采用浮点数。例如,计算如下两个数的乘法值,它们的长度只有 10 个数字,其中:

a=9.87654321, b=1.234567898

可以直接采用浮点数运算,也可以同时把它们的小数点去掉,当作整数运算。

8.6 数字类型的操作

8.6.1 内置的数值运算符

Python 提供了 8 个基本的数值运算符,如表 8-3 所示,这些运算符由 Python 解释器直接提供,不需要引用标准或第三方函数库,也称作内置运算符。

这 8 个运算符与数学习惯一致,运算结果也符合数学意义。

3 种数字类型之间存在一种逐渐扩展的关系,这是因为整数可以看成是浮点数没有小数的情况,浮点数可以看成是复数虚部为 0 的情况。基于上述扩展关系,数字类型之间相互运算所生成的结果则是"更宽"的类型,基本规则如下:

（1）整数之间运算：如果运算结果是小数，结果是浮点数。

（2）整数之间运算：如果运算结果是整数，结果是整数。

（3）整数和浮点数混合运算：输出结果是浮点数。

（4）整数或浮点数与复数运算：输出结果是复数。

表 8-3　内置的数值运算符

运算符	举例	描述
+	x+y	x 与 y 之和
−	x−y	x 与 y 之差
*	x*y	x 与 y 之积
/	x/y	x 与 y 之商
//	x//y	x 与 y 之整数商
%	x%y	x 与 y 之商的余数（模运算）
−	−x	x 的负数
**	x**y	x 的 y 次幂

微视频：

math 库函数的使用

8.6.2　内置的数值运算函数

Python 解释器提供了一些内置函数，本节将给出部分内置函数说明，在这些内置函数中，有 6 个函数与数值运算相关，如表 8-4 所示。

表 8-4　内置的数值运算函数

函数	描述
abs（x）	x 的绝对值
divmod（x，y）	(x/y，x%y)，输出为二元组形式（也称为元组类型）
pow（x，y［，z］）	(x**y)%z，z 可以省略
round（x［，ndigits］）	四舍五入，保留 ndigits 位小数
max（x1，x2，…，xn）	取最大值
min（x1，x2，…，xn）	取最小值

abs（）可以计算复数的绝对值。复数的实部和虚部可以参照图 8-23 理解，复数的绝对值是二维坐标系中复数位置到坐标原点的长度。

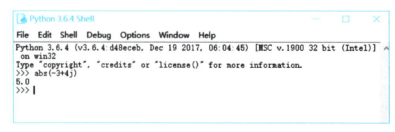

图 8-23　abs（）函数示例

pow（）函数第三个参数 z 是可选的。使用该参数时,模运算与幂运算同时进行,速度很快。例如,求 3^{999} 结果的最后 4 位。从语法角度看,pow（3,pow（3,999））%10000（请不要在计算机中尝试该语句）和 pow（3,pow（3,999),10000）都能完成计算需求。但是,前者是先求幂运算结果再进行模运算,由于幂运算结果数值巨大,上述计算在一般计算机中无法完成;而第二条语句则在幂运算同时进行模运算,可以很快计算出结果,如图 8-24 所示。

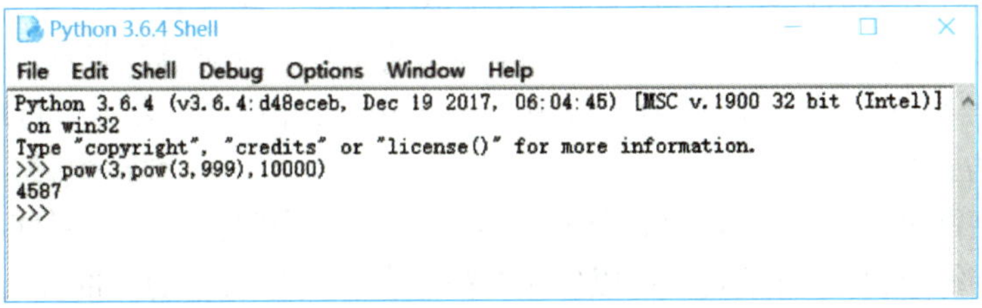

图 8-24　pow（）函数示例

pow（）函数第三个参数 z 的这个特点在加解密算法和科学计算中十分重要。

8.6.3　内置的数字类型转换函数

数值运算符可以隐式地转换输出结果的数字类型。例如,两个整数使用运算符 "/" 可能输出浮点数结果。此外,通过内置的数字类型转换函数可以显式地在数字类型之间进行转换,如表 8-5 所示。

表 8-5　内置的数字类型转换函数

函数	描述
int（x）	将 x 转换为整数,x 可以是浮点数或字符串
float（x）	将 x 转换为浮点数,x 可以是整数或字符串
complex（re,[im]）	生成一个复数,实部为 re,虚部为 im。re 可以是整数、浮点数或字符串,im 可以是整数或浮点数但不能为字符串

浮点数类型转换为整数类型时,小数部分会被舍弃（不使用四舍五入）,复数不能直接转换为其他数字类型,可以通过 .real 或 .imag 将复数的实部或虚部进行转换,如图 8-25 所示。

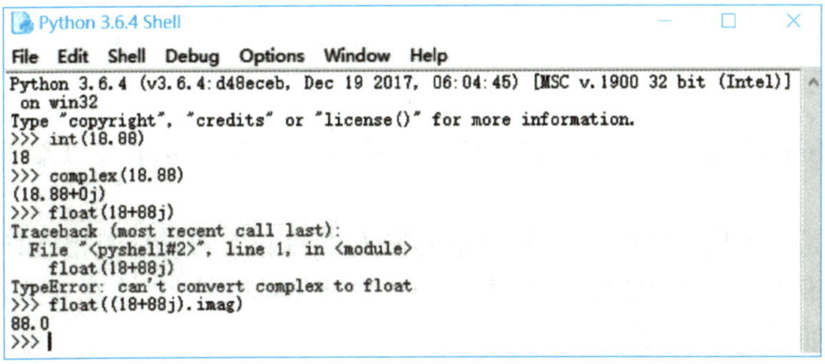

图 8-25　类型转换

8.7　字符串类型及其操作

8.7.1　字符串类型的表示

字符串是字符的序列,可以由一对单引号('）、双引号（"）或三引号（'''）括起来。其中单引号和双引号都可以表示单行字符串,两者作用相同。使用单引号时,双引号可以作为字符串的一部分;使用双引号时,单引号可以作为字符串的一部分,三引号可以表示单行或者多行字符串。3 种引号的表示方式如下。

① 单引号字符串:'单引号表示可以使用 " 双引号 " 作为字符串的一部分'。

② 双引号字符串:" 双引号表示可以使用'单引号'作为字符串的一部分 "。

③ 三引号字符串:''' 三引号表示可以使用 " 双引号 "、'单引号',也可以换行 '''。

字符串的引号使用运行结果如图 8-26 所示,注意其中的引号部分。

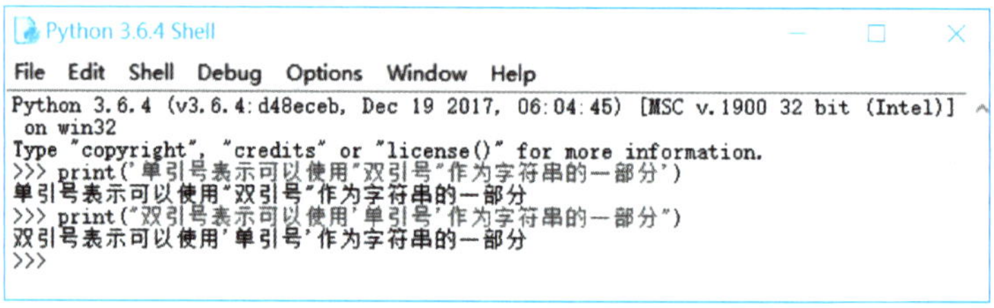

图 8-26　字符串的引号使用

input（）函数将用户输入的内容当作一个字符串类型,这是获得用户输入的常用方式;print（）函数可以直接打印字符串,这是输出字符串的常用方式。图 8-27 展示了如何用变量 name 来存储用户的名字,再输出这个变量的内容。

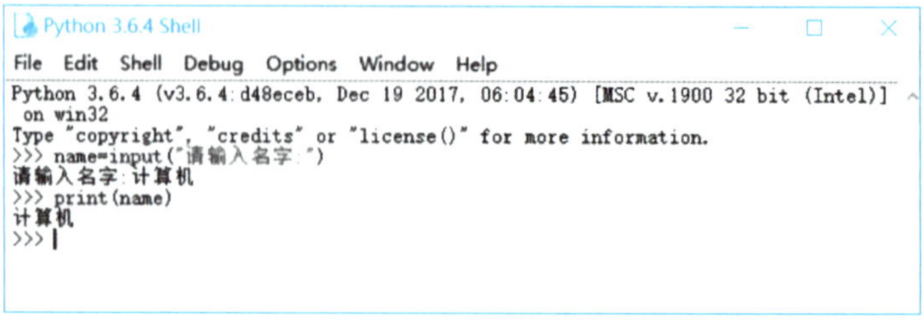

图 8-27　input（）和 print（）函数的使用

字符串以 Unicode 编码存储,因此,英文字符和中文字符都作为 1 个字符。如图 8-28 所示。

反斜杠（\）是一个特殊字符,在字符串中表示转义,即该字符与后面相邻的一个字符共同组成了新的含义。例如,\n 表示换行、\\ 表示反斜杠、\' 表示单引号、\" 表示双引号、\t 表示制表符（Tab）等。实例如图 8-29 所示。

```
>>> name="Computer大学计算机基础"
>>> name[0]
'C'
>>> print(name[0],name[9],name[-1])
C 学 础
>>> print(name[2:-4])
mputer大学计
>>> print(name[:9])
Computer大
>>> print(name[5:])
ter大学计算机基础
>>> print(name[:])
Computer大学计算机基础
>>> |
```

图 8-28　字符串示例

微视频：

基本字符串的
操作

```
>>> print("computer\n大学\t计算机\t基础")
computer
大学      计算机  基础
>>>
```

图 8-29　反斜杠字符使用示例

8.7.2　基本的字符串操作符

Python 提供了 5 个基本的字符串操作符,如表 8-6 所示。

表 8-6　基本的字符串操作符

字符串操作符	举例	描述
+	x+y	连接两个字符串 x 与 y
*	x*n 或 n*x	复制 n 次字符串 x
in	x in s	如果 x 是 s 的子串,则返回 True;否则返回 False
str[i]	str[3]	索引,返回第 i 个字符
str[N:M]	str[1:3]	切片,返回索引第 N 到第 M 字符,其中不包含第 M 个

与字符串操作符有关的实例如图 8-30 所示。

```
Python 3.6.4 (v3.6.4:d48eceb, Dec 19 2017, 06:04:45) [MSC v.1900 32 bit (Intel)]
 on win32
Type "copyright", "credits" or "license()" for more information.
>>> "Computer"+"大学计算机基础"
'Computer大学计算机基础'
>>> name="Computer"+"大学计算机"+"基础"
>>> name
'Computer大学计算机基础'
>>> "Good!"*2
'Good!Good!'
>>> "大学计算机" in name
True
>>> "P" in "Computer"
False
>>> |
```

图 8-30　字符串操作符示例

例 8-4　*获取星期字符串。*

程序读入一个表示星期几的数字（1~7），输出对应的星期字符串名称。例如输入 3，返回"星期三"，代码如下：

```
#PrintWeekname.py
weekstr = " 星期一星期二星期三星期四星期五星期六星期日 "
weekid = eval( input( " 请输入星期数字（1-7）: " ))
pos =( weekid – 1 )*3
print( weekstr[ pos: pos+3 ])
```

程序运行结果如图 8-31 所示。

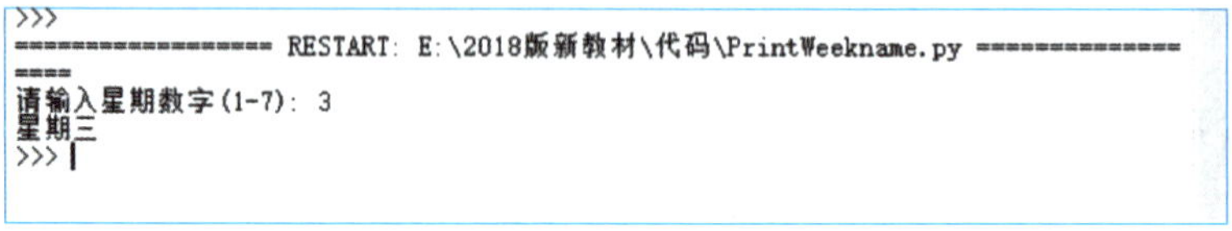

图 8-31　获取星期字符串示例

示例通过在字符串中截取适当子串实现星期几的查找。问题的关键在于找出子串的剪切位置。因为每个星期日期的缩写都由 3 个字符组成，如果知道星期日期字符串的起始位置，就容易获得缩写子串。通过下面语句，可以获得从起始位置 pos 开始且长度为 3 的子串：

```
weekAbbr= weekstr[ pos: Pos+3 ]
```

本例使用字符串作为查找的缺点是：所剪切的子字符串长度必须相同，如果各缩写表示长度不同，还需要其他辅助语句。

8.7.3　内置的字符串处理函数

Python 解释器提供了一些内置函数，其中有 6 个与字符串处理相关，如表 8-7 所示。

表 8-7　内置的字符串处理函数

函数	描述
len(x)	返回字符串 x 的长度，也可返回其他组合数据类型元素个数
str(x)	返回任意类型 x 所对应的字符串形式
chr(x)	返回 Unicode 编码对应的单字符 x
ord(x)	返回单字符 x 表示的 Unicode 编码
hex(x)	返回整数 x 对应的十六进制数的小写形式字符串
oct(x)	返回整数 x 对应的八进制数的小写形式字符串

len(x)返回字符串 x 的长度，Python 3 以 Unicode 字符为计数基础，因此，字符串中英文字符和中文字符都是 1 个长度单位，示例如图 8-32 所示。

```
Python 3.6.4 (v3.6.4:d48eceb, Dec 19 2017, 06:04:45) [MSC v.1900 32 bit (Intel)]
 on win32
Type "copyright", "credits" or "license()" for more information.
>>> len("Computer大学计算机基础")
15
>>> |
```

图 8-32 len( ) 函数示例

str(x) 返回 x 的字符串形式，其中，x 可以是数字类型或其他类型，示例如图 8-33 所示。

```
>>> str(9.87654321)
'9.87654321'
>>> |
```

图 8-33 str( ) 函数示例

每个字符在计算机中可以表示为一个数字，称为编码，字符串以编码序列方式存储在计算机中。目前，计算机系统使用的一个重要编码是 ASCII 码，该编码用数字 0 ~ 127 表示计算机键盘上的常见字符以及一些被称为控制代码的特殊值。如大写字母 A ~ Z 用 65 ~ 90 表示，小写字母 a ~ z 用 97 ~ 122 表示。

ASCII 码针对英文字符设计，它没有覆盖其他语言的字符，因此现代计算机系统支持了一个更广泛的编码标准 Unicode，它支持几乎所有书写语言的字符，Python 字符串中每个字符都使用 Unicode 编码表示。

chr(x) 和 ord(x) 函数用于在单字符和 Unicode 编码值之间转换。chr(x) 函数返回 Unicode 编码对应的字符。其中，Unicode 编码的取值范围是 0 ~ 1114111 (即十六进制数 0x10FFFF)。ord(x) 函数返回单字符 x 对应的 Unicode 编码值，示例如图 8-34 所示。

```
>>> chr(10004)
'✔'
>>> chr(10005)
'✕'
>>> "巨蟹座字符♋的Unicode值是:"+str(ord("♋"))
'巨蟹座字符♋的Unicode值是:9803'
>>>
```

图 8-34 chr( )、ord( ) 函数示例

hex(x) 和 oct(x) 函数分别返回整数 x 对应的十六进制和八进制值的字符串形式，字符串以小写形式表示，示例如图 8-35 所示。

```
Type "copyright", "credits" or "license()" for more information.
>>> hex(127)
'0x7f'
>>> oct(-127)
'-0o177'
>>>
```

图 8-35 hex( )、oct( ) 函数示例

8.7.4 内置的字符串处理方法

在 Python 解释器内部，所有数据类型都采用面向对象方式实现，封装为一个类。字符串也是一个类，它具有类似 <a>.<b>( ) 形式的字符串处理函数。在面向对象中，这类函数被称为“方

法"。字符串类型共包含 43 个内置方法,鉴于部分内置方法并不常用,这里仅介绍其中 9 个常用方法,如表 8-8 所示(str 代表字符串或变量)。

表 8-8 给出的方法在字符串处理时十分有用,图 8-36 给出少数示例。

表 8-8   常用的内置字符串处理方法

方法	描述
str.lower()	返回字符串 str 的副本,全部字符小写
str.upper()	返回字符串 str 的副本,全部字符大写
str.islower()	当 str 所有字符都是小写时,返回 True;否则返回 False
str.isprintable()	当 srt 所有字符都是可打印的,返回 True;否则返回 False
str.isnumeric()	当 str 所有字符都是数字时,返回 True;否则返回 False
str.isspace()	当 str 所有字符都是空格时,返回 True;否则返回 False
str.split(sep, maxsplit)	将字符串按照指定的分隔符拆分成多个子字符串。sep 是分隔符;maxsplit 是指定最大分隔次数,可以省略
str.center(width[, fillchar])	将字符串居中,两侧用字符 fillchar 填充。width 是字符串长度,当 width 小于字符串长度时,返回 str
str.zfill(width)	将字符串填充为 width 长度的字符串。若字符串长度不足 width,在左侧添加字符 "0"。但如果 str 最左侧是字符 "+" 或者 "-",则在左侧第二个字符添加 "0",当 width 小于字符串长度时,返回 str

```
>>> "Python is an excellent language.".split()

['Python', 'is', 'an', 'excellent', 'language.']
>>> "Python".center(40,'=')

'================Python================'
>>> "321".zfill(40)

'00000000000000000000000000000000000000321'
>>> "-321".zfill(40)

'-0000000000000000000000000000000000000321'
>>>
```

图 8-36   字符串处理方法示例

8.7.5   format() 方法的基本使用

字符串通过 format() 方法可进行格式化处理。为什么会有字符串类型的格式化问题呢?先看一个例子,一个程序希望输出如下内容:

<u>2016-12-31</u>:计算机 <u>PYTHON</u> 的 CPU 占用率为 <u>10</u>%。

其中下画线内容可能会变化,需要由特定函数运算结果进行填充,最终形成上述格式字符串作为输出结果。字符串格式化用于解决字符串和变量同时输出时的格式要求。

字符串是程序向控制台、网络、文件等介质输出运算结果的主要形式之一,为了能提供更好的可读性和灵活性,字符串类型的格式化是学习的重要内容。Python 语言同时支持两种字符串格式化方法:一种类似 C 语言中 print( ) 函数的格式化方法,支持该方法主要考虑与 C 语言程序员编程习惯一致;另一种采用 format( ) 格式化方法。由于 Python 更为接近自然语言的复杂数据类型(如列表和字典等),无法通过类 C 的格式化方法表达,因此 Python 已经不在后续版本中改进 C 风格格式化方法。Python 语言将主要采用 format( ) 方法进行字符串格式化。本书所有例子均采用该方法。

format( ) 方法的基本使用格式如下:

< 模板字符串 >.format(< 逗号分隔的参数 >)

模板字符串由一系列槽组成,用来控制修改字符串中嵌入值出现的位置,其基本思想是将 format( ) 方法中逗号分隔的参数按照序号关系替换到模板字符串的槽中。

槽用花括号 {} 表示,如果花括号中没有序号,则按照出现顺序替换,如图 8-37 所示。如果花括号中指定了使用参数的序号,则按照序号对应参数替换,如图 8-38 所示,参数从 0 开始编号。format( ) 函数槽顺序和参数的对应关系如图 8-39 所示。

图 8-37　槽使用示例

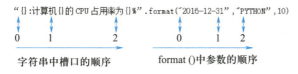

图 8-38　format( ) 方法的槽顺序和参数顺序

图 8-39　format( ) 函数槽顺序与参数的对应关系

format( ) 方法可以非常方便地连接不同类型的变量或内容,如果需要输出花括号,可使用 {{ 表示 , }} 表示 } 形式。

8.7.6　format( ) 方法的格式控制

format( ) 方法中模板字符串的槽除了包括参数序号外,还可以包括格式控制信息。此时,槽的内部样式如下:

{< 参数序号 > : < 格式控制标记 >}

其中格式控制标记用来控制参数显示时的格式,格式内容如表 8-9 所示。

< 宽度 > < 对齐 > 和 < 填充 > 是 3 个相关字段。< 宽度 > 指当前槽的设定输出字符宽度。

如果该槽对应的 format( )参数长度比 < 宽度 > 设定值大,则使用参数实际长度;如果该值的实际位数小于指定宽度,则位数将被默认以空格字符补充。< 对齐 > 指参数在宽度内输出时的对齐方式,分别使用 <、>、^ 这 3 个符号表示左对齐、右对齐和居中对齐。< 填充 > 指宽度内除了参数外的字符采用的表示方式,默认采用空格,可以通过填充更换,示例如图 8-40 所示。

表 8-9　格式控制标记的内容

:	< 填充 >	< 对齐 >	< 宽度 >	<, >	<. 精度 >	< 类型 >
引导符号	用于填充的单个字符	< 左对齐 > 右对齐 ^ 居中对齐	槽的设定输出宽度	数字的千位分隔符,适用于整数和浮点数	浮点数小数部分的精度或字符串的最大输出长度	整数类型有 b、c、d、o、x、X,浮点数类型有 e、E、f%

```
Python 3.6.4 (v3.6.4:d48eceb, Dec 19 2017, 06:04:45) [MSC v.1900 32 bit (Intel)]
 on win32
Type "copyright", "credits" or "license()" for more information.
>>> s="Python"
>>> "{0:30}".format(s)
'Python                        '
>>> "{0:>30}".format(s)
'                        Python'
>>> "{0:*^30}".format(s)
'************Python************'
>>> "{0:-^30}".format(s)
'------------Python------------'
>>> "{0:3}".format(s)
'Python'
>>>
```

图 8-40　< 宽度 >< 对齐 >< 填充 > 示例

格式控制标记中的逗号(,)用于显示数字类型的千位分隔符,如图 8-41 所示。

```
Python 3.6.4 (v3.6.4:d48eceb, Dec 19 2017, 06:04:45) [MSC v.1900 32 bit (Intel)]
 on win32
Type "copyright", "credits" or "license()" for more information.
>>> "{0:-^20,}".format(1234567890)
'---1,234,567,890----'
>>> "{0:-^20}".format(1234567890)
'-----1234567890-----'
>>> "{0:-^20,}".format(12345.67890)
'----12,345.6789-----'
>>>
```

图 8-41　千位分隔符示例

<. 精度 > 表示两个含义:由小数点(.)开头,对于浮点数,精度表示小数部分输出的有效位数;对于字符串,精度表示输出的最大长度,示例如图 8-42 所示

```
>>> "{0:.2f}".format(12345.67890)
'12345.68'
>>> "{0:H^20.3f}".format(12345.67890)
'HHHHH12345.679HHHHHH'
>>> "{0:.4}".format("Computer")
'Computer'
>>> "{0:.4}".format("Computer")
'Comp'
>>>
```

图 8-42　<. 精度 > 示例

<类型>表示输出整数和浮点数类型的格式规则,对于整数类型,输出格式包括以下6种。

（1）b:输出整数的二进制。

（2）c:输出整数对应的 Unicode 字符。

（3）d:输出整数的十进制。

（4）o:输出整数的八进制。

（5）x:输出整数的小写十六进制。

（6）X:输出整数的大写十六进制。

8.8　程序的控制结构

程序的控制结构有顺序结构;分支结构,使用 if 语句实现;循环结构,使用 for 语句和 while 语句实现。

流程图用一系列图形、流程线和文字说明描述程序的基本控制结构,它是程序分析和过程描述的基本方式。流程图的基本元素包括 7 种,如图 8-43 所示。

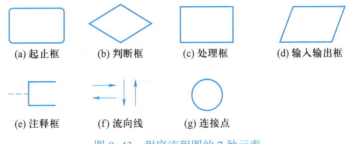

| (a) 起止框　　(b) 判断框　　(c) 处理框　　(d) 输入输出框 |
| (e) 注释框　　(f) 流向线　　(g) 连接点 |

图 8-43　程序流程图的 7 种元素

其中起止框表示一个程序的开始和结束;判断框判断一个条件是否成立,并根据判断结果选择不同的执行路径;处理框表示一组处理过程;输入输出框表示数据输入或结果输出;注释框增加程序的解释;流向线以带箭头直线或曲线形式指示程序的执行路径;连接点将多个流程图连接到一起,常用于将一个较大流程图分隔为若干部分。图 8-44 所示为一个流程图示例。

8.8.1　顺序结构

计算机程序是一条一条顺序执行的代码,顺序结构是程序的基础,但单一的顺序结构不可能解决所有问题,因此需要引入其他控制结构来满足多样的功能需求。

控制结构都有一个入口和一个出口。任何程序都由 3 种基本控制结构组合而成。为了直观展示控制结构,这里采用流程图方式描述。

顺序结构是程序按照线性顺序依次执行的一种运行方式,如图 8-45 所示,其中语句块 1 和语句块 2 表示一个或一组顺序执行的语句。

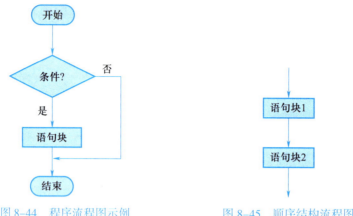

图 8-44　程序流程图示例　　　　　图 8-45　顺序结构流程图

8.8.2　分支结构

分支结构是指根据条件判断结果而选择不同分支的一种运行方式,如图 8-46 所示。根据分支的不同,可分为单分支结构和双分支结构。

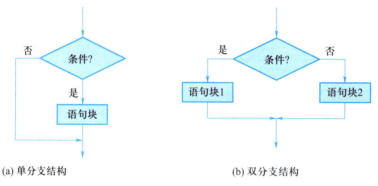

(a) 单分支结构　　　　　　　　　　(b) 双分支结构

图 8-46　分支结构流程图

1. 单分支结构:if 语句

if 语句的语句格式如下:

　　if < 条件 >:

　　　　<语句块 >

语句块是条件满足后执行的一个或多个语句序列。语句块中语句通过与 if 所在行形成缩进表达包含关系,语句首先评估条件的结果值,如果结果为 True,则执行语句块中的语句序列,然后控制转向程序的下一条语句;如果结果为 False,会跳过语句块。

if 语句中语句块执行与否依赖于条件判断,但无论什么情况,控制都会转到 if 语句后与该语句同级别的下一条语句。

if 语句中条件部分可以使用任何能够产生 True 或 False 的语句或函数,形成判断条件最常使用的是关系运算符。Python 语言共有 6 个关系运算符,如表 8-10 所示。

表 8–10　关系运算符

运算符	描述	运算符	描述
<	小于	>	大于
<=	小于或等于	==	等于
>=	大于或等于	!=	不等于

注意：Python 使用 "=" 表示赋值语句，使用 "==" 表示等于。

例 8–5　云南昆明夏天紫外线比较强烈，对人体皮肤有一定伤害。一般来说，气温高于 10 ℃ 且低于 24 ℃，非常适合户外活动；高于 24 ℃ 且低于 28 ℃，做好防护时可以适量户外活动；28 ℃ 以上不建议户外活动。

要求根据气温高低做出出行提醒。该问题的 IPO 描述如下：

输入：接收外部的温度值 Temp

处理：if 10 ≤ Temp ≤ 24，打印非常适合户外活动

　　　if 28>Temp>24，打印做好防护时可以适量户外活动

　　　if Temp ≥ 28，打印不建议户外活动

输出：打印出行提醒

Python 代码如下：

```
Temp=eval(input("请输入温度值："))
if 10<=Temp<=24:
    print("非常适合户外活动！")
if 28>Temp>24:
    print("做好防护时可以适量户外活动！")
if Temp >=28:
    print("不建议户外活动！")
```

上面的示例展示了用数字进行条件比较，字符或字符串也可以用条件比较。字符串比较本质上是字符串对应 Unicode 编码的比较。因此，字符串的比较按照字典顺序进行。例如，英文大写字符对应的 Unicode 编码比小写字符小。图 8–47 是条件比较的示例。

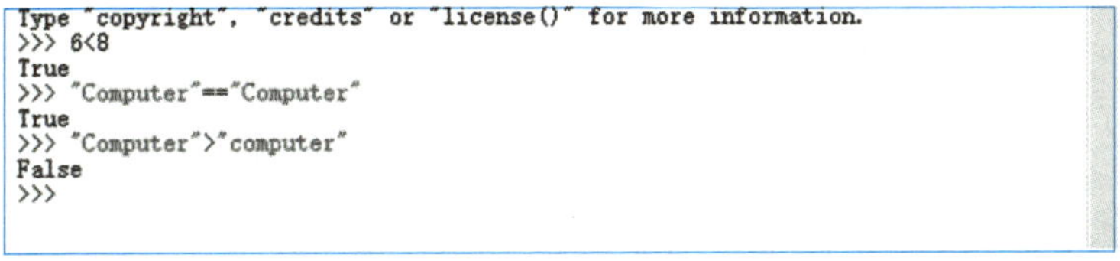

```
Type "copyright", "credits" or "license()" for more information.
>>> 6<8
True
>>> "Computer"=="Computer"
True
>>> "Computer">"computer"
False
>>>
```

图 8–47　条件比较示例

2. 双分支结构：if–else 语句

if–else 语句用来形成双分支结构，语句格式如下：

　　if <条件>：

　　　　　<语句块 1>
　　　　else：
　　　　　<语句块 2>

　　语句块 1 是在 if 条件满足后执行的一个或多个语句序列,语句块 2 是 if 条件不满足后执行的语句序列。双分支语句用于区分条件的两种可能,即 True 或者 False。

　　针对例 8-5,如果用户只关心是否能外出活动两种情况,可以通过双分支语句完成。

例 8-6　根据气温高低做出出行提醒。

　　例 8-5 可以改为如下 Python 代码:

```
Temp=eval(input("请输入温度值:"))
If Temp<28:
    print("可以户外活动!")
else:
    print("不建议户外活动!")
```

　　双分支结构还有一种更简洁的表达方式,适合通过判断返回特定值,语句格式如下:

　　　　表达式 <1> if <条件 > else <表达式 2>

其中表达式 1 或表达式 2 一般是数字类型或字符串类型的值。

　　3. 多分支结构:if-elif-else 语句

　　if-elif-else 描述多分支结构,流程图如图 8-48 所示,语句格式如下:

```
if< 条件 1>:
    <语句块 1>
elif< 条件 2>:
    <语句块 2>
    …
else:
    <语句块 N>
```

　　多分支结构是双分支结构的扩展,这种形式通常用于设置同一个判断条件的多条执行路径。Python 依次评估寻找第一个结果为 True 的条件,执行该条件下的语句块,结束后跳过整个 if-elif-else 结构,执行后面的语句。如果没有任何条件成立,则执行结构外的下一条语句。else 子句是可选的。

例 8-7　通过多分支结构对 Temp 进行判断,改造后的代码如下:

```
Temp=eval(input("请输入温度值:"))
if 10<=Temp<=24:
    print("非常适合户外活动!")
elif 28>Temp>24:
```

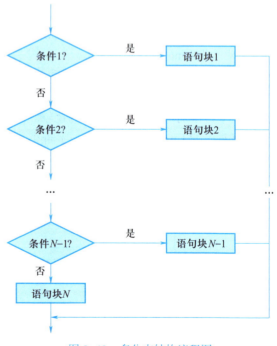

图 8-48　多分支结构流程图

```
        print("做好防护时可以适量户外活动!")
    else:
        print("不建议户外活动!")
```

8.8.3　循环结构

　　根据循环执行次数是否确定,可将循环结构分为确定次数循环和非确定次数循环。确定次数循环指循环体对循环次数有明确的定义,这类循环在 Python 中被称为"遍历循环",使用 for 语句实现。非确定次数循环指程序不确定循环体可能的执行次数,而通过条件判断是否继续执行循环体,使用 while 语句实现。

　　循环结构如图 8-49 所示。

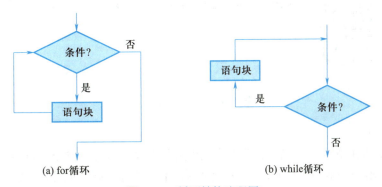

图 8-49　循环结构流程图

　　1. for 语句

　　Python 通过保留字 for 实现"遍历循环",基本语句格式如下:

```
    for <循环变量> in <遍历结构>:
        <语句块>
```

之所以称为"遍历循环",是因为 for 语句的循环执行次数是根据遍历结构中元素个数确定的,遍历循环可以理解为从遍历结构中逐一提取元素给循环变量,对于所提取的每个元素执行一次语句块。

　　遍历结构可以是字符串、文件、组合数据类型或 range( )函数等,常用的使用方式如下:

循环 N 次	遍历文件 file 的每一行	遍历字符串 s	遍历列表 ls
for i in range(N):	for line in file:	for c in s:	for item in ls:
<语句块>	<语句块>	<语句块>	<语句块>

　　遍历循环还有一种扩展模式,语句格式如下:

```
    for <循环变量> in <遍历结构>:
        <语句块 1>
    else:
        <语句块 2>
```

在这种扩展模式中,当 for 循环正常执行之后,程序会继续执行 else 语句中的内容,else 语句只在循环正常执行并结束后才执行。因此,可以在 < 语句块 2> 中放置判断循环执行情况的语句。后面将结合 continue 和 break 语句进一步讲解 for 语句中 else 的用法,这里先给出一个小例子:

```
for s in "PYTHON":
        print(" 循环进行中: "+s )
else:
        s=" 循环正常结束 "
print( s )
```

程序执行结果如图 8-50 所示。

图 8-50　程序运行结果

2. while 语句

很多应用无法在执行之初确定遍历次数,这就需要编程语言提供条件进行判断,while 又称条件循环,循环操作直到循环条件不满足时才结束,不需要提前确定循环次数。

while 语句格式如下:

```
while < 条件 >:
        < 语句块 >
```

其中条件与 if 语句中的判断条件一样,结果为 True 或 False。

while 语义很简单,当条件判断为 Ture 时,循环体执行语句块;当判断条件为 False 时,循环终止,执行与 while 同级别缩进的后续语句。

while 也有一种使用保留字 else 的扩展模式,使用方法如下:

```
while< 条件 >:
        <语句块 1>
else:
        < 语句块 2>
```

在这种扩展模式中,当 while 循环正常执行后,程序会继续执行 else 语句中的内容。else 语句只在循环正常执行后才执行,因此,可以在语句块 2 中放置判断循环执行情况的语句,例如:

```
S, idx=" PYTHON", 0
while idx< len( S ):
        print(" 循环进行中: " + s[ idx ])
        idx +=1
else:
```

```
        s=" 循环正常结束 "
    print（s）
```

程序运行结果如图 8-51 所示。

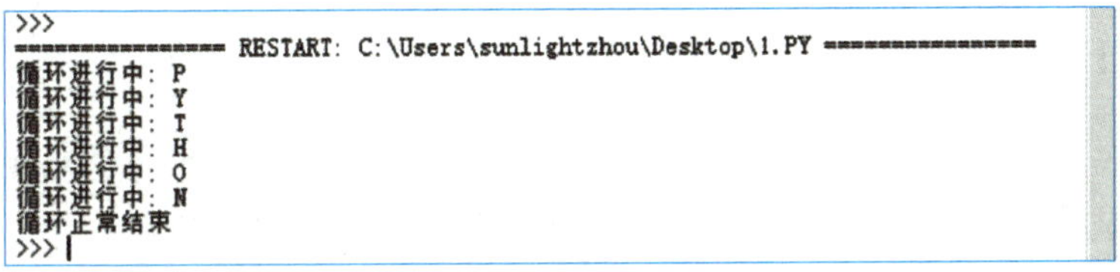

图 8-51　程序运行结果

如果通过 while 实现一个计数循环,需要在循环之前对计数器进行初始化,并在每次循环中对计数器进行累加,如上述代码第 4 行。

3. break 和 continue 语句

break 和 continue 语句用来辅助控制循环执行。

break 语句用来跳出最内层 for 或 while 循环,脱离该循环后程序从循环代码后继续执行,例如:

```
    for s in " PYTHON ":
    for s in range（10）:
        print（s, end=" "）
    if s==" N ":
        break
```

程序执行结果如图 8-52 所示。

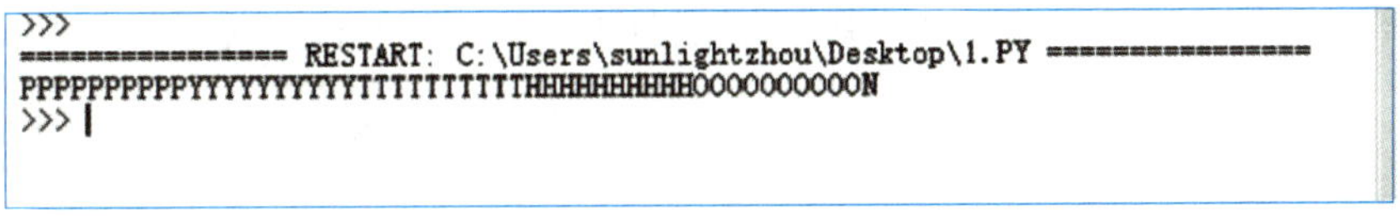

图 8-52　程序运行结果

break 语句跳出了最内层 for 循环,但仍然继续执行外层循环。每个 break 语句只能跳出当前层循环。

continue 语句用来结束当前当次循环,即跳出循环体中尚未执行的语句,但不跳出当前循环,而是继续判断循环条件。对于 for 循环而言,continue 语句跳出当前循环继续遍历循环列表。对比 continue 和 break 语句代码如下:

```
    for s in " PYTHON ":                    for s in " PYTHON ":
        if s==" T ":                            if s==" T ":
            continue                                break
        print（s, end=" "）                      print（s, end=" "）
```

两个程序执行结果如图 8-53 和图 8-54 所示。

图 8-53　continue 语句运行结果

图 8-54　break 语句运行结果

continue 和 break 语句的区别是：continue 语句只结束本次循环，而不终止整个循环的执行；而 break 语句则是结束整个循环过程，不再判断执行循环的条件是否成立。

for 循环和 while 循环中都存在一个 else 扩展用法。else 中的语句块只在一种条件下执行，即循环正常遍历所有内容并由于条件不成立而结束时，没有因为 break 或 return（函数返回中使用的保留字）而退出。continue 对 else 没有影响。

8.8.4　random 库的使用

随机数在计算机应用中十分常见，Python 内置的 random 库主要用于产生各种分布的伪随机数序列。

使用 random 库的主要目的是生成随机数，因此，只需要查阅该库中随机数生成函数，找到符合使用场景的函数即可。该库提供了不同类型的随机数函数，所有函数都是基于最基本的 random.random（）函数扩展实现的。

表 8-11 列出了 random 库常用的 9 个随机数生成函数。

表 8-11　random 库常用的 9 个随机数生成函数

函数	描述
seed	初始化随机数种子，默认值为当前系统时间
random（）	生成一个［0.0，1.0）的随机小数
randint（a，b）	生成一个［a，b］的整数
getrandbits（k）	生成一个 k 比特长度的随机整数
randrange（start，stop［，step］）	生成一个［start，stop）以 step 为步长的随机整数
uniform（a，b）	生成一个（a，b）的随机小数
choice（seq）	从序列类型中随机返回一个元素
shuffle（seq）	将序列类型中的元素随机排列，返回打乱后的序列
sample（pop，k）	从 pop 类型中随机选取 k 个元素，以列表类型返回

random 库的引用方法与 math 库一样，可以采用以下两种方式：

　　import random

或

from random import*

使用 random 库的示例如图 8-55 所示。注意：这些语句每次执行后的结果不一定一样。

```
>>> from random import*
>>> random()
0.7897779956015745
>>> uniform(1,10)
4.89975510369135
>>> randrange(0,50,3)
36
>>> choice(range(100))
44
>>> ls=list(range(10))
>>> print(ls)
[0, 1, 2, 3, 4, 5, 6, 7, 8, 9]
>>> shuffle(ls)
>>> print(ls)
[5, 1, 6, 4, 7, 9, 3, 8, 2, 0]
>>>
```

图 8-55　random 库的示例

生成随机数之前可以通过 seed( )函数指定随机数种子，随机数种子一般是一个整数，只要种子相同，每次生成的随机数序列也相同。这种情况便于测试和同步数据，seed( )函数示例如图 8-56 所示。

```
>>> from random import*
>>> seed(125)
>>> "{}.{}.{}".format(randint(1,10),randint(1,10),randint(1,10))
'4.4.10'
>>> "{}.{}.{}".format(randint(1,10),randint(1,10),randint(1,10))
'5.10.3'
>>> seed(125)
>>> "{}.{}.{}".format(randint(1,10),randint(1,10),randint(1,10))
'4.4.10'
>>> |
```

图 8-56　seed( )函数示例

由图中语句可以看出，在设定相同种子后，每次调用随机函数生成的随机数是相同的。这是随机数种子的作用，也是伪随机序列的应用之一。

习　　题

一、程序操作题

1. 字符串拼接。接收用户输入的两个字符串，将它们组合后输出。

```
str1=input("请输入一个人的名字：")
str2=input("请输入一个城市名称：")
print("大家好,我是{}来自{}。".format(str1,str2))
```

2. 输出九九乘法表。

```
for i in range(1,10):
    for j in range(1,i+1):
        print("{}*{}={:2}".format(j,i,i*j),end'')
    print('')
```

3. 绘制一个红色的五角星。

```python
#五角星
from turtle import *
fillcolor("red")
begin_fill()
while True:
    forward(200)
    right(144)
    if abs(pos())<1:
        break
end_fill()
```

4. π 的计算。

```python
# Pi.py
from random import random
from math import sqrt
from time import clock
DARTS = 1000
hits = 0.0
clock()
for i in range(1, DARTS+1):
    x, y = random(), random()
    dist = sqrt(x ** 2 + y ** 2)
    if dist <= 1.0:
        hits = hits + 1
pi = 4 *(hits/DARTS)
print(" Pi 值是{} ".format(pi))
print(" 运行时间是:{:.5f}s ".format(clock()))
```

5. math 库中三角函数的应用。

```python
import math
print(("tan(3): "), math.tan(3))
print(("tan(-3): "), math.tan(-3))
print(("tan(0): "), math.tan(0))
print(("tan(math.pi): "), math.tan(math.pi))
print(("tan(math.pi/2): "), math.tan(math.pi/2))
print(("tan(math.pi/4): "), math.tan(math.pi/4))
```

6. 获取当地精确时间。

```python
import time
```

print(time.time())

print(time.strftime("%Y-%m-%d%A%X%Z", time.localtime()))

二、程序设计题

1. 等边三角形的绘制。使用 turtle 库中的 turtle.fd() 函数和 turtle.seth() 函数绘制一个等边三角形。

2. 利用 turtle 库绘制一个正方形螺旋线。

3. 汇率兑换程序。按照 1 美元 =6 人民币汇率编写一个美元和人民币的双向兑换程序。

4. 重量计算。月球上物体的重量是在地球上的 16.5%，假如你在地球上每年增长 0.5kg，编写程序输出未来 10 年你在地球和月球上的体重。

5. 天天向上。尽管每天坚持，但人的能力发展并不是无限的，它符合特定模型。假设能力增长符合如下带有平台期的模型：以 7 天为周期，连续学习 3 天能力值不变，从第 4 天开始至第 7 天每天能力增长为前一天的 1%。如果 7 天中有 1 天间断学习，则周期从头计算。请编写程序计算，如果初始能力值为 1，连续学 365 天后能力值是多少？

6. 天天向上续。采用程序设计第 5 题的能力增长模型，如果初始能力值为 1，固定每 10 天休息 1 天，365 天后能力值是多少？如果每 15 天休息 1 天呢？

7. 回文数判断。设 n 是一个任意自然数，如果 n 的各位数字反向排列所得自然数与 n 相等，则 n 被称为回文数。从键盘输入一个 5 位数字，编写程序判断这个数字是不是回文数。

8. 假设 3 年期定期存款利息为 3.25%，计算需要过多少年，一万元的 3 年定期存款连本带息能翻番。

9. 从键盘接收百分制成绩（0～100），要求输出其对应的成绩等级 A～E。规定 90 分以上为 A，80～89 分为 B，70～79 分为 C，60～69 分为 D，60 分以下为 E。

参 考 文 献

［1］周曦,黄吉花,邹疆.信息科学基础［M］.北京:高等教育出版社,2022.

［2］岳强,李玲,邹疆.大学计算机应用基础［M］.北京:高等教育出版社,2019.

［3］何红玲,岳强,解永刚.大学计算机基础［M］.北京:高等教育出版社,2012.

［4］邹疆,岳强,李玲.大学计算机基础教程［M］.北京:清华大学出版社,2015.

［5］蔡平.办公软件高级应用［M］.北京:高等教育出版社,2014.

［6］陈立潮,曹建芳.大学计算机基础教程［M］.北京:高等教育出版社,2018.

［7］姜华.大学计算机基础［M］.成都:电子科技大学出版社,2021.

［8］姜永生.大学计算机基础［M］.北京:高等教育出版社,2020.

［9］陈雪,李满,胡珊.大学计算机应用基础［M］.北京:高等教育出版社,2022.

［10］岳琪,禹谢华.大学计算机［M］.北京:航空工业出版社,2019.

［11］李建芳.多媒体技术及应用案例教程［M］.北京:人民邮电出版社,2015.

［12］袁琰星,卢道设,邓慧俊.Photoshop图形图像处理［M］.北京:电子工业出版社,2017.

［13］朱琦,王磊.Premiere Pro 2022视频编辑基础教程［M］.北京:清华大学出版社,2023.

［14］王志军.数字音频基础及应用［M］.北京:清华大学出版社,2014.

［15］陈业斌.数据库原理及应用［M］.北京:人民邮电出版社,2023.

［16］赵永霞.数据库系统原理与应用［M］.武汉:华中科技大学出版社,2008.

［17］董付国.Python程序设计基础［M］.北京:清华大学出版社,2018.

［18］杨年华.Python程序设计教程［M］.北京:清华大学出版社,2023.

［19］嵩天,礼欣,黄天羽.Python语言程序设计基础［M］.2版.北京:高等教育出版社,2017.

［20］江红,余青松.Python程序设计与算法基础教程［M］.北京:清华大学出版社,2023.